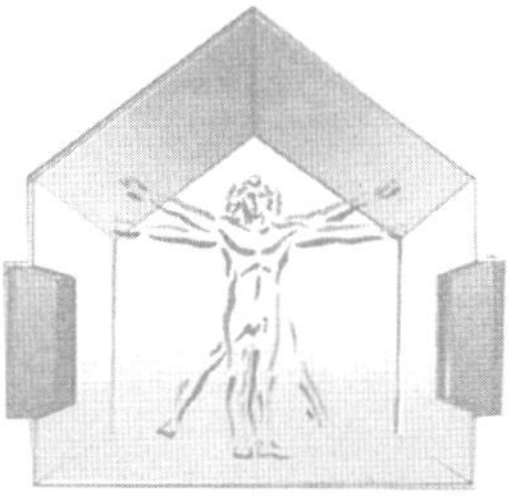

그린빌딩 A to Z

Understanding the Language of Green Building

제리 유델슨 저 김광우 외 역

foreword by Kevin Hydes

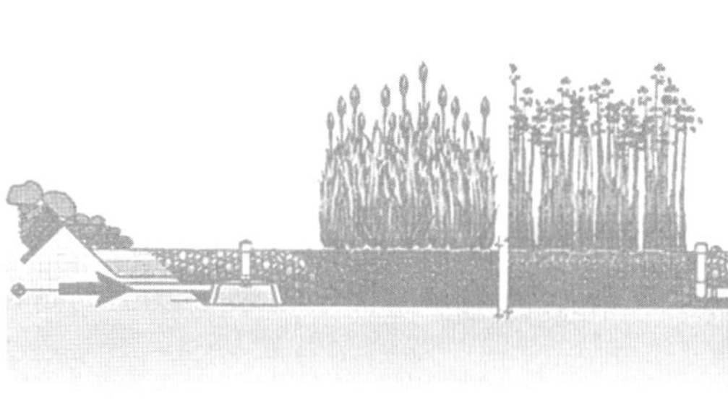

기문당

머리말 |

이 책은 2007년 기준 최신의 설계 및 시공 기술을 기반으로, 그린빌딩의 설계 및 시공에 사용되는 기본개념과 전문용어를 기술하고 있습니다. 건축이나 빌딩 엔지니어링에 깊이 관여하고 있지는 않지만 그린빌딩의 근본원리 및 관련 용어에 대한 빠른 소개를 필요로 하는 지적인 독자를 위하여 준비되었습니다. 또한 이 책은 공무원이나 회사, 단체, 기관의 안팎으로부터의 그린빌딩이나 지속가능성 관련 요구사항을 처리하고 있는 분들, 재무, 건축, 마케팅의 상업적 개발 프로젝트나 신규 주택지 분양, 공동주택 프로젝트를 담당하는 분들, 부동산 중개인, 재무, 보험, 부동산 산업 종사자, 최근의 중요 이슈가 무엇인지 알고 싶어 하는 대학, 정부부서, 대기업의 고위 간부들 그리고 건물의 설계, 시공, 운영이 보다 친환경적인 활동으로 전환되고 있다는 사실에 대해 관심을 갖는 분들에게 유용할 것입니다.

그린빌딩의 열광적인 추종자들은 지난 십 년간 이를 설계 및 시공 산업의 중요한 일부로 만들어 왔습니다. 2000년 이후, 그린빌딩 프로젝트 수는 급증하여 초창기 몇 개에 불과하던 것이 2006년 말을 기준으로 미국에서 5,000개 이상의 프로젝트, 캐나다에서 400개 이상의 프로젝트가 그린빌딩 관련 인증을 받고자 하고 있습니다. 이것은 아마도 인터넷과 공기조화 이래, 빌딩 산업을 강타하며 가장 급속도로 성장한 현상일 것입니다. 필자는 기술적으로 정확한 최신 내용을 담고 있으면서, 전문적이거나 기술적인 배경 지식이 없이도 다양한 사람들에 의해 손쉽고 간편하게 이용될 수 있는 그린빌딩 안내서의 필요성을 보았습니다.

다음의 여러 장에서는 몇 가지 중요한 문제들에 대해 짚고 넘어갈 것입니다. 그린빌딩이란 무엇인가? 21세기 초 우리가 직면한 환경적 · 경제적인 도전에 있어 그린빌딩과 녹색개발(green development)이 왜 중요한가? 건축산업에 영향을 미치는 주요 지속가능한 신기술은 무엇인가? 녹색상품(green product)과 그린빌딩이 실제적으로 어떻게 설계되고 만들어지는가? 나의 회사, 나의 집, 나의 도시에서 "그린빌딩 혁명"을 일으키기 위해서 나는 무엇을 할 수 있는가?

책 전반에 걸쳐 2007년 초 현재 기준으로 발간된 데이터를 사용하고 있으며, 대부분의 정보들은 미국과 캐나다 그린빌딩협의회(Green Building Council)와 같은 출처나 그린빌딩학회의 논문들, 인터넷이나 비즈니스 또는 무역 관련 매체를 통해 획득할 수 있습니다. 필자는 여러 가지의 공적, 사적인 연구조사를 수행하여 왔으며, 미국에서의 그린빌딩, 녹색상품, 녹색개발을 이해하는 데 있어 중요한 주제들을 상술하기 위하여 그린빌딩 선도자들과의 개인적인 대화를 통해 자료를 얻기도 했습니다.

필자는 장기적 지속가능성에 더 적합한 삶의 방식과 현재의 경제행위를 창출하기 위해 일하면서, 거의 모든 경력을 에너지와 환경과 관련된 일에 힘써 왔습니다. 1970년 캘리포니아에서 저자는 학생으로서 제1회 지구의 날(Earth Day)의 조직을 도왔으며, 역시 캘리포니아에서 태양에너지 이용을 촉진하기 위하여 주 차원의 첫 기구조직을 설립하는 데 힘을 보태었습니다. 지난 십 년 동안, 필자는 항상 건물 설계와 시공에 참여하여 왔고, 1999년부터 그린빌딩 운동에 활발히 참여하였습니다. 필자는 스스로의 역할이 그린빌딩 전문가와 보다 큰 규모의 비즈니스 또는 정부기관 사이의 커뮤니케이터라고 생각합니다. 필자는 21세기 초의 기후변화 문제의 해결에 있어 그린빌딩의 중요성에 대한 이해를 촉진시키고자 본 서를 발간하게 되었습니다.

우리 모두는 건물과 건설산업을 대부분의 사람들이 추구하는 '에너지 및 자원 절약적이고 친환경적이며 건강하고 쾌적함과 동시에 생산적인 생활·작업·교육 공간'을 창출해내는 산업으로 변화시키는 데 있어 중대한 역할을 담당하고 있습니다. 필자는 이 책이 여러분의 이 위대한 책무 수행에 도움이 될 수 있기를 바랍니다. 관심을 보여준 독자 여러분께 감사드리며, 이 책이 많은 도움이 되기를 바랍니다. 저는 어떠한 지적사항도 환영하며 jerry@greenbuildconsult.com이나 업무 홈페이지인 www.greenbuildconsult.com을 통해서 저에게 연락 주시기 바랍니다.

이 책의 사례 연구에 기여한 모든 여러분들과 그린빌딩 분야에서 수고하시는 모든 분들께 감사의 말을 전하고 싶습니다. 특히 나의 연구 동료이자 이 프로젝트에 뒤늦게 합류하여 이 책의 사례연구와, 사진, 예제들을 함께 삽입하는 데 소중한 도움을 제공해 준 그레텔 하캔슨(Gretel Hakanson)에게 감사의 말을 전하고 싶습니다. 이 책을 위한 그림들을 제작해 준 Parker Designs의 린 파커(Lynn Parker), 비버튼(Beaverton), 오리건(Oregon)에게도 감사의 뜻을 표합니다. 그리고 이 책의 서문을 기꺼이 써주신 미국그린빌딩협의회(Green Building Council)의 전임 의장이며 세계그린빌딩협의회(World Green Building Council)의 선출의장인 케빈 히데스(Kevin Hydes)에게도 특별한 감사의 뜻을 전합니다. 소냐 페트람(Sonja Persram), 마크 헤이저(Mark Heizer), 마리 앤 라자루스(Mary Ann Lazarus), 조쉬 아놀드(Josh Arnold), 제시카 유델슨(Jessica Yudelson), 클라크 브로크만(Clark Brockman) 그리고 입스 카왐(Yves Khawam) 등을 포함하여 사진들과 프로젝트 개요들을 정리해 주신 모든 그린빌딩 전문가 분들과 이 책의 초안을 검토하여 주신 건축가, 엔지니어, 건설업자, 컨설턴트 여러분들께도 감사드립니다.

제리 유델슨, PE, MS, MBA, LEED® AP
애리조나 투산
2007. 3

| 서문

새천년이 시작되던 때, 그린빌딩의 역사라는 관점에서 보면 꽤 오래 전으로 느껴지는 그때, 건물 분야에서 새로운 흐름과 차세대 그린 디자인의 출발이 시작될 즈음 저는 한 명의 엔지니어를 만나게 되었습니다. 당시 저는 이전 직장인 Canadian-based Keen Engineering의 대표를 막 맡게 되었고, 우리의 포커스를 "블루(blue)"에서 "그린(green)"으로, 전통적인 빌딩 서비스 또는 기계공학으로부터 보다 개선된 방향으로 변화시키고자 하는 비전을 분명히 하려던 시점이었습니다.

우리는 새로운 패러다임으로의 전환을 이루어 낼 수 있는 설계·시공 커뮤니티의 필요성과 우리가 어떻게 이것을 효과적이며 경제적으로 빠르게 해낼 수 있을지에 대해 얘기를 나누었습니다. 저의 가장 큰 도전은 차세대 사상가들을 훈련시키는 일 뿐만 아니라, 우리의 일이 급속도로 성장하면서 그린빌딩 노하우에 대한 시장수요가 폭발적으로 늘어나는 것에 발맞추어 더 많은 사상가들을 찾아내는 것이기도 하였습니다.

매우 훌륭한 친구들을 "찾아낼" 수 없는 것에 대한 나의 좌절감을 표현하였지만, 반면 클라이언트를 찾는 것은 어렵지 않다는 사실을 알았습니다. 테이블 건너편에 있던 엔지니어가 나를 조용히 바라보며 이렇게 말했습니다. "캐빈, 당신의 해결책은 간단해요. 리크루팅과 마케팅은 같은 것인데 동전의 양면과 같죠." 곧바로 나는 그가 옳다는 것을 깨달았을 뿐만 아니라, 내 고객들에게 적용하고 있는 아이디어와 신념을 리크루트에 그대로 적용하면 된다는 것을 알게 되었습니다. 이것은 적중하여, 우리 회사는 5년 내에

규모 면에서 3배가 되었고 훨씬 많은 수익을 창출해냈습니다.

그 엔지니어의 이름은 제리 유델슨(Jerry Yudelson)이었습니다. 제리는 일련의 복잡하고, 때때로 상충되는 자료를 선택하고 이해하며 핵심적인 메시지를 파악하는, 우리들이 갖지 못한 독특한 재능을 가지고 있습니다. 저의 견해로 그는 우리 시대의 가장 뛰어난 커뮤니케이터 중 한 명입니다.

최근 몇 달 동안 일련의 이벤트를 통해, 우리는 지구의 미래에 대한 공통된 관심사를 둘러싸고 전 세계적인 패러다임이 형성되는 것을 보아 왔습니다. 기후변화는 단지 과학적인 토론의 주제였던 것에서 단시간에 주된 관심사로 바뀌었습니다. 심지어 최근 몇 주 동안에 우리는 국제 기후변화기구(IPCC ; Intergovernmental Panel on Climate Change)로부터 인류가 이러한 문제를 만드는 데 기여하였다는 사실을 확인해 주는 새로운 정보를 접하기도 하였습니다. 2007년 스위스 다보스(Davos)에서 열린 세계경제 포럼(World Economic Forum)에서 돌아온 재계와 정부 고위 관계자들은 기후변화와의 싸움을 선도하기 위한 결의에 하나가 되었습니다. 이것은 역사적인 순간입니다.

우리는 주거 및 상업 건물이 지구온난화와 밀접한 관련이 있는 이산화탄소 방출에 최대의 단일 기여자임을 알고 있습니다. 빌딩산업의 중심에 설계자, 시공자, 개발업자 및 제품 생산자가 있으며, 이제 그들은 우리의 업무 진행 방식을 변화시키기 위해 함께 전념하여 일하고 있습니다. 미국그린빌딩협의회의 전임 의장으로서, 또한 세계그린빌딩협의회의 신임 의장으로서,

저는 산업계와 정부가 우수(雨水)의 질을 개선하고 도시성장에 의한 거주지 파괴를 감소시키면서, 이산화탄소 방출 저감에 도움을 주는 신기술과 시스템을 사용하여 건물이 환경에 미치는 영향을 어떠한 방법으로 극적으로 줄이게 되었는지를 목격할 수 있는 기회를 갖게 되었습니다.

이 책은 그린빌딩 운동에 의해 다루어진 전 범위의 이슈들에 대해 더 상세히 알기 원하는 모든 이를 위해 귀중한 자료가 될 것입니다. 이 책은 독자들로 하여금 녹색 실천으로의 전환을 위한 이론과 비즈니스 사례를 이해할 수 있도록 할 뿐 아니라, 사고방식을 단순한 서비스 공급자 또는 공급사슬 참여자에서 관심과 지식을 가지고 있는 옹호자로 전환시킬 수 있도록 하는 전 세계적인 이슈들, 역사적인 견해와 그린빌딩의 전례들, 현재 그리고 성장 중인 기술, 추세 자료들을 다루고 있습니다.

나는 사람들에게 이렇게 묻곤 합니다. "가장 위대한 엔지니어는 누구입니까? 토마스 에디슨(Thomas Edison) 또는 헨리 포드(Henry Ford)?" 나의 대답은 "둘 다"입니다. 에디슨은 그의 시대에서 가장 뛰어난 발명가였고 포드는 가장 뛰어난 복제자이며 제조업자였습니다. 19세기 후반 에디슨은 우리를 기술적 진보의 새로운 시대로 이끌어준 많은 발명품을 개발하였습니다. 그는 문제점들에 대한 해결책을 체계적으로 연구할 수 있는 최초의 산업용 연구 실험실을 만들었습니다. 포드는 하베이 파이어스톤(Harvey Firestone)의 발명품(타이어)뿐만 아니라 에디슨의 발명품 중 몇 가지를 선택하여 복제, 정제, 단순화에 초점을 맞추었으며, 우리 모두는 대량생산을 통해 발명

Kevin Hydes는 캐나다 스탄텍 컨설팅(Stantec Consulting Ltd.)의 부사장, 캐나다 그린빌딩 협의회의 설립자, 세계그린빌딩협의회의 의장이다.

품들을 접할 수 있게 되었습니다. 거의 100년 전에 포드는 오늘날 우리 모두에게 혜택을 주는 대량생산의 현대적 시스템을 개발한 것입니다.

오늘날 우리는 국가와 세계의 각 지역에서 개별 건물의 차원으로 많은 건축가들과 엔지니어들에 의해 창조된 혁신적인 기술들을 취사 선택하여, 건물 환경 전반에 걸쳐 재빠르게 최상의 기술을 복제해낼 필요가 있습니다. 쉬운 언어로 쓰여 있고 비전문가가 쉽게 접근할 수 있으며 각종 데이터와 상식들로 뒷받침되어 있는 이 책은 그린빌딩 혁명을 완벽히 수행할 수 있을 때까지, 먼저 한 번에 하나의 건물을 설계하는 것에서부터 시작하여 도시 및 커뮤니티 전체를 그린화 할 수 있도록 하고, 처음에는 하나의 조직이 지속가능한 설계 및 개발에 대한 요구에 대응할 수 있도록 한 후, 마침내 한 번에 하나의 "녹색도시"가 형성될 수 있도록 하는 '복제'를 지원하기 위한 플랫폼이 될 것입니다.

이 책은 검증이 이루어진 명백한 아이디어들을 다루고 있습니다. 나의 경험으로 비추어 보건데, 큰 변화를 이루기 위해서는 이러한 아이디어들을 채택하고 이를 성공적으로 행동에 옮길 필요가 있습니다. 지금 바로 실천해야 합니다. 제리, 이 책의 집필에 대해 감사드립니다.

케빈 히데스, PE, P.Eng.

퀘벡, 몬트리올

2007. 2

CONTENTS

II PART 그린빌딩의 A부터 Z까지

III PART 참고자료

PART I

오늘날의 그린빌딩

Green Buildings Today

세계적인 관계에서의 그린빌딩

그린빌딩은 세계 기후변화에서 인간 활동이 차지하는 비중에 대한 인식이 확산되면서 대두된 범세계적인 대응책 중 하나이다. 건물 부문의 이산화탄소 방출은 전 세계 방출량의 40% 이상을 차지하고 있으며, 이는 지구 온난화 현상의 주요 원인 중 하나이다. 미국, 서유럽, 캐나다 그리고 일본은 현 시점에서 온실가스 배출량의 대부분을 차지하고 있지만, 이러한 상황은 가까운 장래에 급변할 것이다. 중국, 인도, 아시아의 나머지 국가들, 브라질 그리고 러시아에서 예상되는 이산화탄소 방출량의 급속한 증가를 고려하면, 향후 30년간 도시화에 따른 "탄소 발자국(carbon footprint)" 〈환경에의 영향도를 온실가스 발생량으로 환산하여 이산화탄소 단위로 나타낸 것〉을 줄이는 데 전 세계가 동참하는 것이 필수적이다. 지구 온난화는 피할 수 없으며, 우리 모두에게 중대한 영향을 미치게 될 것이다.

많은 분석가들은 향후 30년간 신축 건물의 반 정도가 중국에서 건설될 것이라고 예상하고 있으며, 이는 주거용, 상업용, 산업용 신축 공간 약 200억 제곱미터에 해당한다. 에너지 효율적인 그린빌딩에 초점을 맞추지 않고서 우리가 세계기후변화에 대응할 수 있는 방법은 없다. 미국과 다른 선진국들은 이산화탄소 배출 저감에 대한 자국의 기여도를 설정함에 있어 본보기가 될 수 있도록 지도력을 발휘해야 한다. 이는 사회적인 책임일 뿐 아니라, 조만간 전 세계가 모든 종류의 "탄소 배출 저감" 기술을 구매하려 할 것이므로 좋은 산업이 될 여지가 매우 크다. 세계에서 가장 창의적인 국가로서 미국은 새로운 기술, 프로세스, 시스템을 이용하여 건물 부문의 기후변화 이슈를 해결하는 데 있어 경제적으로 막대한 이익을 거둘 수 있는 위치에 있다. 이를 통해, 우리는 경제적으로도 성장할 수 있을 뿐 아니라 세계 문제에 중대한 기여를 할 수 있을 것이다.

그린빌딩을 도입하게 된 데에는 또 다른 실질적인 이유가 있다. 전 세계에 걸친 깨끗한 식수의 부족과 함께, 미국 남서부 및 오스트레일리아 일부 지역에서의 장기 가뭄현상 등을 고려해보자. 새로운 절수기술, 배수처리 및 물 재이용 기술은 건물 용수의 절반을 줄일 수 있을 것이며, 전체 물 사용량의 5~10% 절감을 유도할 수 있다. 건물에서의 에너지 절감 방법을 배우는 것 또한 미 서부 공급수의 1/2을 직·간접적으로 사용하는 것으로 추정되는 화력발전소(석탄 및 원자력)의 용수 사용량을 줄이는 데 도움이 될 것이다.

세계의 많은 지역에서 에너지와 수자원을 확보하기 위한 분쟁이 흔히 발생하고 있다. 지구 온난화는 여름철 물 공급을 빙하수 및 고산지대의 눈에 의존하고 있는 세계 많은 지역의 급수여건을 위협하고 있다. 예를 들어 히말라야 산맥에 비가 더 많이 오고 눈이 적게 와서 봄에 고산지대의 눈이 더 빨리 녹아 흘러내리게 되면, 메콩강에 의존하고 있는 동남아시아 전체는 악화된 가뭄상황을 겪게 될 것이므로, 담수화, 용수 저장, 수자원 보전 시스템과 같은 광범위한 인프라 시설에 대한 투자를 필요로 하게 된다. 건물 부문을 포함한 도시에서의 수자원 절약은 많은 도시지역에 있어 필수적이다. 기름이 중요하게 여겨져 온 기간과 거의 유사한 수준으로, 물은 앞으로 다가올 수십 년 간 경제적이고 전략적인 중요성을 지니게 될 가능성이 매우 높다.

에너지 부족은 이미 세계의 많은 지역에서 삶의 한 단면이 되고 있지만, 세계적으로 급성장하고 있는 거대 도시의 경우 이는 더욱 절실한 문제이다. 사실상, 세계 40대 대도시의 대부분은 선진국에 위치하고 있지 않다. 여기에는 브라질의 리우데자네이루(Rio de Janeiro)와 상파울로(Sao Paulo), 인도의 뭄바이(Mumbai), 첸나이(Chennai), 푸네(Pune), 방갈로르(Bangalore), 델리(Delhi), 콜카타(Kolkata), 파키스탄의 카라치(Karachi)와 라호르(Lahore), 중국의 홍콩, 북경, 중경 우환, 천진, 심양, 광저우, 상하이 등의 도시들이 포함된다. 인구 수 기준 상위 40대 도시 중, 미국 도시로는 뉴욕과 로스앤젤레스 등 두 곳 뿐이며, 일본에서는 유일하게 도쿄가 러시아에서는 상 페테르부르크(St. Petersburg)와 모스크바, 서유럽에서는 런던, 동아시아에서는 서울과 싱가포르만이 포함될 뿐이다.[1] 이산화탄소 배출량 증가를 멈추고 차후 30여 년에 걸쳐 예상되는 중대한 기후변화의 가능성과 이로 인한 경제적 및 건강상의 막대한 폐해를 막기 위해서는, 우리는 전 세계 차원에서 광범위하게 그린빌딩을 도입하여야 한다.

그린빌딩은 또한 빈곤층을 대상으로 보다 건강하고, 보다 자원 효율적이며, 저렴한 가격으로 소유하고 유지할 수 있는 저렴한 주택을 보급함으로써 전 세계 자원 분배의 불공평을 해결할 수 있는 방법을 제시하고 있다. 이미 많은 건축가, 엔지니어 및 계획가들이 빈곤층 및 중하류층의 사람들이 이전 주택에 비해 공과금도 저렴하고 홍수 방지계획이 잘 이루어진 건강하고 매력적인 주거를 소유할 수 있도록 하는 혁신적인 주택 설계안을 발전시킴으로써 2005년 허리케인 카트리나와 같은 재해에 대해 대처하였다. 지구 어디에나 있는 태양에너지 및 풍력에너지를 활용한 신재생에너지 시스템은 개발도상국의 많은 가난한 마을들에 전기를 공급해 주고 있으며, 자원이 부족한 환경에서 교육과 의료시설을 제공하는 데 도움을 주고 있다.

결과적으로 그린빌딩은 환경에 이롭다. 옥상녹화와 같은 측면은 도시의 식생 보전에 대한 감수성을 자극한다. 혁신적인 부지 내 우수처리와 친환경적으로 채취된 목재와 재활용 자재의 이용은 기존의 건축방법이 환경 및 기반시설에 미치는 영향을 줄이는 데 도움이 된다. 훌륭한 디자인의 진수는 하나의 행위가 여러 가지의 이익을 창출해 내는 데 있다. 2005년, 환경부하와 에너지 사용이 제로이거나 에너지 생산이 가능한 일반주택을 설계하는 혁신적인 디자인 경기가 개최되어 전 세계에서 600건 이상의 작품이 출품되었다. 수상팀은 워싱턴 주 시애틀의 Mithun architects and planners의 젊은 건축가 그룹으로 온전히 신재생에너지로 운영이 되지만 약간의 변형이 가미된 주택을 설계하였으며, 이들은 자신의 디자인 콘셉트를 다음과 같이 설명하였다.

> (주택의 코어는) 수직으로 뻗어 있으며, 기존의 태양전지에 비해 단위면적당 200% 이상 발전량이 많은 초전도성 광합성 플라즈마 셀로 피복되어 있다. 시금치 단백질 추출물과 관련된 기존 연구를 기반으로 계획된 것으로, 이 살아 있는 건물외피는 광합성을 하고 굴광성도 갖는다. 건물외피는 태양의 경로를 따라가면서 성장하고, 단일 가구의 전력 수요량 이상의 전기를 생산한다. 초과 생산된 전기는 인근 주택과 가로등 시설 등에 분배된다.

이것은 그린빌딩을 유도해낼 수 있는, 기존 틀에서 벗어난 사고의 일례이다. 이 설계안은 물의 재사용, 자재 선택, 환기 방안 및 지역사회와의 연계성 등에 대해서도 나타내고 있다.[2]

새로운 그린빌딩 자재는 유해 화합물과 분해가 어려운 체내축적물을 포함한 화학물질들이 인체와 생태 시스템에 미치는 영향을 어떻게 줄일 수 있는지 보여준다. 인체와 자연생태 시스템에 새로운 화학물질을 노출시키기 이전에 모든 것을 평가하고 그 영향을 완벽하게 파악하도록 하는 증빙의 의무를 업계에 부담시키는 "예방원리"를 적용함으로써, 그린빌딩 자재의 선택이 많은 사람들에게 화학물질 과민증을 유발시키는 "화학물질 스프"를 줄이는 데 도움이 될 수 있을 것이다. 더 광범위한 생태계 차원에서, 예방원칙은 의사들이 지키는 "먼저 해로움이 없게 하라"[3] 라는 히포크라테스 선서의 적용이다. 인간의 발명품은 절대 오류가 없는 것이 아니며, 산업용 화학물질을 다루지 않고서도 수백만 년 동안 진화하여 온 생태 시스템이 우리가 생각하는 것 이상으로 훨씬 더 쉽게 파괴될 수 있다고 생각하는 데에는 그만한 이유가 있는 것이다.

약 40년 전, 많은 베이비 붐 세대(Baby Boomers)들이 일종의 성경과 같이 여긴 '전 지구 카달로그(Whole Earth Catalog)'의 표어는 "우리는 신과 같은 존재가 됐다. 그리고 거기에 익숙해지는 편이 좋다(We are as gods and better get good at it)"이다. 이 메시지의 본질은, 만약 인간들이 그들 자신의 이미지 – 로 지구를 바꾸어 만들고 있다면, 우리는 자연주의로부터 교훈을 얻는 것에서부터 시작하여 장기적인 지속가능성을 이루는 것이 좋다는 것이다. 그린빌딩은 모든 지구의 주민들을 위해 생활의 질을 희생하지 않으면서 지속가능한 개발을 달성하기 위해 우선적으로 해야 할 일이다. 하노버 원칙(Hannover Principles)은 미국의 건축가 윌리엄 맥도나우(William McDonough)와 독일의 화학자 미하엘 브라운 가르트(Michael Braungart) 박사가 첫 번째로 1992년에 발표한 지속가능한 디자인을 위한 명확한 지침이다. 첫 번째 원칙은 단순하게 "건강하고, 협력적으로, 다양하고 지속적인 상태에서 인간과 자연이 공존하기 위해 권리를 주장하라"이다.[4] 그린빌딩은 이 자세에 맞게 따르는 체계적인 접근이다.

자원 고갈과 이산화탄소 방출

미국그린빌딩협의회에 의하면, 모든 미국 거주용 및 상업용 건물들의 연간 직접적인 영향은 총 에너지 사용의 39%, 전력 소비의 68% 그리고 온실가스 배출량의 30%에 달한다. 내재에너지에 건축 재료를 만들고, 현장으로 그것들을 옮기고, 설치하고, 그것들을 수리하는 것을 더하면 총 에너지 사용량은 48%에 더 가깝다. 미국의 그린빌딩협의회와 미국의 환경보호청(Environmental Protection Agency)에 따르면, 건물들은 우리들이 살고 있는 세계의 모든 면에 주된 영향을 미치며, 건물 디자인과 시공에 의한 영향은 원자재 사용의 30%, 비산업 매립물의 40%(일반폐기물의 수은 31%를 포함하여), 식수 사용의 12%에 달하고 있다.[5] 건물들이 환경에 미치는 영향을 줄

LEED 골드 등급을 받은 오버랜드 파트너스(Overland Partners)와 WTW Architects에 의하여 디자인 된 펜실베이니아 주립대에 있는 건물은 에너지 소모량을 40% 줄인다.

이기 위하여 확고한 행동을 취하는 것으로 많은 유익한 효과들을 얻을 수 있다.

- 빗물 유출로부터 해양오염과 하천오염을 줄여라.
- 물을 적게 사용하고 빗물을 적게 배출하는 데 기여함으로써, 사회기반시설의 증설 없이 그 용량을 키움으로써 사회기반시설의 수명을 연장하라.
- 건설 잔해물의 폐기와 건축재료를 줄임으로써 매립지의 수명을 늘려라.

2035년까지(지금부터 30년 이내) 미국의 대부분의 건물은 새로 지어지거나 리노베이션되어질 것이므로, 지금이 변화를 만들어야 할 적절한 때이다. 많은 오래된 건물들을 허무는 과정에서 구조적으로 튼튼하거나 건축적으로 중요한 것은 수선할 것인가, 아니면 신축할 것인가는 오늘날 우리가 녹색환경 구축을 위해 취하는 행동에 의해 영향을 받게 된다. 그린빌딩으로의 움직임은 우리의 빌딩들이 더 에너지 절약적이고 물을 효율적으로 활용하여, 결국은 우리가 비용을 부담해야 할 도시기반시설에 짐을 덜어 주는 역할을 하게 될 것이다. 건축가 Edward Mazria에 의하면 :

> 2035년까지 미국의 건조환경(built environment)의 4분의 3은 신축 또는 수선된 것이 될 것이다. (200억 제곱미터 이상에 달하는 건설) 앞으로 30년 동안의 이러한 변화는, 건축과 건설 공동체에는 현 시대의 가장 심각한 위기인 지구온난화를 바꿀 수 있는 역사적인 기회임을 알려주고 있다.[6]

그린빌딩의 역사

1980년대 말에 미국건축가협회(AIA)는 환경위원회(Committee on the Environment, COTE)를 신설하였고, 현재는 거의 모든 AIA 지부에 분과를 두고 있다. 미국과 캐나다의 전역에서, 건축가들은 미국그린빌딩협의회(Green Building Council, USGBC) 지부와 COTE를 통하여 활동하면서 지속적인 디자인을 주도해 왔다. 1993년에 창설된 미국그린빌딩협의회는 건축산업을 더 환경친화적인 활동으로 변환시키는 것을 목표로 노력해 왔다. 1990년대 중반부터 미국그린빌딩협의회는 미국 에너지부의 재정적인 지원 하에, 그린빌딩이 어떠한 것인가를 정의하기 위한 평가 시스템을 개발해 왔다. 에너지 및 환경디자인 리더십(Leadership in Energy and Environmental Design, LEED)로 명명된 첫 번째 시스템은 신축 건물과 리노베이션에 적용되며, 1998년에 소개되었고 지속적으로 베타테스트되었다. 2000년 3월에는 최초의 LEED 1.0 버전이 수정, 보완, 확장되어 LEED 2.0 버전으로 업데이트되어 소개되었다. 그로부터 2.0 버전은 두 번의 큰 변경을 거쳐, 2005년 말 부터는 신축 건물을 위한 LEED(LEED for New Construction, LEED-NC) 1.2 버전이 현재 표준으로 사용되어 오고 있다.

미국그린빌딩협의회는 급격한 성장을 하여 1998년에 둘이었던 회원이 2007년 초에는 7,700 이상의 기업, 협회, 정부기관 그리고 비영리 단체 회원을 두게 되었다(USGBC는 개인회원을 두지 않는다).[1] 모든 분야의 건설산업과 환경 커뮤니티를 대표하면서, 미국그린빌딩협의회는 연간 건설규모가 1조 달러에 달하는, 이 거대하고 다양한 산업의 자원을 잘 이용하여 건물과 개발의 환경적 특성을 평가하기 위한 합의된 표준을 도출해내었다. 2004년에 설립된 캐나다 그린빌딩협의회는 현재 1,300 이상 회원의 기관과 여러 주에 지부를 두고 있다.[2] 캐나다 그린빌딩협의회(CaGBC)는 LEED 평가 시스템을 사용하지만 캐나다의 여건에 맞게 보완하여 사용하고 있다. 2007년까지 캐나다 그린빌딩협의회는 캐나다 LEED 기준으로 225개 이상의 프로젝트를 인증하였다. 캐나다의 그린빌딩은 에너지 효율과 적절한 실내 공기질에 특별히 초점을 맞춘(또는 북쪽의 더 추운 기후에 맞춘) 것으로 그 움직임이 급속한 성장을 보이고 있다.

현재의 상황

북아메리카의 주거, 상업용, 협회 자산의 소유자와 개발자들은 종종 통상적인 예산으로도 그린빌딩을 세우는 것이 가능함을 깨닫게 된다. 많은 개발자들, 건물 소유자들 그리고 시설 경영자들은 새로운 모델링 도구들, 설계기법들 그리고 재정 또는 인센티브의 창조적인 활용을 통하여 상업용 또는 대규모 큰 주거용 건물들에서 최고의 기술 발전을 가져오고 있다. 지난 10년 동안, 우리들은 그린빌딩 기법과 기술이 적용된 상업용 건물이 점점 증가하고 있음을 보아 왔다. 2006년에 1,200 이상의 기업이 지속가능성에 대한 다양한 형태의 보고서를 발간한 것을 보면, 이 분야의 시장이 일시적이었다가 사라지는 것이 아닐 것임이 명백하다. 기업들은 그들의 가치를 반영한 시장이 열리기를 원하며, 이러한 요구를 만족시킬 수 있는 고성능 건물(high-performance building)을 구현하기 위해서 아직 갈길이 멀다.[3]

부동산, 건축설계 그리고 건축 건설업에 오랫동안 종사해 온 사람들의 대부분은 지속가능한 디자인이 그들의 사업경력 중에서 가장 큰 변화임을 인식하였다. 지구 온난화의 위급함 그리고 미국의 수입 연료에 대한 의존도 증가는 건축가들이 건물 에너지의 소모를 줄이기 위해 더 강력한 행동을 취하도록 재촉하였다. 2005년 말, 70,000이 넘는 건축가들을 대표하는 미국 건축가협회는 2010년까지 신축 건물의 화석연료 소모량을 50% 감축하겠다는 목표를 설정하고, 이후 5년마다 추가로 10%씩 감축하여, 2030년에는 2005년 수준 대비 90%를 감축하겠다는 정책 성명서를 발표하였다. 이 발표가 법률상의 효력을 가지고 있지는 않지만, 매 프로젝트마다 에너지 성능에 있어서는 최상의 목표를 추구해야 한다는 압력을 가하고 있다.[4] 건축가 에드워드 마즈리아(Edward Mazria)가 관찰한 바에 따르면, 적절한 향과 형태, 자연채광, 일사조절 그리고 자연형 냉난방 기술과 같은 적합한 설계기법을 활용하는 기존의 건축 기술만으로도, 추가 비용 없이 기존 건축물 대비 50% 절약을 달성할 수 있다.

그린빌딩의 이해

우리가 그린빌딩 또는 고성능 건물이라고 하는 것은 무엇을 의미하는가? 미국그린빌딩협의회에 의하면, 이러한 건축물들은 설계와 건설기술이 잘 통합되어 환경과 재실자에 대한 다섯 가지 큰 분야에서 건축물의 부정적인 영향을 완전히 없애거나 상당부분 줄인 것을 말한다 :

- 지속가능한 대지의 계획
- 물의 보호와 물의 효율적 이용
- 에너지 효율 향상과 재생에너지
- 재료와 자원의 보존
- 실내환경의 질[5]

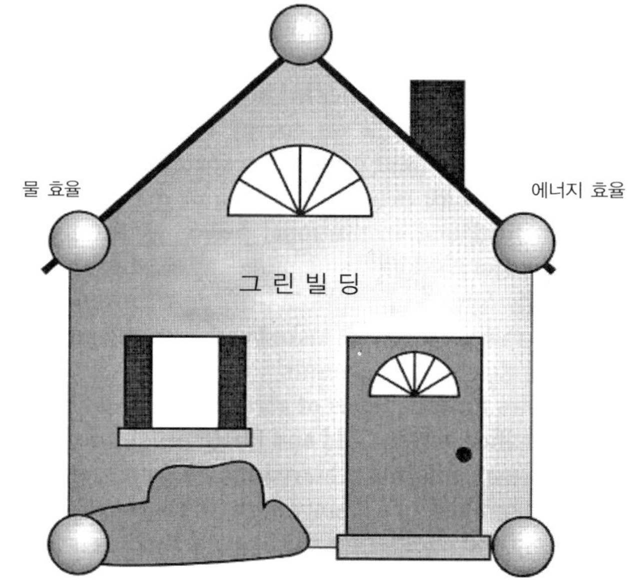

다섯가지 주된 관심 부문을 보여주고 있는 그린빌딩 주택

일반적으로, 그린빌딩은 법규를 만족시키는 빌딩과 비교된다. 건축 허가 요건만을 만족하는 구조물은 건강과 안전을 위한 건축법규의 최소한의 요건 이상을 추구하려 하지 않는다. 그러나 그린빌딩은 이에 더하여, LEED 등급 시스템(usgbc.org), 고성능 학교모임(Collaborative for High-Performance Schools, CHPS), 건강을 위한 그린 가이드(chps.net), 선진 건물 가이드라인[Advanced Building guidelines(power yourdesign.com)], 건강을 위한 그린가이드(Green Guide for Healthcare, GGHC)[6], 또는 지역의 에너지회사나 시의 지침과 같은 시스템에 의해서도 평가된다. 이러한 건물들은 인증을 받거나 녹색 또는 고성능의 등급을 얻기 위하여 표준 빌딩의 성능 이상으로 점수를 더 얻어야 한다.

2000년에 LEED가 도입된 이후, LEED는 상업용 그리고 공공 건물에 대한 미국의 국가 표준이 되었다. LEED는 근본적으로 성능 기준이다. 달리 말하면, 그것은 개발업자, 건축가 또는 건물 소유자가 어느 특정 수준의 값을, 예를 들면 현재의 건축법규를 따를 것인지 아니면 에너지 사용량을 20% 줄일 것인지를, 구체적인 방안을 규정하지 않으면서도 선택할 수 있게 해준다. 이렇게 함으로써 LEED는 미국 전역에 걸쳐서 거의 모든 상업용 또는 공공 건물들의 신축 또는 주된 레노베이션에 적용되는 유연한 도구가 되었다. 캐나다는 LEED[7]와 거의 동일한 버전을 가지고 있으며, 아주 널리 사용되고 있다. LEED가 도입된 때부터 LEED는 그린빌딩을 만들어내라는 임무가 주어진 건축팀에게 소중한 설계도구일 뿐 아니라 최종 결과물을 평가할 수 있는 방법임이 판명되었다.

LEED는 성취 정도가 우수함에 따라 인증, 실버, 골드 그리고 플래티넘의 4등급의 인증을 부여하고 있다. 2003년과 2004년에 남캘리포니아 주에서는 3개의 작품이 플래티넘 등급 판정을 받았다. 그중 하나는 지역 공공설비회사 시설, 또 하나는 군 공원(county park)시설(지역 Audubon 협회와의 협력 하에), 다른 하나는 천연자원수호위원회(Natural Resources Defence Council)를 위한 시설이었다. 2007년 초까지 가장 큰 LEED 플래티넘 작품은 포틀랜드에 있는 오리건 보건과학대학(Oregon Health & Science University)의 약 38,300 ㎡의 건강치유센터(Center for Health and Healing)였다. 동시에, 500 이상의 작품들이 LEED의 신축건물을 위한 LEED 분야에서 등급을 받았다. 2007년에 공사중인 건물 중 플래티넘 등급을 받겠다고 하는 작품들은 92,900㎡ 이상이 되는 것으로 추산되고 있다.

LEED는 누가 사용하는가?

2006년 말까지 신축 건물 시장 전체의 약 4~5%가 LEED-NC를 획득한 약 4,000개의 신축 또는 개축 작품으로, 면적으로는 44,300,000㎡ 이상에 달한다. 2007년 초에는 매달 2 이상의 프로젝트가 LEED-NC 평가를 위해 등록되었다. 프로젝트는 완공 후에야 LEED 인증을 받을 수 있으므로, 이들은 거의 입주단계이거나 LEED 등급 인증을 위한 서류작업 완료단계에 있다. 프로젝트의 설계에서부터 완공단계에 이르기까지 2년 이상 걸린다는 (그리고 프로젝트가 상당부분 끝난 다음에야만 인증이 시작될 수 있다는) 점을 생각해 볼 때, 인증 받으려는 프로젝트의 수는 매우 급증하고 있다. 포춘지 선정 500대 회사들 중 많은 회사들, 대학교들, 정부 부처들 그리고 비영리 단체들이 LEED 프로젝트 개발에 적극적으로 참가하기 시작하고 있다.

대부분이 지하로 된 오리건 와인 생산(와인 숙성)시설을 포함하여, 생각할 수 있는 모든 프로젝트 타입이 LEED 등록되었다. 2006년 말까지의 초기 150개의 LEED 골드 등급 인증 프로젝트를 보면, 미국 외 프로젝트(7개의 캐나다 프로젝트)까지를 포함하여 다음과 같은 다양한 타입의 건축물에서 인증을 받았다.

- 오리건 주 포틀랜드의 100년 된 창고 건물을 현대식 사무실 건물로 리노베이션
- 브리티시 컬럼비아 주 빅토리아의 오래된 병원 건물은 개발자 주도의 기술단지로 변모
- 오리건 주 그레셤의 자동차 업체를 위한 임시 창고 건물
- 북캐롤라이나 주의 Statesville의 초등학교
- 뉴욕 시의 초고층 아파트 2동
- 미시간 주 젤란트의 허만 밀러사(Herman Miller, Inc.)를 위한 신축 건물과 사무실 건물의 리노베이션 [이 프로젝트에 대해 언급하자면, 건축가 윌리엄 맥도나우(William McDonough)가 관찰한 결과, 창문이 없는 건물에서 자연채광이 가능한 건물로 바뀌면서 매년 40%의 수익이 증가하였으며, 4개월만에 이윤이 증가했다고 함] 8
- 펜실베이니아 복지국에 임대된 관공서 건물
- 워싱턴 주 시애틀 근교의 환경교육 센터
- 텍사스 주 오스틴 시청 건물
- 캘리포니아 주 산타 모니카의 저렴한 주택단지
- 펜실베이니아 주 피츠버그의 신축 컨벤션 센터

그린빌딩이란 무엇인가?

우리는 지금까지 그린빌딩의 전반적인 면에 대하여 이야기하였다. 이제는 우리가 실제적으로 사용하는 "그린빌딩"이라는 용어의 의미에 대해 조금 더 구체적으로 이야기해 보려고 한다. 이전 단원에서 소개했던 미국그린빌딩협의회(Green Building Council)의 LEED 시스템을 이용하여 설명하면, 그린빌딩은 다음과 같은 다섯 가지 요인을 고려한 건설을 말한다. 그러나 대부분의 그린빌딩에 이러한 요인이 모두 고려되어지는 것이 아니라, 그 프로젝트의 예산과 목표에 적합한 요소가 부분적으로 선택되어진다.

1. 적절한 부지 선정과 환경적으로 지속가능한 부지 개발을 장려한다.

- 건물(프로젝트)을 습지대로부터 떨어진 곳, 100년에 한번 발생하는 홍수 수위보다 높은 곳, 주요 농경지로부터 떨어진 장소, 멸종위기에 처해 있거나 위협받는 종의 서식지로부터 떨어진 장소에 위치시킨다.
- 건물(프로젝트)을 도시 기반시설이 이미 갖춰진 장소에 위치시킨다.
- 건물(프로젝트)을 오염에서 치유된 재개발지역(brownfield)에 위치시킨다 ; 이러한 곳은 기반시설이 이미 갖춰져 있다.

- 사람들이 대중교통과 자전거를 이용하여 출퇴근할 수 있는 기회와 기반시설을 제공한다.
- 지나친 자동차 이용을 줄일 수 있도록 주차장을 최소화한다.
- 휘발유 사용을 줄이기 위해 배기가스를 적게 배출하는 차량을 제공하고 자동차 함께 타기를 시행한다.
- 부지 개발에 있어 오픈 스페이스(open space)를 보호하고, 이미 영향을 받은 부지에 대해서는 오픈 스페이스를 복원한다.
- 우수 유출량을 줄이기 위해 우수를 관리하고, 우수가 대지에서 배출되기 전에 그것을 정화시키는 모범적인 사례를 찾아 이용한다.
- 여름철 건물 주변을 과열시켜 더 많은 냉방을 하게 만드는 과도한 포장 영역을 줄이기 위해 조경과 주차구역을 관리한다.
- 야간에는 어두운 하늘을 만들기 위해 내부 조명과 부지의 외부 조명을 제어한다.

2. 효과적인 수자원 사용을 장려한다.

- 조경을 위한 관개용수의 이용을 가능한 적게 사용하도록 조절한다. 물의 이용이 적거나 추가적으로 물이용이 요구되지 않는, 자연 그대로의 조경을 선택한다.
- 단지 내에서 폐수를 처리했다 하더라도 건물(프로젝트)로부터 흘러 나갈 수 있는 하수를 줄일 대안을 찾는다.
- 전체적인 물의 수요를 줄이기 위해 건물 내부에 물 절약을 위한 설비를 사용한다.

3. 에너지를 절약하고, 재생에너지를 사용하며, 대기 자원을 보호한다.

- 건물의 에너지 사용(그리고 환경적인 영향)을 표준 건물의 수치보다 20% 또는 그 이하로 줄인다.
- 건물의 전기, 가스(열에너지) 수요의 일부에 공급하기 위해 태양광(PV) 패널 또는 태양열 난방과 같은 현장 재생에너지를 사용한다.
- 모든 에너지 이용 시스템이 건물에 설치된 후 그 건물이 사용되기 전에 시운전을 통해 기능적 성능을 검증한다.
- 건물의 냉동과 공조 시스템에 오존을 파괴하며 지구 온난화에 영향을 미치는 화학물질의 사용을 줄인다.
- 측정과 모니터링 장치를 설치하여 건물의 에너지 사용을 지속적으로 교정할 수 있는 방법을 마련한다.
- 부지 외부의 발전소, 일반적으로 풍력발전소와 같은 곳에서 구매한 녹색전력(green power)으로 건물 전기공급의 35% 또는 그 이상을 제공한다.

4. 건축재료를 절약하고, 건설 폐기물을 줄이며, 천연자원을 현명하게 사용한다.

- 건물 운영에 있어서 재활용 쓰레기통을 영구적인 위치에 설치하여 사용을 장려한다.
- 새 건물 재료를 생산하는 데 따른 에너지 소비와 환경적 영향을 줄이기 위해 내·외장재료를 포함하여 기존 건물을 재사용한다.
- 비용절감과 매립지의 사용을 줄이기 위해 50% 또는 그 이상으로 건설 폐기물 처리를 줄인다.
- 형태나 구조적으로 아직 사용 가능한 장식벽돌과 나무목재와 같은 재생 건축자재를 사용한다.

- 재활용 콘크리트, 건식 벽체, 석탄 화력발전소로부터 나오는 비산회(fly ash)와 신문 같은 "다운 사이클(down-cycled)" 재료로 만들어진 재활용 건축자재를 사용한다.
- 먼 곳으로부터 가지고 올 경우에 발생하는 수송으로 인한 영향을 줄이기 위해, 그 지역에서 800km 내에서 채취되고 가공된 재료를 사용한다.
- 대나무, 코르크, 리놀륨, wheatboard 또는 strawboard로 만든 가구와 같이 10년 또는 그보다 적은 재생시간을 갖는, 즉 빠르게 재사용할 수 있는 재료를 사용한다.
- 채취가 지속적으로 가능하며 좋은 운영 사례로 보증된 산림지로부터 건물에 사용되는 목재 제품의 50% 또는 그 이상을 구매한다.

5. 실내 환경 질을 보호하고 증진한다.

- 금연 건물화하거나 흡연이 허용된 곳(고층 주거건물과 같은 경우)에는 환기 시스템을 따로 분리시킨다.
- 실내 공기질을 제어할 수 있도록 이산화탄소의 농도 센서를 사용하여 외기도입량을 모니터링하고 조절한다.
- 건물에 신선한 공기의 양을 증가시키기 위해 법규 수준보다 30% 증가된 외기량이나 자연환기를 제공한다.
- 건설 활동을 수행하여 시스템 기동 시에 깨끗한 공기가 공급되고 덕트와 시트락(sheet rock)과 같은 재료에 먼지나 습기가 없게 한다. 이 아이디어는 "신축 건물 냄새"와 그것과 관련된 독성을 없애기 위한 것이다.
- 페인트와 코팅, 접착제와 실런트(sealants), 카펫과 접착제, 합성 목재, 애그리파이버(agrifiber) 제품으로부터 방출된 가스를 포함하는 장래의 오염원을 감소시키기 위해 건물에 유해물질 방출이 적은 재료를 사용한다.
- 화학물질이 섞여 있거나 사용된 곳(인쇄공장이나 대형 복사실과 같은)은 따로 환기시키는지 확인한다. 그리고 사람들이 건물로 들어가기 전에 오염물질을 제거할 수 있도록 발판이나 그릴을 건물 입구에 설치한다.

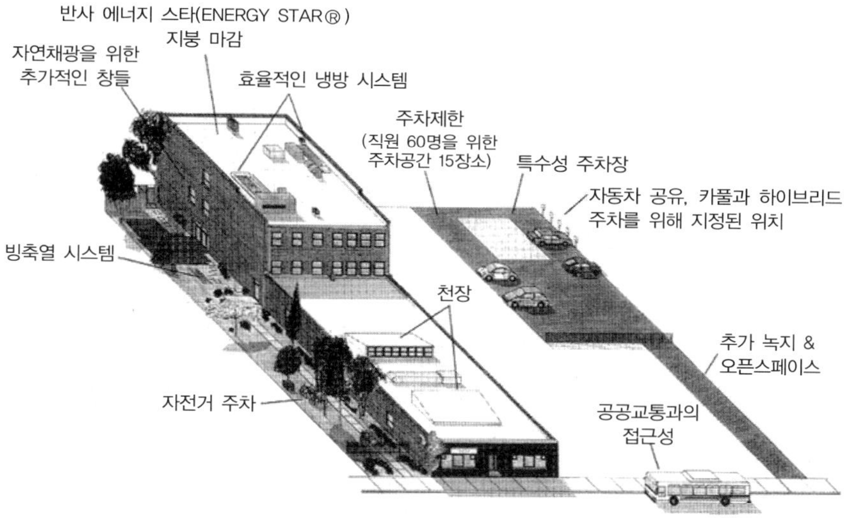

Farr Associates에 의해 설계된, 일리노이 주 시카고의 지역기술센터(The Center for Neighborhood Technology), LEED 플래티넘 등급을 받은 프로젝트로, 그린빌딩 프로젝트에 필요한 기본의 몇 가지를 보여주고 있으며, 에너지 소모는 표준 건물의 50% 이하일 것으로 추정된다.

- 건물 사용자 개개인에게 온도와 습도 측면의 열 쾌적감을 제공한다.
- 건물 사용자에게 조명과 환기 시스템을 제어할 수 있도록 한다.
- 조망용 유리, 천창과 지붕 모니터 창(수직 창)과 같은 머리 위 조명원을 모두 사용하여 내부 작업공간에 적절한 자연채광을 제공한다.
- 사람들이 외부 환경과 연결될 수 있도록 적어도 전체 작업공간의 90%에 대해 외부 조망을 제공한다.

그린빌딩 주창자 되기

당신의 사무실 또는 작업장에서

당신이 일하는 곳에 그린빌딩과 지속가능한 디자인을 장려하기 위해 할 수 있는 많은 것들이 있다. 여기 당신이 당장 실행할 수 있는 몇 가지 간단한 제안이 있다.

당신의 탄소 배출을 줄인다.

2007년 초 일류 국제 보험회사인 스위스 리(Swiss Re)는 직원들이 이산화탄소 배출 절감에 기여하는 것을 지원할 것이라고 발표했다. 새로운 "COYou2 reduce and gain" 프로그램은 클린턴 글로벌 발의(Clinton Global Initiative)를 지원하는 스위스 리의 약속의 일부이다. 2003년, 스위스 리는 2013년까지 자체적으로 탄소 중립 운영을 할 것이라고 선언했다. 이제, 클린턴 글로벌 발의의 일부로서 스위스 리는 직원들이 이산화탄소 배출의 절감에 참여하는 방법을 지원하기로 결정했다.

"COYou2 reduce and gain" 프로그램은 특히 자동차와 난방, 전기에너지와 관련하여 온실효과 유발 가스 방출 절감에 기여하는 방법으로 직원의 참여를 지원한다. 이러한 방법은 배기가스 방출이 적은 하이브리드 자동차와 대중교통의 이용, 태양광 패널과 히트 펌프의 설치와 같이, 지역적인 환경과 선호도에 따라 다양하다. 현재부터 2011년 말까지 스위스 리는 이러한 방법에 투자된 금액의 반을 개개의 직원들에게 환불해 줄 계획이다. 이것은 직원 한 명당 최대 약 440만 원 또는 그에 상당하는 지역 화폐만큼까지 지급된다.

"COYou2 reduce and gain" 프로그램을 맡고 있는 서스태이널리티 & 이머징리스크 매니지먼트(Sustainability & Emerging Risk Management) 회장 Ivo MenZinger에 따르면, "스위스 리는 기후변화의 완화와 그 결과를 위해 적극적으로 참여하고 있다. 이 프로그램은 우리의 직원들이 개인적으로 기여하고, 더 나아가 이 문제에 대한 인식을 불러일으킬 수 있도록 장려할 수 있는 투자이다."[1]

당신의 회사 또는 업무에서 행동을 취하여라. 취할 수 있는 몇 가지 쉬운 단계로 다음의 것들이 포함될 수 있다.

- 당신이 만약 차량을 운행하고 있다면, 그것을 모두 하이브리드 자동차로 바꾸면 당신의 평소 휘발유 사용량을 35 ~ 50%까지 줄일 수 있다.
- 대중교통을 이용하는 직원들에게 적어도 50%에서 그 이상의 보조금을 지급해준다.
- 주차에 대한 요금을 보조해 주지 않음으로써 나홀로 차량 사용을 억제한다.
- 날씨가 좋은 날, 사람들이 자전거를 타고 출근할 수 있도록 건물에 샤워시설이나 헬스클럽을 갖추고 안전한 자전거 보관소를 제공한다. (이것은 또한 훌륭한 "웰빙"의 시작이다.)
- 차, 버스, 배와 비행기를 이용한 당신의 연간 이동(통근) 거리의 100%를 담당할 수 있는 그린 태그(green Tags)나 다른 "탄소 배출권"을 구매한다. (이러한 수요를 충족시켜 줄 많은 기관들이 있다.)
- 작업장의 전력 소비를 위한 녹색전력(green power)을 구매한다 ; 풍력발전은 많은 유명한 기관들로부터 광범위하게 얻을 수 있다 ; 이때 자원해결을 위한 센터(Center for Resource Solutions)로부터 "그린에너지(Green-e)"로

인증을 받은 것을 확인한다.[2]

- 당신이 환경에 남기는 발자취를 어떻게 줄이고 있는가를 살펴보기 위해 당신의 모든 행동을 검토함으로써 지속가능성으로의 여정을 시작하라 ; 이 행위는 조직에 있는 모든 사람을 참여시킬 수 있다 ; 각자 책상 아래의 쓰레기통을 없애고 대신 종이 재활용 상자를 사용하는 것과 IT 부서에서 모든 프린터의 기본 설정을 "이면지"로 설정하여 사람들이 내부용 문서를 위해 종이의 단면만 사용하는 것을 중단시키는 것은 간단한 방법일지라도 메시지를 쉽게 전달한다.
- 당신의 기존 건물 운영에 LEED-EB 평가를 받으라. 기존 건물을 위한 LEED-EB는 종합적인 평가며 당신의 "그린" 운영을 도와주고 전체 인력이 그 방향으로 노력하도록 만들 벤치마킹 시스템이다.
- "전원부하"로부터 에너지 사용을 줄이기 위해 모든 사람들에 대해 노트북 컴퓨터나 평면 모니터로 교체하라. 이것은 사무실 전체의 에너지 사용을 20%에서 그 이상 줄여줄 수 있다.
- 조명등을 바꾸고 조명 제어를 설치하여 가장 효율적인 조명등을 사용하고, 사람들이 실이나 사무실을 사용하지 않을 때에는 조명을 끈다.
- 기업 또는 기관 회원으로서 미국 그린빌딩협회에 가입하여 그 해결을 위한 구성원이 되라. 일단 당신이 가입하면, 회사나 기관에 있는 모든 사람들이 참여를 즐길 수 있다.
- 당신의 업무 수행의 또 다른 측면을 공부하고, 시간이 지남에 따라 더욱 지속가능한 선택의 방향으로 각각의 측면을 변화시키기 위해 일하라. 그리고 이러한 원칙을 집에서도 행하도록 직원들을 장려하라.

당신의 집이나 아파트에서

변화를 위한 가장 강력한 힘은 당신의 개인적인 경험이다. 당신이 살고 있는 곳에 그린빌딩과 그린 운영을 장려하기 위해 당신이 할 수 있는 것이 무엇인지를 생각한다. 여기 몇 가지 예가 있다.

- 몇 리터의 휘발유를 샀으며 몇 킬로미터를 비행기로 날아갔는지를 통해 당신의 가스, 전기, 물 사용을 기억하기 시작하라.
- 당신의 모든 습관을 검토하여 당신이 어디에서 이동을 통합할 수 있고 또 어디에서 선택적인 이동을 줄일 수 있는지 찾아봄으로써 다음 해에 10%까지 에너지와 물의 사용을 줄일 수 있도록 시도하라.
- 10%보다도 더 줄일 수 있도록 하라 ; 지속가능성에 대한 목표를 만족시키는 삶의 방식으로 극적으로 당신을 변화시킬 "지속가능한 삶의 해"를 만들라 ; 만약 당신이 아이가 있다면, 그들에게 도움과 아이디어를 구한다. 이는 그들이 학교에서 받을 전형적인 교육을 강력히 보완해 줄 것이다.
- 만약 당신의 직업과 가족들의 요구 때문에 이동을 멈출 수 없다면, 당신의 총 이동거리에 상당하는 "탄소 배출권"이나 그린 태그를 구매함으로써 지구의 다른 어느 곳에서 청정 전력을 생산하거나 나무를 심어 그 영향을 상쇄하도록 하라.
- 하이브리드 자동차나 더 연료 효율적인 차량을 구매하라 ; 당신은 에너지 효율 경제에 대한 미국협의회(American Council for an Energy-Efficient Economy)로부터 매 해 상위 10위의 그린 자동차 목록을 찾을 수 있다.[3]
- 당신의 집에 태양전기 및 태양열 시스템을 설치하는 것에 대한 정부의 보상을 찾아 보라 ; 만약 당신이 세입자라면, 이러한 행위의 혜택에 대해 집주인이나 관리회사와 논의해 보라.
- 지역의 가스나 전기회사에 전화하여 에너지 소비를 줄이기 위해 당신이 할 수 있는 "낮은－비용/무－비용(low-cost/no-cost)" 방법이 무엇인지를 찾기 위한 집의 에너지 분석평가를 요청하라.
- 변기에 사용되는 물의 이용을 절반 또는 그 이상으로 줄이기 위해 이중수세식 변기를 설치하라 ; 점적관수(drip irrigation)와 같은 다른 물 절약 장치를 설치하라.
- 에너지와 물의 사용을 줄이기 위한 추가적인 방법을 찾아내는 데 이웃의 "지속가능한 삶" 그룹과 다른 사람들의 창의력을 끌어들이고, 조경관리에 농약 사용을 줄이고 지역적 재활용 노력을 강화하라.

- 당신의 구매패턴과 그 상품의 생산과정에서 발생되는 쓰레기, 운송비용(만약 그것이 당신이 살고 있는 곳에서 멀다면), 생산과 유통, 사용 및 폐기에 드는 내재 에너지를 포함한 근원적 영향을 고려하라.
- 집을 리모델링할 때, 건강에 좋은 페인트와 카펫 그리고 재활용된 건축재료와 같은 지속가능한 상품으로 특화된 지역 소매상의 물건을 구입하도록 노력하라.

당신의 마을, 도시나 주 : 지역 발의안(Local Initiative)의 힘

전 미국 하원 의장 팁 오닐(Tip O'Neill)의 "모든 정치는 지역성을 가진다"라는 유명한 말과 마찬가지로, 모든 지속가능성을 위한 노력은 그들의 지역적 행동에 뿌리를 갖는다. 16개 주, 60개 도시(2007년 초) 이상이 그린빌딩을 장려하기 위해 지역 발의안을 만든 것과 같이, 당신에게는 당신 지역의 학교 위원회, 시의회 및 지역 위원회, 심지어 국회에서 이러한 노력에 종사하는 충분한 선례가 있다. 각각의 그린빌딩 성공 사례를 철저히 파헤치면, 당신은 정열과 선견지명을 갖고 차이를 만들어내는 소수의 지역 사람들, 공무원, 사업가 그리고 일반시민들을 찾게 될 것이다. 당신이 본받아서 노력해 볼만한 법안의 일부는 이미 시행되었으며, 그예로는

- 지역적인 수준에서 학교 지구, 도시 및 주로부터 LEED 실버 등급 이상으로 미래의 모든 건물과 학교를 건설하겠다는 약속을 확보한다 ; 일부 지역사회에서는 LEED 골드 등급으로 건설할 것을 약속했다. (기록상 최초는 브리티시 컬럼비아의 밴쿠버이다.) ; 당신은 "그것은 너무 많은 비용이 필요하다"와 같은 오래전부터 흔히 들었던 말을 다시 들을 것이기 때문에, 이것은 몇 가지 일이 필요할 수 있다. 그리고 당신은 이 책에 있는 예시들을 이용하여 다른 사람들을 설득해야 할 것이다 ; 북아메리카 도시 중에 이렇게 하고 있는 도시로는 시애틀, 새크라멘토, 포틀랜드, 투산, 샌프란시스코 그리고 캘거리와 매디슨이다.
- 일부 도시는 (공공부문에서) 자신들의 운영을 녹색화 한 후, 향후 몇 년

무어 루불레 유델 아키텍츠 & 플래너스(Moore Ruble Yudell Architects & Planners)의 설계 작품으로, 2006년에 완공된 산타모니카 시립도서관은 LEED 골드 인증을 받았다. 도시 중심에 위치한 이 빌딩은 풍부한 자연채광으로 시민을 맞이하고 있으며 중정에 커피숍이 있다.

안에 대규모 민영 부문의 프로젝트에 LEED 최소 등급이나 실버 등급 인증을 받도록 요구하는 다음 단계를 수행하고 있다. (보스턴과 워싱턴 DC와 같은 대도시가 이렇게 해 왔으나, 앞으로 더 많은 도시들이 유사한 요구를 할 것이며, 향후 몇 년 안에 LEED 요구사항 및 Architecture 2030 이정표(Architecture 2030 milestones)가 건물법규로 통합되어질 것이다.)

- 만약 당신이 민영 전력회사가 아닌 공영 전력회사로부터 전기를 공급받는 지역에 있다면 전력회사가 당신이 에너지 절약과 태양에너지 시스템을 채택하는 데 따른 보상금을 제공할 것이 확실하다 ; 이 회사는 미래에 추가적인 발전소를 건설하기 위해 필요한 막대한 비용을 지출하는 일이 없도록, 현재의 많은 요금 수입으로 보상금을 제공할 수 있다 ; 텍사스의 오스틴 전력공사는 1990년대 초부터 그린 홈을 지원하고 있으며, 전국에서 가

장 성공적인 그린 홈 평가 시스템을 가지고 있다.

- 당신의 시장 또는 시 의회가 미국 시장의 기후보호협정에 서명하도록 설득하라. 이 협정은 10년 이내에 또는 그보다 빨리, 도시들이 자체 운영에서 탄소 중립이 될 것을 약속한다[4] ; 전 지구적 차원에서, 클린턴 전 미국 대통령의 기후변화 법안은 전 세계 40개의 가장 큰 도시가 다음 20~30년에 걸쳐 탄소 중립이 되게 하겠다고 약속하고 있다.[5] (이미 런던은 이 법안에 서명했다.) 덴버의 존 히켄루퍼(John Hickenlooper) 시장은 지속가능한 개발[6]을 위한 그린프린트(Greenprint) 덴버 계획을 적극적으로 추진하고 있다. 시카고의 리차드 데일리(Richard Daley) 시장은 그린빌딩, 녹색지붕, 가로수 식재를 추진함으로써 시카고를 북아메리카의 "가장 친환경적인 도시"로 만들겠다고 선언하였다.
- 당신의 시 의회 또는 주 위원회가 그린빌딩을 짓는 민영 부문 프로젝트에 인센티브를 제공하도록 설득하라 ; 성공적인 인센티브는 건축 허가의 빠른 처리와 고층 사무용 건물, 아파트, 콘도미니엄 개발에 대한 용적률 증가를 포함한다 ; 만약 당신이 주 의원을 안다면, 그들에게 그린빌딩과 신재생에너지를 촉진하기 위한 주의 인센티브를 후원하는 것에 관해 말하라 ; 성공적인 인센티브는 개인의 그리고/또는 기업의 소득세 공제(Incom tax credit)를 포함한다. (오리건과 뉴욕 주 및 23개의 다른 주들이 이미 시행하고 있다) ; LEED 실버 또는 상위 인증에 대한 재산세 감면 (네바다 주) ; 태양 시스템에 대한 판매세 면제 (애리조나, 플로리다, 조지아, 아이다호, 아이오와, 매사추세츠, 메릴랜드와 그 외 12개 주) ; 그리고 태양 시스템 구입금에 대한 일부 환불 (캘리포니아, 애리조나, 콜로라도와 그 외 30개 주)[7]
- 주지사나 주 의회가 주 전력 위원회에게 모든 투자자 소유의 전력회사는 요금 청구서에 세금을 부과해 모으도록 하고, 에너지 절약, 현장 전력과 신재생에너지에 투자하기 위한 공익 펀드를 만들도록 요구하게 하라 ; 2007년 캘리포니아 공공전력위원회는 사람들이 그들의 지붕에 태양광 시스템을 설치하는 것을 장려하기 위해 소비자 환불 형태의 보상금 지급 시스템을 채택했다 ; 그 목표는 10년 이내에 "백만 개의 태양광 지붕"이다.[8]

당신의 대학 또는 대학교

대학이나 대학교는 마을이나 시에서 가장 큰 고용주인 경우가 많으며, 에너지 사용, 탄소 이력, 물 사용 그리고 다른 도시 서비스에 큰 영향을 미친다. 또한 수천 명의 학생, 교수, 직원들에게 본보기 역할을 한다. 당신의 대학이 지속가능한 운영을 촉진하기 위해 할 수 있는 무엇을 하고 있는지 확인하라. 캠퍼스의 지속가능성에 대한 노력을 장려하기 위해 만들어진 새로운 기관인 고등교육의 지속가능성 발전을 위한 협회(the Association for the Advancement of Sustainability in Higher Education, AASHE)는, 운영 첫 해인 2006년 회비회원으로 150개 이상의 캠퍼스를 모았다. 2006년 10월 AASHE의 첫 번째 국제 컨퍼런스에 600명 이상의 사람들이 모였다. 2007년 초까지 전국의 수십 개의 캠퍼스는 지속가능성을 위한 관리자 또는 코디네이터를 임명했으며 성공적인 지속가능성 프로그램을 실시하기 시작했다.

지속가능성을 그들 임무의 핵심으로 한 캠퍼스 중 하나가 애리조나 주립대학교(ASU)이다. 이곳은 재학생이 6만 명 이상인 미국의 가장 큰 학교이며, 마이클 크로우 총장의 지도하에 2005년에 지속가능성에 대한 법안을 만들고 자금을 모았으며 직원을 고용했다. 2007년 ASU는 주요 대학으로는 전국 처음으로 지속가능성에 대한 다섯 개의 학위과정을 제공하기 시작했다.

하버드 대학은 건물의 지속가능성 사업의 주요한 캠페인에 착수했다. 관리자 라이 샤프(Leith Sharp)는 2001년 이래로 이 프로그램을 운영해 왔다. 그녀는 하버드의 에너지 효율성과 그린빌딩 프로그램을 위한 투자에 대한 연간 수익은 약 36%이며, 이것은 하버드의 수십억 달러에 달하는 기부금의 두 배 정도라고 보고하고 있다. 다른 말로 한다면, 수익률을 높이기 위해서 하버드의 기부금 관리자는 가능한 많은 돈을 캠퍼스의 지속가능성 사업에 투자해야 한다고 조언 받을 수 있다. 이것은 대부분의 사립대학도 마찬가지일 수 있다.

PART II

그린빌딩의 A부터 Z까지

Green Building: A to Z

그린빌딩 용어

이 단원에서 우리는 그린빌딩에 관해 논의할 때 사용되는 108개의 가장 중요한(앞으로 중요하게 될) 용어들에 대한 이 책의 가장 중요한 부분을 소개한다. 이 용어들은 일반적으로 건축가, 공학자, 건설자, 개발자, 지역 공무원, 건물 관리자들이 특정 개발에 대한 그린빌딩의 속성을 설명하는 데 사용되고 있다. 여기에서 우리의 의도는 각 주제에 대해 완벽한 설명을 하는 것이 아니라, 독자에게 간단하며 기술적으로 정확한 소개를 해주는 것이다. 그러면 독자는 그린빌딩이라는 주제가 나왔을 때, 사람들이 무엇을 말하고 있는 것인가에 대해 더 잘 이해할 수 있을 것이다. 이 책의 마지막에는 추가적인 정보에 접근할 수 있는 참고문헌이 있으며, 독자들은 이를 이용하여 각 주제에 대해 더 원하는 조사를 할 수 있을 것이다.

건축가와 공학자들은 종종, 지식인들과 박식하지만 전문가는 아닌 사람조차 이해할 수 없는 약어와 용어들을 사용하면서 기술적인 이야기에 빠지곤 한다. 전문용어들을 제거하면 고등학교 물리학이나 화학시간에 주의를 기울였던 사람 또는 자신의 집 주변에서만 일했었던 사람이라도 대부분의 그린빌딩 개념들을 이해할 수 있을 것이다. 일부 용어들은 일반적인 사용에서 그 의미를 가져왔으며, 자신의 전문적인 의미도 가지고 있다. 예를 들어 "건물 외피"는 건물의 외관을 칭하는 데 쓰여지는 용어이나, 사용된 유리와 단열재의 유형과 양까지를 포함하는 의미이기도 하다.

나는 이 워크숍을 통해 3,000명 이상의 건설산업 전문가들을 개인적으로 훈련시켜 왔으며, 지난 5년간 수많은 연설과 프레젠테이션을 해왔다. 이런 것들로부터, 나는 내가 처음에 이해하기 어려웠고 청중들이 이해하기 힘들어 했던 용어와 개념들에 대한 아이디어를 축적해 왔다. 나는 또한 일반적으로는 사용되지 않지만 지속가능성에 대한 최신의 생각과 관행인 몇 가지 용어들도 포함시켰다.

이제, 시작해보자!

Architecture 2030 　　　　아키텍쳐 2030

최근 뉴 멕시코의 건축가 에드워드 마즈리아(Edward Mazria)가 분석한 바에 따르면, 건물이 전 세계적인 기상변화와 연관되는 온실가스 방출량의 절반에 가까운 원인이 된다고 한다. 아래 그림은 2000년까지 온실가스 방출량의 증가를 나타낸 것이다. 마즈리아와 Architecture 2030 기구의 연구에 따르면, "건물 부문에서 방출량을 안정화시키는 것과 허용수준까지 낮추는 것이 지구 온난화를 오늘날 수준보다 대략 1℃ 높은 수준으로 유지하는 열쇠"임을 보여주고 있다.[1]

2005년에 Architecture 2030은 미국 건축가협회와 함께 "모든 신축 건물, 개발사업, 주요한 리노베이션에 대해 화석연료 에너지 소비 성능 기준을

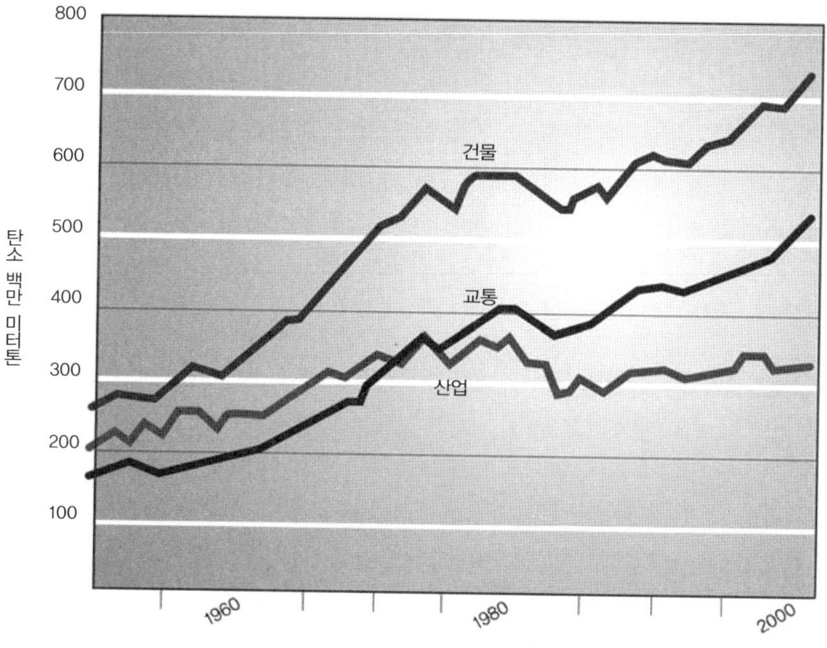

주거와 상업 부문 이산화탄소 방출량, 1950~2000. 현 상황의 변화가 없을 경우, 2030년까지 방출량 37% 증가 예상됨.

미국의 부문별 연간 이산화탄소 배출량(1950~2000)

2005년 지역(국가) 평균보다 50%를 줄이도록 설계하는" 정책을 채택하기 위한 팀을 구성하였다. 2007년 겨울 Architecture 2030은 새로운 세대의 학생들이 관련 문제에 대한 참여를 극적으로 하기 위해 대학 캠퍼스에서의 주요 토론 집회를 후원하였다.

이 단체는 나아가 신축 건물에서의 화석연료 사용을 (2005년 상업용 건물의 평균 에너지 소비량에 비하여) 다음의 값으로 줄여 달성하는 것을 목표로 하였다.

- 2010년에는 60%
- 2015년에는 70%
- 2020년에는 80%
- 2025년에는 90%

이 제안에 따르면, 2030년까지 모든 건물은 탄소 제로로 운영되어야 하며, 이것은 직접 또는 간접적 비용에 의한 온실가스 방출량이 없는 것을 의미하며, 대부분의 건물은 적절한 향과 건물 모양, 창문의 배치와 선정 그리고 자연적인 난방, 냉방, 환기 및 자연채광 전략을 통합함으로써 에너지 소모를 극적으로 줄일 수 있다. 건물을 운영하기 위해 추가적으로 필요로 하는 에너지는 신재생에너지나 바이오 연료로 공급될 수 있다.

Access to Transit 교통에 대한 접근

LEED 그린빌딩 등급 시스템의 한 가지 큰 장점은 초기단계에서 부지 선정의 기준을 채택하도록 한다는 것이며, 이 기준은 경제적 논점을 초월하여 보다 광범위한 환경적 관심사를 다룬다. 미국에서 자동차 여행은 가장 많은 에너지를 사용하는 요인이며, 도시의 스모그 현상을 발생시키는 주요한 원인이기 때문에 상업용 건물은 대중교통과 가까운 곳에 위치해야 한다. 그럼으로써 근로자들이 자가용을 운전할 수밖에 없게 되는 것이 아니라 대중교

샌프란시스코의 스위너톤 주식회사(Swinerton Inc.) 본사는 LEED-EB 골드 인정을 받은 건물이며, 직원들을 위한 기차, 버스 그리고 페리(ferry) 교통서비스에 대한 접근성이 뛰어나다.

통을 이용할 수 있게 된다. 포틀랜드, 오리건 등과 같은 많은 도시에서는 도심 주차비가 현재 한 달에 16만 원(1달러 1,100으로 계산)을 넘어, 통근용으로 자가용을 운행하지 못하게 하는 큰 요인이 되고 있다.

LEED 시스템에서는 건물이 두 개 혹은 그 이상의 공용 버스노선에서 400미터 이내에 위치하거나 지하철역이나 경전철역, 환승역에서 800미터 이내에 위치하는 것을 장려한다. 이것은 대부분의 도시에서 걸어갈 수 있는 거리이며 (덥거나 춥거나 혹독한 날씨에서도), 많은 오래된 교외에서도 실행 가능한 거리이다. 보다 새로운 교통에 치중한 개발에서는 대중교통에 대한 접근성은 오피스 건물의 핵심 마케팅 전략이 된다. 회사에서는 직원들에게 버스나 기차 요금을 매달 보조해 주면서 대중교통 사용을 지원하고 있다.

a

교통에 치중한 개발(TOD)은 대중교통에 대한 접근성을 극대화하여 설계한 주택 혹은 상업지역이며, 종종 대중교통 이용자 수를 증가시키도록 하는 특징이 있다. TOD 지구는 하나의 중심에 전철, 경전철, 버스정류장을 두고 상대적으로 고밀도 개발지역으로 둘러싸여 있으며, 중심에서 밖으로 갈수록 점진적으로 저밀도 개발지역이 된다. 이러한 유형의 배치는 대중교통 사용을 장려하도록 설계된 구체적인 특징으로써, 하루 종일 대중교통을 이용할 복합용도(주거, 상업, 오피스)지역을 중앙에 두고 고품질 횡단보도를 제공하며, 대중교통 정류장에서 멀어질수록 가로도 좁게 하고 건물높이도 낮아지게 계획하는 것을 포함한다. 또 다른 TOD의 핵심 특성은 주차공간과 추가적인 차고의 필요성이 줄어드는 것이다.

Bicycle Commuting 자전거 통근

그린빌딩은 대중교통을 이용하기 쉽게 할 뿐만 아니라, 종종 자전거로 통근하는 사람들에게 편의시설을 제공한다. 왜냐하면 전체 건물 공사비에 비해 그 비용이 상대적으로 적기 때문이다. 자전거에 치중한 많은 도시에서는 많은 사람들이 오염을 발생시키지 않고 친근하고 건강한, 이러한 방법으로 통근하고 있다. 전에 내 집이 있던 포틀랜드에서는 어두운 저녁이나 비오는 날 힘들게 집으로 돌아가는 자전거 이용자를 위해 버스와 경전철에 자전거를 실을 수 있도록 되어 있었다. 매디슨, 위스콘신에는 도시 크기에 맞는 자전거 전용도로가 있다. 지난 30년 동안, 그 도시에는 48km의 자전거 전용도로와 180km의 길 위 자전거 레인이 만들어졌다. 8km 이하의 거리를 이동할 경우, 자전거를 이용하는 것이 자동차를 이용하는 것보다 빠른 경우가 많다.

자동차로부터 나오는 공기오염을 줄이고 휘발유의 사용을 줄이는 분명한 이점 이외에도, 자전거 통근은 교통혼잡과 소음(자전거를 탄 사람이 부주의한 운전자들에게 소리 지르는 것을 제외하면)을 줄이고, 주차공간을 위한 기반시설 투자를 줄일 수 있다. 일반적으로 자전거는 짧은 거리의 통근에 이용되며, 이는 자동차 시동 시 나오는 오염물질 방출량을 줄이는 데 도움을 준다. 그리고 자전거 통근에서 얻는 명확한 건강상의 이점은, 이 시대에 관심이 증대되고 있는 비만이라는 국가적인 전염병을 방지할 수 있다는 것이다.

자전거 통근을 장려하기 위하여 건물 설계자들이 꼭 해야 하는 것은 샤워시설(사용자 10명당 1개의 샤워시설), 탈의실 그리고 안전한 자전거 보관소를 제공하는 것이다. 샤워실은 또한 건물의 편익시설로도 필요하다. 왜냐하면 샤워시설은 직장에서 점심시간 동안 조깅을 하거나 운동한 누구나 이용할 수 있기 때문이다. LEED 표준은 자전거 보관대 또는 안전한 보관소가 건물 최대 재실자 수의 5% 이상으로, 부지 내 또는 180m (예를 들어 대학교 환경) 이내에 설치되는 것이다. 따라서 건물에 400명이 있을 경우 자전거 보관대 또는 자전거 보관소는 20개, 샤워시설은 2개 (양쪽에 잠금장치가 있는 남녀 공용의 것일 수 있다)가 있어야 한다.

자전거 통근자를 위해서 설계하는 것은 어렵거나 비용이 많이 드는 것이 아니므로 모든 오피스 건물, 쇼핑몰, 대학건물 그리고 다른 도심 공공시설과 상업시설에서 표준으로 만들어져야 한다. 누구든 자전거를 탈 수 있는 한 직장으로 출근하기 위해 차량을 소유하도록 강요받지 않기 때문에, 이는 사회적인 책임이다. 급할 때에는 시간단위로 차를 빌릴 수 있는 자동차 공유(car-sharing) 프로그램도 병행한다면, 친환경 설계는 연료를 사용하지 않는 생활습관을 향상시킬 수 있는 쉬운 해결책을 제공할 것이다. (주거용 건물에 대하여는 LEED 기준에서는 건물 재실자의 15%에 대한 지붕이 있는 자전거 보관소를 두도록 하고 있으며, 샤워시설과 탈의시설의 대용 시설은 필요로 하지는 않는다.)

Big Picture 큰 그림

Architecture 2030 프로그램의 논의에 따르면, 인류가 2050까지 약 94억(현재는 약 66억)의 인구를 지구에 수용하면서도 적정한 수준의 건강과 복지를 유지하려는 의도에 따라, 지구 기후변화, 생물의 멸종, 열대우림의 파괴, 토양의 침식 외에 무수히 많은 환경에 관련된 쟁점이 있는 큰 그림이 있다.[4]

큰 그림은 우리 모두에게 극적으로 전해졌다. 지구 전체의 첫 번째 그림은 1969년 NASA의 우주비행사가 우주의 달 궤도에서 찍은 것으로, 공허의 바다에서 푸른색과 생명이 있는 하나의 행성을 보여주는 것이었다. 달의 어두운 부분에서 지구가 떠오르는 모습을 찍은 사진은 많은 사람들에게 매우 극적이며 감동적이었다. 이러한 미래의 우주 개척에 관한 과학소설 판타지를, 우리는 이 행성에 지속시켜야만 한다. 인류의 활동이 생산성, 자연 시스템의 다양성, 이 세상 전체에 진행중인 프로세스를 감소시킴에 따라 필수적인 지식이나 생활의 편의를 포기하지 않고도 우리 자신의 이미지 속에 새로운, 살기에 알맞는 지구를 창조하고자 하는 열망에 지속적으로 직면하고 있다.

큰 그림의 예로써, 하나의 유기체처럼 지구행성이 살아 있는 생명체라고 제안한 과학적 이론인 가이아 이론을 생각해보자. 이 이론은 1960년대에 NASA에서 화성의 생명체를 찾는 방법을 연구한 결과로서, 과학자 제임스 러블록(James Lovelock)에 의해 처음으로 형성되었다. 현재 우리에게 "지구 시스템 과학"이라고 알려진 가이아 이론은 많은 과학적 실험과 많은 유용한 가설에 의해 지지되고 있다.[5]

또 다른 큰 그림의 예는, 에너지 사용과 지구 온실가스 방출량을 획기적으로 줄이는 것에 중점을 두고 있는 그린빌딩의 개념에 의한 것으로, 지구 온난화로 인해 1970년 이래 남극의 빙하가 20%까지 줄고 유럽과 아메리카의 북반구 빙하가 눈에 띄게 감소하는 것이다.[6]

포틀랜드에 있는 후드(Hood) 빙하산 근처의 최근 사진은 1920년대와 1930년대에 찍은 첫 번째 항공사진과 비교하여 그 양이 확연히 줄어들었음을 보여준다. 많은 사람들은 지난 30년간 눈에 띄게 줄어든 남극의 얼음 사진과 그림을 봤다. 이 감소는 북극곰이 살 빙원을 사라지게 만들고, 빙원 사이의 엄청난 공간 때문에 대부분의 일생을 땅에서 살 것인지 아니면 물속에서 살 것인지에 대한 선택권을 주고 있다. 남극 얼음이 녹는다는 어떤 가설은 상당량의 여름철 태양에너지가 우주로 반사되는 대신 흡수되기 때문에 기후 온난화를 가속화시킬 수 있다고 한다. 신선한 물이 북극으로 흘러들어감에 따라 높은 위도의 유럽에서도 농업과 높은 인구밀도를 가능하게 하는 멕시코 만류(Gulf Stream)의 순환패턴을 망칠 수 있다.

Biodiesel 바이오디젤

바이오디젤은 디젤에 상응하는 것으로, 생물학적 원(예를 들어 식물성 기름, 패스트푸드점과 같은 음식점에서 나오는 폐식용류)으로부터 가공된 연료로서, 바꾸지 않고도 디젤엔진에 바로 적용할 수 있다. 바이오디젤은 생물성 분해가 가능하고 독성이 없으며 연료가 탈 때 석유를 기반으로 한 디젤보다 오염물질을 덜 발생시킨다.[7] 닭의 기름이 사용될 수 있다는 최근 기사는 타이슨 푸드(Tyson Foods), 퍼듀농장(Perdue Farm)과 스미스필드 푸드(Smithfield Foods)와 같은 닭 공장들이 닭기름을 콩기름과 섞어 판매하기 위한 재생에너지 부서를 신설하였다. 조만간 "프렌치프라이 같은 냄새"에서 "프라이드 치킨 같은 냄새"로 이름을 바꾼 상표가 나올 가능성도 있다.

바이오디젤의 이점 중 하나는 엔진 마모가 적다는 것이다. 대부분 자동차업자들은 바이오디젤로 움직일 수 있는 자동차를 생산하고 있다. 예를 들어 폭스바겐은 바이오디젤을 5%까지 포함한 디젤연료로도 기술 명세서(technical specification)를 만족하는 TDI 엔진 장착 자동차를 미국에 출시하기로 하였다.[8] 바이오디젤은 현재의 기반시설을 이용하여 배급될 수 있다. 그 결과 사용과 생산이 급증하고 있다. 예를 들어 2006년 말에 635 바이오디젤 주유소가 50개 주 중 46개 주(남 캐롤라이나, 미주리, 북캐롤라이나 그리고 텍사스에 대부분의 대리점이 있다)에 있었다. 2007년 초반에 시애틀, 워싱턴에 있는 세이프웨이(safeway) 식료품 체인점에서 시장시험이 성공적이면 확장할 계획으로 바이오디젤을 팔기 시작했다.[9]

주유소에서 바이오디젤을 판매하는 것만으로도 소비자의 사용이 가능하게 됨에 따라 첨가제로 바이오디젤을 사용하는 트럭들이 증가하게 되었다. 국가 바이오디젤 통계에 따르면, 미국 바이오디젤의 생산량은 2004년 9천 5백만 리터에서 2005년의 2억 8천 5백만 리터로 세 배 증가했으며 2006년에는 5억 7천 리터에서 8억 5천 리터 정도로 증가될 것으로 예상된다. 어떤 전문가는 2012년까지 연 38억 리터는 넘어설 것이라고 예측했다.[10] 이것은 운송수단에 있어 석유 의존도를 감소시키는 데 작은 공헌을 하는 것이 분명하며, 연료 가치가 높은 버리는 물질을 유용한 제품으로 바꾼다는 점에서도 매우 가치 있는 일이다.

그린빌딩 설계자에게는 바이오디젤이 건설장비와 대형 매장이나 제조사의 디젤기기에 사용될 수 있으므로, 친환경적 가치가 있다고 주장하고 있다. 바이오디젤 연료에 초점을 맞춘 그린 운영의 가치를 생각해 보자. 예를 들어 콘크리트를 자체생산하는 건설회사에서는 콘크리트 트럭이 바이오디젤로

가도록 바꿀 수 있고, 또한 픽업 트럭이나 다른 자동차에도 사용할 수 있다.

당신은 무엇을 할 수 있을까? 당신의 회사나 협회에 바이오디젤 변환 또는 연료 구입에 장려금을 주도록 요청하여, 당신의 도시에서 이러한 새로운 산업이 시작할 수 있게 하는 것을 고려해보자. 이렇게 함으로써 석유에 덜 의존적이며 더 지속가능한 미래를 확신하기 위한 행동을 취하는 것이 될 것이다.

Biophilia 생명애

1980년대 생물학자 윌슨(Edwrad O. Wilson)이 주장한 이론인 생명애 가설은 인간이 모든 살아 있는 것에 대해 본능적으로 결속이 되어 있다는 것을 가정한다.[11] 설계자들은 자연을 건물 안으로 들이고, 건물을 자연으로 내보내면서 건물 디자인을 통해 사람이 실외와 교감을 얻는 것에 대한 중요성을 점점 더 인식하고 있다.

예를 들어 그린빌딩에서 중요한 것은 작업공간에서 실외를 보는 시야를 제공하는 것이다. 연구에 따르면, 일하는 동안 밖을 볼 수 있는 것이 창문이 없는 환경보다 육체적, 정신적 건강에 도움을 준다고 한다.

우리는 그러한 결과에 대해 너무 놀라지 말아야 한다. 인간이 지난 2천 년 동안 자연을 통해 시적 영감, 미술적 영감뿐만 아니라 의, 식, 주와 도구 등을 의존하는 친밀한 관계 속에서 발전해 왔다는 것을 상기하여야 한다. 대부분 토착문화들은 그 지역의 특수성과 긴밀한 관계가 있으며, 짐승, 새, 식물, 바다와 강의 생물들이 그들만의 이야기와 환경으로 특정지역을 영유한다. 단지 지난 100~150년 동안에만 수많은 사람들이 대부분의 낮시간 동안을 실내에서 생활하게 된 것이므로, 우리는 아직도 우리 주변에 무엇이 일어나고 있는지를 알고 싶어 하는 것과 단단히 연결되어 있는 것 같다.

자연채광 설계는 자연을 들이는 방법이며, 자연적인 태양 주기를 우리의 관심으로 끌어들이는 방법이다.[12] 1999년 21,000명의 초등학교 학생을 대상으로 한 연구에서는 자연채광과 실외의 조망이 확보된 학교의 학생들이 더 높은 시험점수를 받았으며, 더 많은 창과 조망이 있을수록 더 높은 점수를 받았다. 2003년 캘리포니아에서 직장인을 대상으로 한 연구에서는 조망이 더 잘 확보될수록 더 좋은 능력을 발휘하였다.[13] 자연채광은 연쇄 소매점에서 소매 판매고가 5%에서 40% 증가하여, 천창에 의한 에너지 절약보다 수익가치가 20에서 50배 되는 것으로 판명되었다.[14]

그린빌딩 설계자는 생명애에 대해 더 많은 관심을 가진다. 예를 들어 병원에서의 치료율에 대한 지난 연구에 따르면, 자연환경과 면해 있는 창문이 있는 곳의 환자일수록 빠르게 치료(그리고 빠른 퇴원)되었다는 것을 보여주었다. 많은 병원에서는 이러한 아이디어를 채택하여 치료 정원의 형태로 만들어 수술 후 회복 환자들이 하루하루를 보낼 수 있도록 하였다.

우리들 중 상당수는 폭포나 겨울 정원이 있고, 아니면 돌, 모래와 같은 간단한 자연적 요소가 있는 건물 내에서 시간을 보내고 있으며, 이러한 장소가 얼마나 우리의 긴장을 풀어주고 쾌적하게 해주는지를 알고 있다. 우리가 그 수많은 사람들을 메마른 사각의 공장 안에서 매일 일하도록 넣어두고 생산적이기를 기대하는 것이 놀랍지 않은가? 상업 건축과 설계의 세계에서 인간의 동기 부여, 건강, 수행능력에 대하여 우리가 실제로 갖고 있는 지식이 얼마나 작은가! 생명애는 앞으로 십 년 동안, 그린빌딩 설계에 있어서 관심 있고, 흥미 있으며 필수적인 부분이 될 것이라고 약속하고 있다.

Brownfields 재개발

대부분의 도심지역에는 석유로 오염된 토양에서부터 납, 수은과 다양한 중금속으로 인한 심각한 오염지역에 이르는 오염 정도가 다양한 수많은 과거의 공장, 창고 그리고 차고지가 있다. 대부분의 이러한 지대는 생산적인 용도로 다시 조정되고 복구될 수 있다. 사회적인 관점에서도, 이러한 지역은 광범위한 신개발에 필요한 도로, 상·하수도, 하수시설, 가치 있는 사회기반시설을 이미 구비하고 있어, 개발업자가 대규모의 신규 투자를 하지 않아도 되는 경우가 많다.

이러한 상황은 내가 와이키키 근처의 호놀룰루 컨벤션 센터에서 열린 컨퍼런스에 참석하기 위해 2006년 여름에 하와이를 방문한 때를 떠올리게 한다. 약 15년 전 나는 컨벤션 센터 지대에 관한 환경 복구 프로젝트를 주관하고 있으면서, 3000톤의 석유로 오염된 토양을 바지선에 싣고 태평양을 가로질러 워싱턴 주 캐스케이드 산맥 동쪽의 최신식 쓰레기 매립지에 매립하기 위해 수송하고 있었다. (과거 그 지역에는 오염의 원인이 될 수 있는 자동차 대리점과 공공 자동차 유지보수시설이 있었다.) 산업오염 때문에 오랜 시간 동안 공터로 내버려 둔 결과, 고밀 도심지처럼 그 지역는 다시 생산적인 용도로 가능하게 바뀌어졌다.

2005년 나는, 애틀랜타 시 중심부의 옛 애틀란틱 제철소(Atlantic steel manufacturing plant)의 부지 중 558,500㎡에 대한 3조 3000억 원 규모의 부동산 개발단지인 애틀란틱 스테이션(Atlantic Station)을 방문하였다. 모든 오

아틀란틱 스테이션, 애틀랜타, 조지아

염원은 제거되었고, 그 지역은 주거, 상점, 사무실의 번화한 도심으로 바뀌어져 있었다. 개발자들은 토질 개선부터 시작하여 전체 개발을 그린 접근방법을 채택하였으며, 부동산의 가치는 이전보다 수 배로 증가하였다.[15] 이 프로젝트에서 171-17번 도로의 오피스 건물은 미국에서 초고층빌딩에 대하여는 첫 번째로 골조와 외피 LEED(LEED for Core and Shell certification)의 실버 등급을 받았다. 개발자인 AIG 글로벌 리얼 에스테이트(AIG Global Real Estate)와 자코비 디벨로프먼트(Jacoby Development)에게는 공공 가치가 엄청나게 컸다. Atlantic Station 프로젝트는 그린빌딩과 스마트 성장 재개발 전략을 혼합하여 경전철역 인근에 혼합용도 개발을 둔 것이었다.

Building Codes 건축법규

투산(Tucson)에 있는 친구 데이비드 아이젠버그는, 밀짚으로 집을 만드는 국제적인 전문가일 뿐만 아니라 지속가능한 디자인을 위하여 환경을 변화시키고자 하였으며, 지난 반세기 이상 건축법규를 만드는 데 깊숙이 관여해 온 건축 법규 관련 공무원이었다. 데이비드는 말한다:

나는 다음과 같은 전제로 시작한다: 건축법규는 건조환경으로부터 사람들의 건강과 안전을 보호하기 위하여 중요한 사회적인 결정에 근거를 두고 있다. 만약 우리가 부주의하여 건축법규가 자원과 환경에 미치는 영향을 무시함으로써 우리를 지탱하는 에코 시스템을 파괴시키고 실제로 지구에 있는 모두의 건강과 안전을 위태롭게 한다면, 우리는 보다 큰 관점에서 법규를 재고안할 의무가 있다.

건물 설계자는 종종 에너지를 절약할 뿐만 아니라 건축비를 줄이기 위하여 미리 건축법규를 검사할 필요가 있다. 포틀랜드에 있는 인터페이스 엔지니어링(Interface Engineering)은 LEED 플래티넘 의료 건물을 설계하면서 성공적으로 법규 항소를 제기하여, 에너지 효율성과 전체 디자인의 합리성을 향상시키면서 또한 프로젝트에 드는 수십만 달러를 효과적으로 절약한 바 있다. 한 가지 예로, 엔지니어들은 법규에 나와 있는 지하차고 환기 요구량이 차량에서 방출되는 이산화탄소 방출과 관련하여 오래된 데이터에 근거하고 있음을 발견하였다. 일반적인 차량의 실제 방출량에 근거한 최신 정보를 찾아 제출함으로써 엔지니어들은 팬 사이즈를 60%까지 줄일 수 있었으며 건물 생애기간 동안의 에너지 사용을 60% 줄일 수 있었다. 또한 그들은 미래의 모든 프로젝트를 위한 선례를 만들었으며, 그렇게 함으로써 지하차고가 있는 다른 프로젝트에서 비용을 절감시키고 각각의 건물의 생애기간 동안 팬이 너무 크게 설계되어 필요이상의 많은 공기를 이동시키는 데 낭비되는 에너지를 절약할 수 있도록 하였다.

대부분의 법규를 검토해 보면 당신은 아마 이와 유사한 비용 절감과 에너지 절감의 기회를 발견할 수 있을 것이다. 한 가지 요령은, 건축가, 엔지니어, 프로젝트 관리자 그리고 건물주 또는 개발자가 각각의 법규 관할권에 대한 한계를 뛰어넘도록 납득시키고 건축법규 담당 공무원들이 새로운 기술에 익숙해지도록 하는 것이다. 항소와 변화가 필요한 녹색기술은 현장 가정용 폐수의 사용, 현장 하수처리와 재사용, 물을 쓰지 않는 소변기, 바닥급기 시스템, 우수관리를 위한 습지 건설, 폐수관리, 자연환기 시스템, 화재와 생명안전 보호를 위한 혁신적인 접근 등에 적용할 수 있을 것이다.

법규 관련 공무원들은 일반적으로 다른 사람들과 똑같다: 그들 역시 좋은 일을 하고 싶어하며, 위험을 싫어하고, 그들이 대할 사람들을 신뢰할 필요가 있다. 나는 지역 엔지니어 회사나 건축사무소가 그 마을에 설립될 때, 일반적으로 법규 관련 공무원들이 새로운 접근에 더 쉽게 귀 기울이는 것을 보아왔다: 공무원들은 설계자들의 전문적인 판단과 경험을 신뢰할 수 있음을 알고 있으며, 만일 어떤 부분이 잘 안 되더라도 그들이 문제를 해결할 수 있을 것이라는 것을 알고 있다.

Carbon Dioxide Monitoring 이산화탄소 모니터링

오후에 회의실에 있다고 생각해 보아라. 20명의 사람이 그곳에 장시간 있으면, 방은 답답해지고 더워지며 일반적으로 불쾌지수가 올라가게 된다. 익숙하게 들리는가? 그것은 방안에 많은 사람이 있을 때는 환기량을 더 증가시켜 주는 변풍량 방식이 아닌 정풍량 방식이 회의실에 적용되었기 때문이다. 간단하게 들리는가? 이것이 대부분의 그린빌딩 프로젝트가 팬과 신선공기 도입을 제어하는 빌딩자동화 시스템에 피드백하여 작업공간의 환기 수준을 조절하기 위해 이산화탄소 모니터를 사용하는 이유이다.

대부분의 건물에서 낮시간 동안 축적된 이산화탄소 수준은 대부분 점심식사 후 졸리는 원인이 된다. 이러한 것은 생산성을 방해하고 쾌적성을 저하하게 된다. 이는, 마치 따뜻하고 습한 열대해변과 같아서, 휴가 동안에는 꽤 즐거울 것이나 일상 사무작업에는 전혀 적합하지 않다. 일반적으로 불쾌감은 공기 중의 자연적인 이산화탄소 농도보다 수 100ppm 더 높은 이산화탄소 수준이 되어도 유발되기 시작한다.

이산화탄소 모니터링은 간단한 법칙으로 작동한다. 우리가 이산화탄소를 배출하고 산소를 들이는 호흡을 하므로, 환기량을 알고 있을 때 이산화탄소 레벨을 모니터링하면 얼마나 많은 사람들이 방안에 있는지 간접적으로 알 수 있다. 그러면 우리는 환기량을 조절함으로써 한 사람당 필요한 일정량의 신선공기를 항상 확보해 줄 수 있다. 모니터링은 상대적으로 비용이 저렴하며, 모든 프로젝트에 적용되어야만 한다. 공학자에게 유일한 관심사항은, 몇 년 동안 보정이 잘 될 수 있는 고품질의 모니터를 지정하여 이산화탄소량이 한계치 이하가 되도록 환기 수준을 적절히 유지하도록 함으로써 항상 충분한 환기량을 확보하여 건물 내 공기를 신선하게 유지하는 것이다.

신축 건물에 대한 LEED의 기준은 재실밀도가 높은(일인당 3.7㎡ 이하의) 공간에 이산화탄소 모니터를 요구하고, 적어도 최소 설계 환기량을 확보하기 위해 일반 사무실 공간에서 직접 외기 공기량을 측정하도록 하여 이 문제를 다루고 있다. 자연 환기되는 공간에 대하여 LEED는 바닥 위 90~180cm

사이의 높이에 이산화탄소 모니터를 설치하도록 요구하고 있다.

자연 환기되는 대부분의 공간은, 일반적으로 환기가 잘 안 되는 날을 대비하여 팬을 보조적으로 쓰는 "혼합환기 모드"이기 때문에 외기를 건물 안으로 들이기 위한 팬을 작동시키기 위해 모니터가 사용될 수 있다. 팬 없이 창만 있는 건물에는, 좋은 그린빌딩 디자인이라면 재실자에게 창문을 열어 외기를 더 많이 들이라고 알리기 위한 알람이나 신호장치가 있을 것이다.

Carbon Neutral 탄소 중립

지속가능성에 관심이 있는 모든 단체들은 그들의 활동에 탄소중립이 되도록 하는 프로그램을 같이 포함하기 시작하고 있다. 직원이 약 200명이 되는 웨스트 코스트 빌딩 엔지니어링(West Coast building engineering, 내가 이전에 근무하던 회사)은 2007년 탄소중립에 관한 신년사를 발표하였다.

> 2006년, 우리의 지속가능성 파트너인 아메리칸 포레스트(American Forest)의 도움으로, 굴맥(Glumac)은 탄소 중립 기업이 되겠다는 신년 결의안을 실천하였다. 지난 해에는 환경에 대한 우리의 지속적인 실행의 일부로 오리건과 캘리포니아의 곳곳의 숲에 15,000그루의 나무를 심었다. 이 나무들은 우리의 모든 사무실, 진행 프로젝트와 직원들에 의해 발생된 전체 이산화탄소 배출량을 상쇄할 것이다.[19]

추가로, 탄소 중립이 되겠다는 선언에 더 나아가서, 회사는 다음과 같이 할 것이라고 말하였다.

- 회사의 차량으로 하이브리드 차를 구입하고 운영한다.
- 모든 직원들이 대중교통을 이용할 수 있도록 보조금을 지급한다.
- 가까운 곳에서 열리는 회의나 짧은 여행에는 시간단위로 대여하는 플렉스카(Flexcar)를 이용한다.
- LEED 실버 등급을 받은 포틀랜드와 샌프란시스코의 사옥을 녹화한다.
- 캘리포니아의 신 사옥은 LEED 플래티넘 등급을 받을 수 있도록 한다.

모든 기업, 비영리 단체와 정부기관들은 탄소 중립적으로 운영되기 위해 설계사무소가 그들의 프로젝트의 환경 발자국을 적용하듯이 유사한 단계를 취할 수 있다. 큰 조직들은 그들의 활동에 대해 이산화탄소 배출권 거래시장에서 이산화탄소나 HfC-22 냉매 생산시의 부산물인 HFC-23와 같은 온실가스 배출을 줄이고자 하는 활동에 자금을 조달함으로써 이산화탄소 배출권을 구매할 수 있다. 세계은행에 따르면, 2006년 삼사분기까지의 이산화탄소 배출권 시장은 2조 3천억 원 이상의 가치가 있는 것으로 나타나, 2005년도 전체의 2배에 달하는 것으로 나타났다.[20] 현재 이산화탄소 배출권 시장의 가능성이 가장 높은 곳으로는, 비효율적이고 노후화된 수많은 전력공장과 화학공장이 있고, 지구에서 에너지를 두 번째로 많이 쓰는 중국이다. 현재의 규정에 따르면, 2001년 전부터 운영된 화학공장만이 HfC-23의 제거를 위한 이산화탄소 배출권을 판매하는 것이 가능하다.

탄소 중립으로 가는 것이, 이를 위해 사용된 비용이 실제적으로 유용한 용도로 사용되었는지 아닌지의 여부가 확실치 않다는 우려 때문에 아직은 일부 사람들이 미심쩍어 할 수도 있다. 그러나 이렇게 하는 것이 지구온난화에 대응하여, 개인이나 회사가 그들이 배출한 이산화탄소를 상쇄하기 위해 취할 수 있는 논리적인 방법이므로 점점 더 많은 투자가 되어지고 있다.[21]

Carpet 카펫

모든 사람들은 새 카펫을 깔면 그 냄새가 몇 주 동안, 심하게는 몇 달 동안 계속 남아 있다는 것을 알고 있다. 나는 최근에 투산(Tucson, 미국 애리조나 주의 남동부에 위치한 도시)에 있는 내 집의 일부에 카펫을 다시 깐 경험이 있다. 지역 소매업자에게서 VOC-저방출 카펫을 구입하려는 나의 노력에도 불구하고, 나는 성공하지 못했고, 결국 그 냄새가 자연적으로 없어질 때까지 같이 살아야만 했다. 내 아내는 각종 화학물질에 민감하여 알레르기

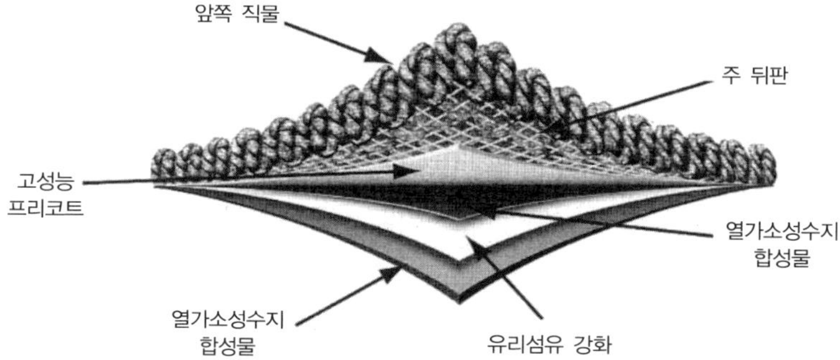

쇼 컨트랙트 그룹의 새로운 에코웍스 성능 광폭 카펫(Eco Worx Performance Broadloom carpet)

까지 있었기 때문에 이것은 내 아내를 거의 미치게 만들었다. 그래서 아주 오랜 기간 동안 창문을 열어두어 그 냄새가 집밖으로 나가도록 했다.

그러나 상업적인 면에서는, 그 상황이 매우 다르다. 대부분의 대형 카펫 제조회사에서는 카펫과 러그 연구소(Carpet and Rug Institute)에서 정의한 실험과 제품 성능 요건에 따라 LEED의 그린 레벨 플리스(Green Label Plus) 기준에 맞추도록 하는 것에 합의하였다. 카펫의 뒷붙임은 그린 레벨 기준(Green Label standard)를 만족시켜야 한다. 이것의 의미는, 기술적으로 카펫 접착제는 표준 실험조건에서 리터당 50그램보다 적은 VOCs를 방출하도록 제한되는 것이다. 실질적으로 사무실이나 도서관, 공공시설, 학교 등에서 극소수의 사람들만이 새 카펫 냄새로 인해 불편함을 느낄 정도가 되어야 한다는 것을 의미한다.

좋은 소식은 대부분의 대형 카펫 제조업자들이 적어도 상업시장에 내놓는 카펫에는 이 규정을 따르려 하고 있는 것이다. 그들은 매우 경쟁적이어서, 어느 누구도 새로운 기업이 판매시장에 진입하는 것을 원하지 않는다. 이렇게 하여 민간영역에서는 그들이 취해야 할 역할을 잘 수행하고 있다 – 기술혁신이 빠르고, 매년 신제품이 출시되며, 산업의 생태학적 발자국은 점점 더 낮아지고 있다.

광폭 카펫(폭이 넓은 카펫)은 카펫시장의 약 70% 정도를 차지하고 있다.

2007년에는 쇼 컨트랙트 그룹(Shaw Contract Group)에서 광폭 카펫의 제조 단계에서부터 수명이 다할 때까지의 설치를 보장해주는 생태 성능 광폭직기(Eco Wars Performance Broadloom)를 선언하였다. 이 제품은 성능과 재활용성을 최대화할 수 있도록 요소들이 설계되었다. 이러한 접근방법으로 인해, 카펫은 5단계의 분해과정을 통해 쉽게 설치되고 철거되고 재설치될 수 있다.[22]

Certification 인증

그린빌딩에 관하여 내가 받는 가장 일반적인 질문은 다음과 같다 : 만약에 우리가 이미 '옳은 일'을 하고 있다면, 왜 우리는 프로젝트를 인증하고 추가 비용을 부담해야 하는가? 가장 기본적인 대답은 다음과 같다 : 만약 당신이 어떠한 프로젝트에 대해 문서화하고 인증과정을 거치지 않는다면, 당신이 실제로 한 것을 어떻게 알 수 있겠는가? 인증은 당신의 업적에 대한 제 3자의 증명을 확인하는 것이다. 건물이 완공되고 입주했을 때, 건물에 무엇이 설치되어 있고, 모든 시스템이 실제적으로 잘 작동되고 있다는 데 대한 명확한 생각을 가진 사람이 전혀 없다면, 이것은 설계나 건설산업 이외의 사람들에게는 놀라운 일일 것이다. 3백억 원짜리 영화 제작이 스크린에 무엇이 나타날지에 대한 책임자 없이 계속 진행되고 있는 것을 상상해보라.

인증의 과정은 프로젝트의 목표가 LEED 평가 시스템에 맞추어 검토되어지고 계획되어지는 첫 디자인 회의와 함께 시작된다. 설계가 끝나고 입찰단계가 되면, 프로젝트의 설계적인 면이 USGBC에 의해 검토되어질 수 있어서, 건축가와 엔지니어들이 LEED 정보 템플릿을 채워 넣기 시작하면서 인증과정이 본격적으로 시작된다.

인증은 다양한 가치가 있지만 궁극적으로는 품질 확인과 성능 보증 과정이다. 최근 어떤 사람이 알래스카의 공공 프로젝트에 나를 초청한 적이 있다. 그곳의 건축위원회 위원장이 말하기를, 본인은 프로젝트를 친환경 설계로 훌륭하게 해냈으며, 형식적인 인증에 왜 비용을 지출해야 하는지를 알 수 없었다고 하였다. 내가 이 말을 들었을 때, 나는 이렇게 대답을 했다. : 당신이 친환경 설계라 하였는데, 어떤 척도로 말하는 것입니까? LEED와 같은 검증된 기준으로 평가해 보지 않았다면, 그것이 그린빌딩이라는 것을 어떻게 알 수 있습니까? 이 용어가 무엇을 의미하는지에 대해 아무도 명확한 정의를 내리지 못하거나, 그 업적을 입증할 책임 있는 제 3자가 없다면, 의심 많은 대중들에게 이것이 그린빌딩이라는 것을 어떻게 증명할 것입니까?

만약 당신이 공공기관이나 기업, 개발업자, 비영리단체에 있다면, 당신의 건물을 지속가능적이고 탄소 발자국을 절감하도록 하였는지에 대해 깊은 관심을 두고 보고 있는 제 3자들이 있기 마련이다. 그들은 당신이 옳은 일을 하고 있는지 알고 싶어 하기 때문에 당신의 신축 건물이 LEED 인증을 취득하는 것이 그들을 신뢰시키는 한 방법이 된다. 그렇게 하지 않으면, 당신이 하는 일들이 의심을 받게 된다. 프로젝트가 인증을 받으면 친환경적이라 주장하는 데 대한 신뢰성이 더 높아지게 되고, 금전세탁의 혐의로 기소당할 확률도 매우 낮아지게 된다. 마케팅과 대중과의 관계라는 관점에서 볼 때도 USGBC 같이 공인된 제3자 기관에서 받은 인증은 대중이나 언론에 큰 신뢰를 얻을 수 있다.

인증은 또한 미국 내의 여러 주에서 세금감면 혜택을 받을 수 있으며, LEED에서 요구되는 에너지 사용 모델링이나 건물의 커미셔닝(commissioning)은 설계 대안들을 평가하고, 건물 완공 후 운영시 모든 에너지 사용 시스템들이 실제적으로 서로 교신할 수 있도록 하여 즉각적인 비용절감 효과를 볼 수 있다. 인증시, 에너지 모델링이나 건물 커미셔닝까지 하면, 일반적으로 5천만 원에서 1억 원 또는 그 이상의 비용이 들지만, 이는 모든 질 좋은 건물에서는 인증이 아니더라도 반드시 수행해야 할 사항이다. 소규모 건물의 경우에는 이 비용이 부담이 될 수 있지만, 건물의 규모가 클 경우에는 예비비로도 충분히 감당할 수 있다.

Certified Wood Products　　인증된 목재 제품

인증된 목재 제품은 지속가능한 방법으로 수확된 나무를 이용하여 만들어지며, 신뢰할 만한 제 3자에 의해 인증된다. 현재 가장 활동적인 인증기관은 산림관리협의회(Forest Stewardship Council, FSC), 지속가능산림선도회(Sustainable Forestry Initiative, SFI) 그리고 캐나다 표준협회(Canadian Standards Association, CSA)이다. LEED 등급 시스템에서는 부분적으로는 역

워싱턴 주 베인브리지 아일랜드(Bainbridge Island)의 시청사(City Hall)에 FSC 인증을 받은 캘리포니아 주 체스터(Chester)의 콜린 파인회사(Collins Pine Company)의 삼림에서 수확된 CollinsWood 전나무와 폰데로사 소나무가 적용된 모습

사적인 이유로, 부분적으로는 가장 엄격한 3자 등급 시스템이라는 이유로 FSC 인증된 목재에만 포인트가 주어진다. 그러나 그린 글로브(Green Globes)와 국립홈빌더협회(National Association of Homebuilders, NAHB)의 그린 홈 빌딩 가이드라인(Green Home Building Guidelines)에서는 SFI와 CSA 시스템도 인정한다. 실제로는, 미국내 공공용지에서 수확된 대부분의 목재들은 어떠한 기준으로도 인증을 받지 않는다. 인증을 받는 목재들은 대부분 개인 삼림지대에서 수확된 것으로, FSC가 약 25%, SFI가 약 75%의 시장을 점유하고 있다.(2007년 초 기준)[23]

인증된 목재 제품은 생산지에서 최종 수요자까지의 목재 수송 자격을 인증받은 "감독사슬망(chain of custody)"에 의해서 운반된다. LEED의 인증 프로젝트에서는 바닥, 치수화된 목재 (보통 2-by-4s), 마룻바닥, 지붕, 패널, 문짝 내부, 문틀을 포함하는, 건물에 사용되는 목재로 된 자재의 50% 이상이 인증된 목재 제품이어야 한다. 보통 구조재로 사용되는 침엽수는 유통비용이 적게 들지만, 캐비닛이나 가구 등의 완성된 목공품으로 사용되는 활엽수의 경우에는 유통 수직구조(판매자가 산림이나 목공소를 직접 소유하고 있는지의 여부 등)에 따라 유통비용이 높을 수가 있다.

과거 몇 년 동안 가장 인상적인 발전 중의 하나는, 세계 곳곳의 저수지 물밑에 가라앉아 있는, 죽었지만 사용이 가능한 나무들을 이용하는 기술이다. 물로 가득 찬 계곡의 저수지를 생각해 보면, 이러한 개념의 아름다움에 감사하게 생각할 것이다. 캐나다의 회사인 트라이튼 로깅(Triton Logging)은 원격제어되어 물속으로 잠수하여 가라앉아 있는 통나무를 수면으로 떠오르게 할 수 있는, 톱상어라 칭하는 독특한 기계를 개발하였다. 트라이튼 로깅은 산림관리협의회(Rainforest Alliance)에 의해 인증된 스마트우드(Smartwood Rediscovered) 인증을 받은 목재가 기존의 목재보다 20% 정도 저렴하게 수확이 가능하며, 일반 삼림에 서 있는 목재보다 환경 발자국이 매우 작아 그린빌딩 프로젝트에 광범위하게 사용될 것으로 기대하고 있다.

Charrettes and Eco-charrettes 쉐레트와 에코쉐레트

쉐레트는 프랑스말로 "작은 카트(small cart)"를 의미한다. 쉐레트 프랑스 혁명 당시 사람들을 단두대로 운송하는 데 사용되었는데, 19세기 후반에 와서, 파리의 유명한 에꼴 드 보자르(L'Ecole des Beaux-Arts)의 건축학과 학생들이 말이 끄는 쉐레트를 타고 최종 시험을 치르러 가면서 그들의 도면을 붙들고 마지막 순간에 모든 것을 끝내곤 했다. 이러한 일을 시작으로 하여, 건축가들은 쉐레트를, 하루 또는 그 이상을 디자인이 완전히 해결될 때까지 또는 적어도 모든 참석자들에게 앞으로 연구할 분야가 명확히 할당될 때까지, 프로젝트 참여자들이 같이 작업하는 강도 높은 설계훈련이라 간주하기 시작하였다.

내가 알고 있는 한, 소위 에코쉐레트는 프로젝트의 지속가능한 설계적 관점에 초점을 맞춘 것을 나타내기 위하여, 1990년대 후반에 오리건 주 살렘

포틀랜드 주 오리건의 그린 빌딩 서비스(Green Building Services)의 컨설턴트 Ralph Dinola가 에코쉐레트를 하고 있다.

의 나단 굿(Nathan Good)이라는 건축가에 의해 처음 명명되었다. 쉐레트는 모든 참여자의 기술을 활용하여 건물의 요구사항과 그린빌딩의 수법 간의 모든 가능한 상호작용을 완벽하게 인지하면서 설계상의 중요한 결정들을 매우 빠르게 내리도록 촉진하는 과정이다. 에코쉐레트의 목적은, 설계상의 중요한 결정을 내리기 전에 프로젝트의 핵심 그린빌딩 요소와 그린 개발의 요소를 개발해 내기 위한 것이다. 일반적으로 이것은 계획 설계단계의 초기에 실행된다. (Integrated Design 부분을 보라.)

내 개인적인 경험에 따르면, 에코쉐레트는 건물의 설계 시에 서로 관련이 없었던 설계요소들 사이에서 나타나는 여러 문제들에 대응할 수 있도록 해준다. 한 프로젝트에서, 엔지니어들은 규모가 큰 아트리움의 콘크리트 바닥 슬래브에 복사난방 시스템이 설치 가능할지에 대해 확인해 보기로 했다. 그 결과 엔지니어들은 콘크리트의 위쪽면 근처에 배관을 설치하여 추가적인 냉난방을 할 수 있게 되었다. 추가 설치되는 콘크리트와 배관으로 발생되는 비용은 적은 편으로, HVAC 시스템의 용량을 줄임으로써 절감되는 비용과 비교하면 훨씬 적었다.

설계 대안들에 대한 비교적 구체적이고 기술적인 토론을 포함하는 에코쉐레트와 함께, 나는 프로젝트의 보다 기술적인 측면에는 잘 관여하지 않는 주요 결정권자들이 함께 모여 비전과 목표를 정하는 세션이 유용하다는 것을 자주 깨닫는다. 이 세션에는 그린빌딩 인증을 위한 지출을 승인하는 "C-level" 임원들(CEO, COO 및 CFO)과 함께 건물 재실자들의 대표자들도 포함해야 한다.

Comfort 쾌적

인체의 쾌적은 생산성 측면에서 중요한 역할을 담당한다. 만약 사람이 너무 춥거나 덥게 느낀다면, 생산적인 활동에 사용되어야 할 정신적인 에너지가 춥지 않거나 덥지 않게 느끼기 위해서 사용되므로 일의 효율성이 떨어진다. 인체의 쾌적을 판단하는 주요한 환경 인자들은 공기온도, 표면 복사온도, 기류속도, 상대습도이다. 결국 쾌적성이라는 것은, LEED에 나온 대로 "건물의 재실자가 실내 열환경에 만족감을 느끼는 마음의 상태"로 정의할 수 있다.[24]

엔지니어의 관점에서 보면, 재실자가 입고 있는 옷도 인체의 쾌적성에 영향을 미치는 것으로 여겨진다. 여름에 양모로 된 옷을 입게 되면, 에어컨이 나오는 사무실에서 반팔 옷을 입고 있을 때만큼 쾌적하게 느끼지 못하게 된다. 또한 남자인지 여자인지, 젊은 사람인지 나이 든 사람인지, 몸이 마른 사람인지 살이 찐 사람인지에 따라서도 쾌적을 느끼는 조건이 다르게 된다. 또한 일을 할 때 얼마나 몸을 움직이느냐에 따라서도 쾌적을 다르게 느낀다. 예를 들면 컴퓨터 앞에 앉아서 하루 종일 일을 하는 사람들이 온도변화에 더 민감하게 반응한다.

미국공기조화냉동공학회(American Society for Heating, Refrigeration and Air-Conditioning Engineers, ASHRAE)에 나타난 쾌적의 기준은 온도와 상대습도를 동시에 고려하도록 하였다. 대부분의 기계설비 엔지니어들은 ASHRAE에 나온 방식과 지침에 따라 공기조화설비의 설계를 수행한다. 2005년 이래로, ASHRAE와 AIA, USGBC는 건물의 에너지 절감과 쾌적성 향상을 위해 서로 공동의 팀을 구성하여 기준을 통합시키기 시작하였다.

LEED 등급 시스템은 인체의 쾌적이 건물 내에서 재실자의 생산성과 건강에 중요한 역할을 한다는 것을 인식하여, 1년 내내 쾌적 기준을 유지할 수 있는 시스템을 갖출 경우에 일정 포인트를 받을 수 있도록 하였다. 추운 북부지방의 기후에서는 매우 건조하고 차가운 외부 공기 때문에 겨울 동안 건물 내에 가습을 할 필요가 있다. 반면에 미국 남동부와 같이 덥고 습한 기후에서는 온화한 날씨에서도 습도가 높으면 실내에서 쾌적하지 않기 때문에 연중 제습을 해야 한다. 또한 남쪽면과 서쪽면에 면한 벽과 창문에 외부 차양장치를 설치하지 않으면 따뜻한 여름 오후에 심한 일사의 영향으로 인하여 공기조화 시스템에 과부하가 걸릴 수도 있다. 그렇게 되면, 늦은 오후에 건물이 과열되는 것을 방지하기가 거의 불가능하다.

자연환기 시스템은 건물 내부에 쾌적함과 신선 공기를 제공할 수 있는 또 다른 접근방법이 될 수 있다. 만약 건물이 외부 공기가 자연적으로 실내로 들어와 순환하도록 설계되고, 덥혀진 공기가 아트리움이나 계단실 등을 통해 자연적으로 상승하여 지붕 근처에서 빠져나가도록 연돌효과의 통로를 제공한다면, 실내온도가 일반적인 쾌적 기준보다 높거나 낮아도 쾌적함을 느낄 수 있다. 따뜻한 봄날 건물 내부에 외부 바람이 불어올 때 느꼈던 쾌적함을 생각해 보면 이러한 점을 알 수 있을 것이다. 외부로부터 불어오는 약간의 바람을 느낄 수 있다면, 온도가 평소보다 약간 덥거나 추워도 인체의 불쾌적함은 사라지게 된다.

Commissioning 커미셔닝

건물 커미셔닝은 건설산업 외부에는 잘 알려져 있지 않은 높은 부가가치의 활동이다. 큰 배를 한번 생각해보자. 공사가 끝나게 되면 제대로 항해를 할 수 있는지 시운전을 한번 해봐야 한다. 또한 배가 항해나 어떠한 작전에 투입되기 전, 배 내부의 모든 중요 시스템이 설계된 대로 제대로 작동하는지 확인할 필요도 있다. 여기에는 배의 추진, 항해, 안전장치 등이 포함된다.

이제 배 만큼이나 복잡한 초고층 건물을 생각해보자. 건물은 수십 년 동안 모든 종류의 재실 활동을 지원하고, 폭우나 강한 바람, 토네이도, 홍수, 허리케인과 같은 악천후를 견디고, 화재, 지진 등과 같은 재해가 일어나도 재실자의 안전을 지키는 역할을 수행할 수 있어야 한다. 이러한 건물이 배에 하는 것과 같이 커미셔닝이 되어야 하지 않겠는가?

이러한 점에서 답은 명확하다. 과거 10년 동안, 큰 건물에 대한 커미셔닝의 수행은 관행이 되어 왔다. LEED 시스템은 모든 프로젝트가 일정한 절차와 기준에 따라 커미셔닝 되는 것을 요구하고 있다. 이러한 커미셔닝의 목표는 건물에 재실자가 들어오기 전에 실제 건물의 에너지 사용량과 안전성을 시험하고 모든 결함을 해결하는 것이다. 120여 개 이상의 연구 결과에서 건물에 커미셔닝을 수행하였을 경우에 10~15% 정도의 에너지를 절약할 수 있는 것으로 나타났다. 에너지 사용량의 측면에서만 보자면, 커미셔닝을 할 경우[25] 5년 이내에 투자한 돈을 회수하고, 그 외 비금전적인(그러나 실질적인) 이익을 포함하면 일반적으로 1년 이내에 회수할 수 있다.

커미셔닝의 비용은 그것의 이점을 생각했을 때 상대적으로 적은 편이다. 규모가 큰 프로젝트에서는 비용이 제곱피트 당 400원에서 1,000원 정도가 들며, 이것은 건물 전체에 드는 비용의 1%도 안 되는 금액이다. 커미셔닝의 과정에서 가장 중요한 점은 건물의 설계단계에서 노련한 커미셔닝 회사가 참여하여 건물 소유주의 요구사항과 엔지니어의 설계원리를 이해하고 명확하게 하는 것을 돕는 것이다. 이러한 방법으로 커미셔닝 회사는 커미셔닝이 시작되기 전에 프로젝트의 목표 및 시스템, 요구 성능 등을 분명하게 파악할 수 있다.

일반적인 커미셔닝 활동은 다음을 포함한다 ; 계획의 수립, 프로젝트 시방서에 커미셔닝의 요구사항 명기, 시공 중에 테스트를 도울 하도급업자 – 특히 기계, 전기, 자동제어 업자 – 와의 계약, 시스템 작동 중에 발생하는 문제의 해결, 건물 운영자들이 최적으로 운영할 수 있도록 훈련 받았는지에 대한 확인.

어떤 프로젝트에서는 좀 더 강화된 커미셔닝을 제공하기도 한다. 이러한 커미셔닝에는 완전하게 독립된 커미셔닝 회사가 건물 소유주에게 직접적으로 보고를 하도록 하는 것(어떤 사람들은 이렇게 하는 것이 프로젝트의 기능을 더 객관적으로 검사할 수 있게 해준다고 생각한다)과 건물이 시공되기 전에 건물 설계에 대해서 충분히 검토하는 것, 보증기간(보통 1년 정도)이 끝날 때쯤 건물의 성능을 검사하고 결함을 수정하기 위해 다시 방문하는 것이 포함된다. 건물에 결함이 생겨 성능이 제대로 나타나지 않는 부분이 없는지 조사해 보는 것과 같은 방법들이 있다. 또한 건물의 생애주기 동안 계속해서 커미셔닝을 하는 것이 가장 최상의 방법으로 여겨지기 때문에 강화된 커미셔닝은 나중을 위해 재커미셔닝 매뉴얼을 준비하도록 요구한다.

Controllability of Systems 시스템의 제어성

쾌적의 또 다른 측면에는 주변 상황, 특히 조명이나 기류, 온도에 대한 제어의 정도가 있다. 작업조명(task lighting)과 결합된 바닥 급기 시스템은 높은 수준의 제어를 제공하며, 이런 이점을 이용하여 사용자가 세 가지 변수와 함께 주변 소음레벨도 제어하여 세세한 개별 환경을 만들 수 있게 하는 시스템도 존재한다.

개폐 가능한 창문이 설치된 건물에서는 사용자가 인지하는 쾌적감을 높일 수 있도록 사용자가 직접 제어할 수 있게 하는 것도 가능하다. 그러나 공기 압력 제어의 어려움 및 각 층을 더 많은 존으로 나누어야 하는 요구조건 때문에 기계설비 엔지니어는 개폐 가능한 창문을 매우 선호하지 않는 경향이 있다. 물론, 창문이 열려 있는 경우에는 HVAC 시스템의 작동이 멈춰야 한다. 높은 건물의 경우에는 고층부 창문으로 강한 바람이 불어올 수 있으므로 그곳의 재실자는 서류나 다른 물품들이 날리지 않도록 주의해야 한다. 미국 북쪽 지방에서는 이제 막 개폐 가능한 창문이 사용되기 시작하였다. 자연적으로 제공되는 쾌적함에 익숙해진 유럽의 많은 나라들에서는 개폐 가능한 창문을 사용하는 것이 일반적이다.

2002년에 나는 새로운 그린빌딩인, 노르웨이의 국영 전화회사가 소유한 오슬로에 있는 텔레노르(Telenor) 본사를 방문하였다. 그곳에서는 매니저 한 명 아래에 30명의 직원들이 업무를 담당하고 있었다. 내가 투어 가이드에게 건물의 창문 개폐 여부를 결정하는 사람이 누구인지 물어봤더니 매니저가 한다고 대답해 주었다. 나는 미국의 경우에는 매니저 대신에 건물 자동화

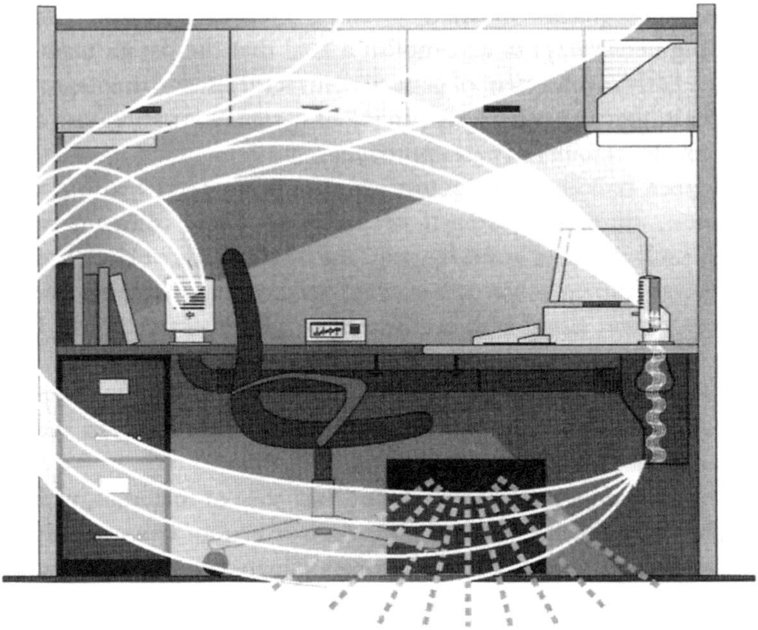

존슨 컨트롤(Johnson Controls)의 개별공조 시스템(Personal Environments)은 사용자가 주요 쾌적변수를 조절할 수 있게 한다.

시스템을 이용하여 창문의 개폐를 결정하는 것이 더 쉽고 문제도 없을 거라고 생각하였다.

초기에 LEED 플래티넘 등급을 받은 매릴랜드의 아나폴리스에 있는 체사피크만 재단(Chesapeake Bay Foundation) 사무실은 이러한 문제를 해결할 수 있는 하나의 방법을 제시해준다. 내가 2001년에 이 건물을 방문했을 때, 나는 개폐 가능한 창문에 대해서 굉장히 궁금해 하고 있었다. 거기서 나는 설계자가 창문의 조정을 객관적으로 설정할 수 있도록 만들어 놓은 것을 보았다. 즉, 온도와 습도조건이 좋다면 녹색 불이 들어오고 그에 따라 40~50명 정도의 재실자들이 창문을 열기 위해 달려갔다. 그 재단이 환경보호단체였기 때문에 재실자들이 좀 더 건물에 관심을 가지고 있고 외부환경을 접하고자 한다고 생각할 수 있겠지만, 나는 그들이 특별한 것이 아니라고 생각한다. 포틀랜드에 있는 개발자는 일류 법률사무소에 임대된, LEED 인증을 받은 한 신축 사무소의 경우 임대 시 가장 강조된 점이 개폐 가능한 창문이 있다는 점이었다고 나에게 말해주었다.

Construction Practices 건설 사례

지속가능한 건축물의 설계를 위해 건축가와 엔지니어가 담당하는 역할에만 모든 초점을 맞추게 되면, 그린빌딩을 달성하는 데 있어서 시공팀의 중대한 역할을 생각하지 못하고 지나치기 쉽다. 설계도로 완성된 건물을 만들어내는 데에 전문적인 지식을 갖고 있는 도급자들은 초기에 목표로 잡았던 부분들을 달성하기 위하여 설계팀이 생각하지 못했던 더 나은 방법을 제시해주기도 한다. 도급자들은 설계 대안들의 초기비용을 제시할 수 있고 새로운 시도들이 시공 가능한지에 대해 조언할 수 있으므로 프로젝트 초기부터 관여하는 것이 통합적인 설계를 위해 필수적이다.

그린빌딩에서 도급자들은 흙으로 된 제방에 더하여 미사(微砂) 울타리(silt fence, 대부분의 건설현장에서 볼 수 있는 검은색 플라스틱이나 섬유로 된 그물), 씨뿌리기(seeding)와 바닥덮기(mulching), 침전물 트랩과 침전지와 같은 수단을 통해서 건설현장으로부터 토사의 유출을 막음으로써 오염을 방지하기 위해 특히 노력한다. LEED에서는 아래와 같이 건설현장이 환경에 영향을 미치는 다섯 가지 주요한 영향을 고려하였을 경우에 포인트를 준다.

- 토양압밀을 방지하기 위해 모든 건설기기와 토양 교란이 지정된 경계선 내에서만 있게 함으로써 건설 가설공사로부터 대지에 주는 영향을 감소시킨다.
- 적어도 건설 폐자재의 50%를 재활용해야 하며, 75%와 95%의 재활용에는 추가 점수가 주어진다. 이것은 자재를 매립하지 부지 밖으로 반출하지 않을 뿐 아니라 가치가 있는 제품의 재사용을 가능하게 해준다. 대부분의 도시지역에서 도급자들은 90% 이상의 재료를 재활용 또는 재사용 할 수 있

으며 쓰레기 매립에 필요한 고비용을 제할 수 있어 비용적인 측면에서도 유리하게 적용된다는 점을 깨닫고 있다. 판지, 금속, 벽돌, 방음천장 타일, 콘크리트, 플라스틱, 깨끗한 목재, 유리, 석고보드, 카펫, 단열재 등과 같은 재료들의 재활용은 놀라울 정도로 간단하다. 몇몇 도시의 공간이 부족한 건설현장에서 나오는 폐자재들은 하나의 대형 쓰레기 수납기(dumpster)로 함께 수거하여 지역 재활용 센터에서 분류되어질 수 있다.

- 배관이나 카펫, 흡습성을 갖춘 표면 등은 덮어 두어서 날씨나 먼지로 인한 영향을 받지 않도록 하여 건물의 시공 중에도 실내 공기질을 위한 관리를 하도록 한다.
- 건물에 사람들이 입주하기 전 2주 동안 전외기로 플러시 아웃을 하고, 모든 필터를 교체하거나 주요 실내 공기 오염물질들이 인체 건강에 영향을 주는 기준보다 낮다는 것을 확인하는 테스트를 함으로써 실내 공기질을 보증하도록 한다.
- 하도급자가 대용품을 사용하지 않고 명시된 VOC의 농도가 낮은 페인트와 코팅재, 접착제와 실런트를 프로젝트에 실제로 사용하는지 확인하기 위해서 모니터링한다.

도급자는 LEED 인증과정의 일환으로 그들이 했던 최선의 업무처리를 증거서류로 제출하도록 한다. 그들의 활발하고 창의적인 도움이 없이는 LEED 프로젝트가 성공적인 결과를 거둘 수 없다. 미국에서 가장 큰 건설회사인 터너 건설(Turner Construction)은 유효한 재활용 프로그램이나 높은 쓰레기 매립비용에 대한 재정적인 인센티브가 없는 많은 도시들에서 일할 때의 어려움에도 불구하고, 2007년 말까지 그들이 수행하는 모든 프로젝트에서 폐자재의 전환 비율을 50%까지 달성할 수 있을 것으로 기대하고 있다.[26]

Cool Roofs 쿨 루프

미국에서는 연간 약 44조 원이 건물 냉방에 소비되는데, 이는 연간 소비되는 총 에너지의 6분의 1에 해당한다. 검고 어두운 색상의 지붕재료는 건물의 냉방부하를 상당히 증가시킬 수도 있다. 에너지 효율이 좋은 지붕 시스템은 쿨 루프(cool roof)라고 하는데, 여름 동안에 지붕 온도를 최대 55.6℃(100°F)까지 감소시킬 수 있으며, 그에 따라서 건물의 공조에 필요한 에너지 요구량을 감소시킨다. 쿨 루프는 태양 복사에너지가 건물 내부로 투과되기 전에 반사시킨다.[27] 사실상 건물의 지붕을 식히는 것은 도심의 열섬효과를 줄이는데 도움이 되는데, 열섬효과 때문에 도시는 주변의 시골보다 2.2℃~4.4℃ 정도 현저하게 온도가 높고, 이것은 여름철 공조를 위한 상당한 에너지 소모로 이어질 수 있다.

쿨 루프는 장·단기적으로 건물 소유주에게 여러 가지 잠재적인 이익을 제공하는데, 공조를 위한 공용요금의 감소, 공조 시스템 크기의 축소, 지붕 유지관리 비용의 감소와 지붕 수명의 증가 등이 포함된다. 쿨 루프는 건축

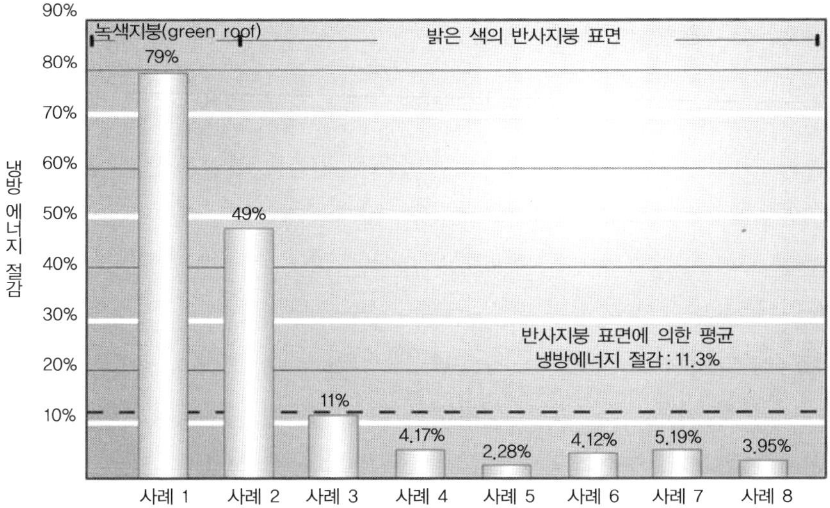

쿨 루프에 의한 냉방에너지 절감. 절감비율은 다양한 연구와 환경에서 4%부터 약 80%에 이른다.

법규에 있는 에너지 효율 목표를 달성하는 데 도움이 되고, 지역사회의 열섬 효과에 대처하는 데도 도움이 된다. 쿨 루프는 쿨 루프 평가위원회(CRRC : Cool Roof Rating Council)를 통해 인증을 받는다.[28] 지붕의 방사특성이 건물의 열 성능에 어떤 영향을 줄 것인가에 대하여 디자이너와 건설업자, 컨설턴트 그리고 소유주의 관심이 높아지고 있다. 쿨 루프 평가위원회(CRRC)는 독립적인 연구소에서 시행한 지붕제품 방사특성 시험만을 인정한다.

LEED 등급 시스템은 태양 반사지수(SRI : Solar Reflectance Index)가 78 이상인 완경사 지붕과 29 이상인 급경사 지붕이 전체 지붕 표면적의 75%를 덮는 쿨 루프에 대하여 가산점을 1점 준다. SRI는 지붕 표면이 태양열을 반사하는 능력을 평가한 것이다. 표준적인 흰색 지붕은 (80%를 반사하는데) SRI값이 100이고, 표준적인 검은색 지붕은 SRI값이 0이다. 이러한 평가기준은 Energy Star 등급을 적용한 지붕의 평가기준과 흡사하다. Energy Star 인증을 받은 반사지붕 제품은 최고 냉방부하 요구량을 10~15% 줄일 수 있으며 건물 에너지 사용을 최대 50%까지 줄일 수 있다.[29]

Costs of Green Buildings 그린빌딩의 비용

앞에서 보았듯이, 그린빌딩을 실현하는 데 있어 주된 장애물은 친환경 수단들을 위해 증가되는 비용이다. 2000년부터 2005년 동안의 많은 초기 그린 프로젝트들(green projects)은 비용이 더 많이 들었다. 주된 이유는 설계와 시공을 새로운 방법으로 전환하기 위해서 수많은 사회적 학습이 수반되기 때문인데, 시공에서의 실수, 서툰 설계, 입증되지 않은 새로운 제품들 그리고 부가적인 비용으로 이어지는 수많은 이유들이 포함된다. 그러나 2005년과 특히 2006년에는 많은 설계팀과 시공팀이 그린 프로젝트를 충분히 많이 수행하여 비용을 보다 통상적인 수준으로 낮추기 시작했다.

2006년에 포틀랜드에서 시행된 거대한 LEED 플래티넘 프로젝트 – 매우 복잡한 약 38,300㎡ 면적의 복합용도 의료시설임 – 의 개발업자는 1억 4500만 달러 프로젝트에서 대략 1%의 비용 할증(지역, 주 그리고 연방 인센티브들을 포함한 순 비용)이 있었다고 보고했다.[30] 현재까지 이 개발업자는 30개의 LEED 프로젝트를 디자인하고 건설하였고, 이미 친환경 건축방식(Green building methods)을 잘 알고 있는 매우 숙련된 건축가와 엔지니어팀을 활용하였다. 하지만 그들의 성공이 보여주는 것은, 일단 설계팀과 시공팀이 충분한 경험을 쌓으면 미래에는 그린빌딩을 초기비용의 할증 없이도 지을 수 있다는 사실이다.

무엇이 그린빌딩의 비용을 결정하는가?

- 무엇보다도 먼저, 비용은 설계팀과 소유주가 무엇을 성취하려고 하는가에 달려 있다. 만약 LEED 플래티넘 건물이라면, 대개 녹색지붕(green roof)과 태양광(photovoltaic)을 사용할 것이며, 이와 같이 비용이 많이 드는 두 가지 부가항목은 LEED 실버 또는 심지어는 LEED 골드 프로젝트에도 포함되지 않을 것이다.
- 두 번째로, 프로젝트의 과정에서 얼마나 빨리, 지속가능한 디자인과 건설을 추구할지 결정하느냐가 비용에 영향을 준다. 통합설계(integrated design)에 관한 섹션에서 보았듯이, 그 결정은 심지어 부지 선정 단계처럼 빠를수록 최선인데, 그럼으로써 건물이 적당한 향으로 장방형의 형태로 위치하면 적절한 자연채광의 유입과 효율적인 자연형 태양열 디자인 방식도 가능해진다.
- 세 번째로, 비용은 설계팀과 시공팀이 그린빌딩에 대해 가지고 있는 경험에 영향을 받는다 ; 경험이 풍부할수록, 미지에 대한 두려움이나 예를 들어 친환경 제품(green product)을 제공하는 것에 대한 지식의 부족에서 기인하는 비용 할증이 적다. 미숙한 팀은 학습곡선을 가속하기 위해 종종 그린빌딩 컨설턴트의 도움을 받아 그들의 첫 프로젝트를 완성시킨다.

통합설계는 창의적인 해결책으로 이어져서 비용 장벽에 대한 돌파구가 되고, 낮은 초기비용으로 더욱 에너지 효율이 높은 건물을 디자인하도록 한다.[31] 이것은 전형적으로 건축가가 자연채광, 차양 장치, 고효율의 창호, 건물의 방위 그리고 중량의 건축물로 건물의 냉난방을 하는 것과 마찬가지로 에너지 사용을 절감하는 작업을 함으로써 가능하다. 그린빌딩은 또한 사회기반시설 투자를 줄이고, 전체 수자원 시스템 관리를 통해서 빗물과 오수배출을 위한 연결비용을 줄임으로써 다른 프로젝트 비용도 절감하게 한다. 종종 프로젝트의 초반 30일에 전략적으로 사고함으로써, 즉 더 넓은 범위의 선택사항을 평가하고 핵심적인 비용요소들 사이에서 결정을 내리고 결과물에 대한 명확한 예상을 함으로써 총 비용의 65% 까지도 영향을 미칠 수 있다. (실행하는 것에 비하여) 사고하는 것이 보다 중시되며, 이는 많은 미국인들이 어려움을 느끼는 개념이다.

그린빌딩의 비용에 관해 가장 널리 인용된 연구들 중 하나는 국제적인 비용 자문회사인 데이비스 랭든(Davis Langdon)에 의해 2004년 수행되고 2007년 초에 갱신된 것이다. 건물의 실제 비용에 대한 회사 자체의 데이터베이스를 이용해서 45개의 LEED 인증을 받은 프로젝트를 다른 93개의 LEED 인증을 받지 않은 프로젝트와 비교하여, 데이비스 랭든은 (도서관, 학교 교실 그리고 연구실 등 세 가지 형태의 일반적인 프로젝트에서) 완공연도(분석 시 비용 인플레이션을 제외함)와 위치(지역성에 따른 건물비용의 변동을 반영함)를 표준화시켰을 때, 그린빌딩의 비용은 통계적으로 통상적인 건물의 비용과 차이가 없음을 발견했다.

그들의 작업으로부터 주요한 비용요소는 건물의 프로그램임을 알 수 있다. 즉, 건물이 무엇을 위해 디자인되는가 하는 점이다. 단위면적당 달러 기준으로 봤을 때, 교외에 있는 간단한 도서관 분관이라면 비교적 건설비용이 저렴하지만, 도심지에 있는 도서관 본관은 비용이 훨씬 더 많이 들 것이다. 거대한 대도시의 도심지에 있는 도서관 중에 유명한 건축가가 설계한 경우 제곱미터당 5만 원 정도 들었지만, 같은 기능이면서도 제곱미터당 2만 원 정도 든 경우도 있었다.

다음의 그래프는 외래진료시설(충분한 자료를 가지고 확실한 결론을 얻어낼 수 있는 5가지 카테고리 중 하나임)에 대한 데이비스 랭든의 최근 연구

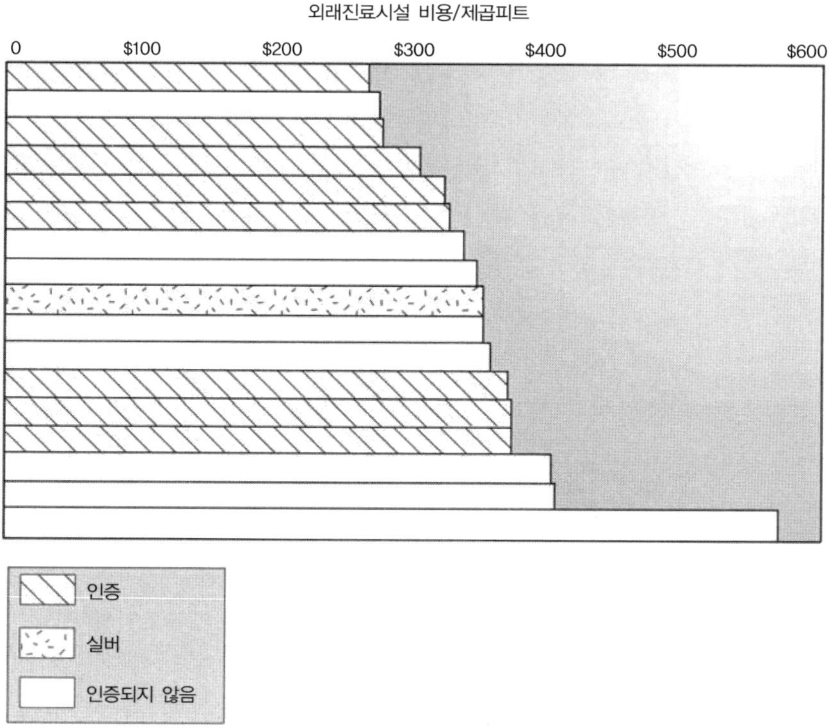

외래진료시설의 공사비, 그린빌딩 대 일반 건물

결과를 보여준다.[32] 2007년 개정판에는 추가적인 프로젝트 타입과 더 많은 공사비 자료가 포함되었으며, 전부 2006년도 중반의 캘리포니아 주, 새크라멘토의 비용으로 표준화되었다. 연구의 결론은 변하지 않았으며, 인증받은 그린빌딩이 일반 건물에 비해 단위면적당 기준으로 공사비가 더 들지 않았다. 가장 문제되는 것은 건물의 디자인 목표이다.

Cradle-to-cradle Design　　순환적인 디자인

"순환적인(cradle-to-cradle)" 디자인은 2002년에 건축가 윌리엄 맥도나우(William McDonough)와 화학자 미하일 브라운가르트(Michael Braungart) 박사가 알려진 정보에 근거해서 사람이나 환경에 해를 끼치지 않고 안전하게 이용할 수 있는 제품을 평가하는 방법으로서 소개하였다. 제품의 평가기준은 다음의 항목들을 포함한다. – 재료의 성질, 구체적으로는 독성과 발암성, 환경에 잔류하는 정도와 독성 그리고 중금속의 사용 ; 재활용이나 퇴비화를 통한 재료의 재사용 가능성 ; 제조공정에서 유입된 태양열을 100% 사용하는 등 고효율 또는 재생가능한 에너지 사용 ; 제조공정에서의 물 사용과 우수 및 폐수의 방류 ; 그리고 제3의 평가기준과 인증을 통해 증명된, 사회적 책임을 다하기 위해 제정된 전략들.[33]

순환적인 아이디어는 "쓰레기를 음식으로 바꾸자(waste is food)"는 기본적인 생태학적 개념과 환경과 우리의 몸에 결국은 영향을 미칠 독성물질을 만들어내지 말자는 환경친화적인 교훈에 기초한다. 우리는 이러한 순환적인 아이디어에 의하여 인체와 환경에 어떤 영향을 미치는지 모르는 수천 가지 목적의 화학물질들을 만들어내며, 물건을 한번 쓰고 버리는 사회에서 영원히 살 수 있다는 생각에서 벗어날 수 있다.

이러한 노력을 통한 초기 성공사례 중 하나는 의자 제조업자를 위해서 튼튼하고 아름답지만 사용하고 난 후에는 퇴비화 할 수 있는 천을 만들어 내는 것이었다. 이러한 관점에서 발전된 또 다른 제품은 제조과정과 사용에 있어서 환경을 파괴하지 않고 지속가능할 뿐만 아니라 모든 요소를 재활용할 수 있는 상업용 카펫 시스템이다.[34] 카펫과 바닥재 제조업체인 인터페이스사(Interface Inc.)는 몇 십억 달러의 수익을 내는 회사인데, 1995년부터 지속가능성을 추구하여 2020년까지는 환경영향을 제로로 하겠다고 약속하였다.[35] 오늘날 5억 명 정도의 시민을 대표하는, 유럽연합에서는 환경과 인간에 미치는 영향을 감소시키기 위해 화학물질에 대한 규제를 선도하는 세력을 찾을 수 있다. 2007년 초반에 REACH(registration, evaluation and authorization of chemicals)라는 이름의 새로운 규정이 채택되어서 새로운 물질들 뿐 아니라 30,000개 이상의 기존 화학물질에 대한 등록과 선별적인 평가가 요구되었다. 컴퓨터와 같은 전자 폐기물에 대해서, 2003년에 도입된 두 가지 지시사항은 제조업자들에게 소비자가 사용한 전자기기를 무료로 폐기처리하도록 했으며 위험한 폐기물을 개발도상국에 수출 폐기하는 것을 금지하였다.[36]

2006년에 두 명의 과학자가 논쟁하였다.

1970년대와 80년대에, 미국은 소비자와 환경보호를 위한 여러 가지의 세계적인 제품 기준을 효과적으로 제정하였다. 오늘날에는 유럽이 이러한 역할을 하고 있는 반면, 미국의 정부와 산업체들이 유럽과 국제 사회에서 만들어진 기준들에 반대하고 있다. 유럽연합의 정책에 대해 비판하는 사람들은 비용을 수십억 달러로 추정하는 반면, 옹호론자들은 제조업자들에 의해 초래된 어떠한 비용 증가도 그 이전에 이미 소비자, 환경 그리고 수천 가지의 독성 물질을 다루는 폐기물처리업체에 의해 초래된 것이라고 주장한다.[37]

d

Daylighting

자연채광

자연채광은 어디에나 존재해야 하는 그린빌딩 디자인의 한 측면이다. 적절한 자연채광 없이는 사람들은 제대로 생활할 수 없고 건강하게 지낼 수 없다. 건물의 평면에서 이것은 앞뒤로 20m 이하이거나, 어떠한 작업공간이든 창문까지 10m 정도 되는 디자인을 뜻한다. 이것은 사람들의 건강을 경제적인 효율성보다 더 중요시하는 유럽의 많은 장소에서 표준적인 디자인 요구사항이다. 다른 측면에서 보면, 건물의 긴 축이 동쪽과 서쪽을 향하도록 해야 한다 ; 이렇게 하면 남향과 북향의 창으로부터 자연채광을 극대화할 수 있다.

오리건 주 유진(Eugene)에 있는 오리건대학교 릴리스 비즈니스 단지(Lillis Business Complex)의 자연채광, SRG Partnership이 디자인하였음.

자연채광의 이점은 즉각적이며 명백하다. ; 사람들은 독서를 하거나 일을 할 때 자연광이 있을 경우에 더 잘 볼 수 있으며 더 쾌적하게 느낀다. 좋은 자연채광 디자인을 위해서 지붕의 천창과 북향의 창, 중심부의 아트리움, 여름철에 창문으로 들어오는 태양을 차단하면서도 빛을 반사시켜 실내로 보내는 광 선반 그리고 다른 기술들을 이용한다. 좋은 자연채광은 언제나 간접적이고 눈부심이 발생하지 않는다. 자연채광은 일정한 조도를 유지하기 위하여 일반적으로 전기조명과 함께 사용되며, 일반적 작업 면에 300 lux를 제공하거나 개개의 작업공간에 작업 조명(task lighting)을 둔다.

카네기 멜론(Carnegie Mellon)대학에서 자연채광 연구를 분석한 보고서에 따르면, "11개의 사례 연구에서 혁신적인 자연채광 시스템은 에너지와 생산성의 이점으로 인해 1년 이내에 비용을 회수할 수 있다. 자연채광에 대한 투자 수익률(ROI)은 185%가 넘는다."[38]

캘리포니아에서 73개의 체인 소매상에서 자연채광의 영향을 조사하여 그 중 24개의 상점에서 자연채광이 이용되고 있음을 알 수 있었으며 그 결과는 다음과 같다 :

> 자연채광으로 인한 에너지 절감의 가치는 자연채광으로 인해 예상되는 판매 증가의 가치에 의해 가려져 있다. 자연채광으로 인한 판매 증가에 따른 이윤은 에너지 절약에 의한 것보다 19배나 된다.[39]

Density 밀도

최근 애리조나 주의 투산(Tucson) 시에 위치한 시골마을인 시바노(Civano)에 있는 거대한 친환경 주택개발단지를 방문했다. 1990년도 후반에 시작되어 지금은 600여 개의 가구로 이루어져 있으며, 개발자들은 최종 1,500가구를 건설할 것으로 예상하고 있었다. 시바노의 개발은 엄격한 에너지 및 물 보존 규범에 의해 관리되어 연간 전기요금을 (덥고 건조한 사막기후에서의 공조인 점을 감안해 보라.) 50% 절감하고 연간 물 사용을 60% 절감하는데, 이것은 그 지역 교외의 유사한 개발단지와 비교했을 때의 수치이다.[40] 시바노는 또한 대부분의 교외 개발단지보다 밀도가 높다. 그곳에는 두 개의 공용 수영장, 커뮤니티 센터, (훌륭한 유아원을 포함해서) 몇몇의 작은 비즈니스 건물과 좁은 거리가 모여 커뮤니티를 이루는데, 좁은 거리는 여름철에 시원하게 해주고 차량을 서행하게 하는 장치로서의 기능을 하기도 한다. 지속가능한 디자인의 항목으로서 밀도는 자동차의 에너지 사용을 감소시키고 걷기에 더욱 적합한 커뮤니티를 가능하게 한다.

밀도가 가질 수 있는 환경적인 이점은 의심할 여지가 없다. 어떤 사람들은 심지어 뉴욕, 특히 맨해튼이 (특히 1인당 에너지와 가솔린 사용량을 볼 때) 미국에서 가장 친환경적인 도시라고 주장하기도 하였는데, 이는 수많은 사람들이 출퇴근할 때 뿐 아니라 평소에 심부름이나 쇼핑 또는 레저 활동을 할 때에도 대중교통을 이용하기 때문이다. 돌아가신 나의 장인어른은 성인이 되고 나서는 뉴욕 시에서 일생을 보내셨다. 자동차 사고 이후로는 운전을 포기하고 걷거나, 버스나 지하철을 이용하였으며, 때때로 도시여행을 할 때는 택시를 부르고 일일여행을 할 때는 리무진을 고용하였지만 90대를 잘 지낼 수 있었다. 많은 뉴욕 사람들은 자동차 소유에 따른 비용과 어려움 때문에 자동차를 소유하고 있지 않다.

고층의 주상복합빌딩이 많은 것이 에너지 효율적인 것은, 외피면적 대 전체 거주공간의 비가 낮아 에너지 획득과 손실의 가능성이 낮아지기 때문이다. 단위면적당 연간 에너지 소모량의 측면에서 보면, 그러한 건물들은 단독주택이나 저층의 사무실 또는 아파트 건물에 비하여 훨씬 더 에너지 효율이 좋을 수 있다. 또한 유능한 자격이 있는 운영, 관리 직원들을 고용할 수 있어 설비를 좋은 상태로 유지할 수 있다.

물론 도시에는 대부분 자연이 결핍되어 있다는 결점이 있다. 센트럴 파크 없는 뉴욕 시라든가 공원이나 가로수가 없는 대도시를 떠올려 보라. 게다가 도시는 태양열을 흡수하는 아스팔트, 벽돌, 콘크리트로 표면이 덮여 있어서 낮 동안에 뜨거워지고 밤에 빨리 식지 않는다. 이것은 여름철 오후와 저녁에, 심지어는 기온이 떨어지고 바람이 더 불어도 공조가 필요하다는 것을 뜻한다. 현재의 많은 도시가 30~40년 전보다 여름철 저녁에 기온이 4.5~5.5℃ 높은데, 이것은 도시의 에너지 사용을 증가시키는 원인이다.

하지만 도시의 사람들이 더 걷는 경향이 있기 때문에 교외 지역 사람들보다 건강할지도 모른다. 고전 코미디 영화의 한 장면 중에 스티브 마틴(Steve Martin)의 L.A. 이야기가 기억난다. 영화 시작 장면에서 그는 아침에 차고 진입로에서 차를 빼서 옆집까지 운전하고 간 뒤, 차에서 내려 커피 한 잔 마시러 안으로 들어간다. 자동차에 의존하는 문화가 압도적인 로스앤젤레스에서 자라온 사람으로서, 이러한 상상 속의 장면은 진실과 그리 다르지 않다고 말할 수 있다. 우리 모두는 과다한 운전과 걷는 것의 부족으로 인해 오늘날 훨씬 덜 건강하다.

Design　　디자인

디자인은 우리 시대의 진언(眞言)이다. 건축에서, 프랭크 게리(Frank Gehry), 렌조 피아노(Renzo Piano) 그리고 산티아고 칼라바트라(Santiago Calatrava)와 같은 유명한 디자이너들은 국제적인 아이콘이다. 경영학의 스승인 톰 피터스(Tom Peters)는 몇 년 전부터 "디자인의 시대(Design decade)"에 대해서 말하기 시작했다 ; 그는 "디자인은 영혼의 안식처"라고 했다.[41] 그의 관점에서는, 모든 비즈니스는 경제성과 함께 아름다움과 디자인적인 사고의 요소가 통합되어야 한다고 보았다. 유명한 건축가 마이클 그레이브스(Michael Graves)가 디자인한 타겟(Target)과 마사 슈트어트(Martha Stewart)의 K마트(K-Mart) 그리고 Design Within Reach와 같이 도처에 존재하는 상점들에는 경제적이면서 아름다운 디자인이 담겨 있다. 그린 디자인도 같은 방식으로 적용된다. LEED와 같은 친환경 등급 제도에서 높은 성능을 얻기 위해서 흉한 모양이 된다든지 경제적인 한도를 넘어설 필요는 없다. 우수한 디자인의 한 정의는 "적합도(goodness of fit)", 즉 최종적인 결과물이 요구조건을 만족하기 위해 얼마나 잘 기능하느냐 하는 것이다.

좋은 건물 디자인에 대해 1970년대부터 있었던 또 다른 정의로서 아직도 유효한 것은 "장수명, 저에너지, 넉넉함(loose fit)"이다. 슈트어트 버나드(Stewart Brand)는 그의 저서 〈건물이 배우는 법 : 건물이 지어진 이후에 발생하는 일들(How Buildings Learn : What Happens After They Are Built)〉에서 많은 역사적인 사례를 인용하면서, 대부분의 건물은 수명이 다할 때까지(주거, 사무실, 상업, 음식점, 기타 등) 여러 가지의 다른 용도로 이용될 것이라고 말하였다.[42] 그러므로 디자이너들은 그린빌딩에 있어서 유연성과 내구성이 주요한 디자인 요소라는 것을 인식해야만 한다. 2002년에 오슬로에서 있었던 국제 그린빌딩 컨퍼런스에서 많은 노르웨이 건물들, 특히 저층의 건물들이 내부에 내력벽이 없이 지어졌다는 사실을 알았고, 그것은 사무실 건물을 역으로 아파트로 형태를 바꾸는 것이 쉽다는 것을 의미했는데, 왜냐하면 벽을 이리저리 옮기는 데에 구조적인 영향을 우려할 필요가 없었기 때문이다.

현대의 사무실 건물은 코어와 외피만을 가져서 본질적으로 "완전히 들여다 볼 수 있는(see-through)" 건물인데, 자연채광의 디자인, 바닥 공조 시스템 그리고 단순한 가동성 벽 파티션이 제공된다면, 이러한 넉넉함의 기준을 충족시킬 수 있다. 며칠 안에 새로운 사용자를 위해서 형태를 바꿀 수도 있으며, 여러 가지의 바닥을 가지는 아파트나 콘도 또는 호텔로 변경할 수 있다. 역으로 사업적으로 좋은 위치에 있는 낡은 호텔을 새로 설립한 회사를 위한 사무실로 바꾸는 경우도 있다. 그린빌딩 디자인을 위해 지금 필요한 것은 장수명과 저에너지 등과 같은 다른 장점들을 포함하는 것이다.

좋은 디자인은 또한 "방법의 효율적 사용", 또는 더욱 명쾌한 전략을 사용하여 적은 자원으로 작업을 해내는 것을 의미한다. 그런 점에서, 자연형 태양열 디자인, 자연환기, 자연채광 그리고 다른 그린 디자인 방법들은 좋은 디자인의 전형이다. 수백 마일이나 수천 마일 떨어진 곳에서 자원을 수입하기 전에 태양, 바람, 비와 같은 자연적인 에너지를 사용하는 것도 또한 좋은 디자인의 필수요소이다.

"환경을 위한 디자인(DfE, Design for Environment)"의 개념이 디자인 커

뮤니티에 퍼지기 시작했다. DfE에서 회사들은 자원 확보, 생산 공정, 분배 그리고 결국에는 제품의 재활용에 이르기까지 장기간의 환경적인 영향을 검토한다. 모든 제조업자들이 재활용을 위하여 제품을 돌려받게 되는 날을 예상해서, DfE는 "분해를 위한 디자인"과 모든 요소들을 새로운 제품으로 재활용하는 것을 반영시키는 것이다.

Displacement Ventilation 치환환기

치환환기란 자연적인 힘으로 공간에 있는 찬 공기가 따뜻한 공기를 대신하도록 하여 공간 속에 공기를 분배하는 여러 가지 기술들을 일컫는데, 욕조를 찬물로 채울 때 뜨거운 물이 흘러나오면서 그 자리를 찬물이 점차적으로 대신하게 되는 것과도 같다. 치환환기는 개방된 평면의 사무실 환경이나 구획된 사무실에서 많은 장점을 갖는다. 이 방법은 강제환기(도처에 존재하는 천장의 디퓨저는 머리 바로 위에서 콜드 드래프트(cold draft)를 형성하기도 함.)에 비하여 훨씬 적은 에너지를 사용하고, 공기가 공간 내에서 재순환되어지지 않으므로 오염물질을 밖으로 내보내며, 또한 사람들이 바닥 타일에 위치한 저속 공기 디퓨저를 이용하여 각자의 구획 속에서 온도와 기류를 조정할 수 있도록 한다.

치환환기는 미국에서 광범위하게 이용되기 시작한 바닥급기(UFAD, Underfloor Air Distribution) 시스템에 붙여진 이름이다. 오래된 컴퓨터실 바닥을 개선하는 것으로서, UFAD 시스템은 또한 전선과 데이터 케이블을 수납하여 회사와 대리점에서 사무실 안의 사람들을 재배치할 때 작업공간을 쉽게 옮길 수 있다. 차이점은 기존 콘크리트 타일이 1m²당 약 97kg인 것에 비하여 UFAD 시스템은 바닥을 움직일 수 있으며, 기존 바닥마감이 15cm 위에 위치하는 것에 반하여 바닥에서 보통 35~40cm 위에 위치하게 되므로 UFAD 시스템의 경우 바닥 아래에 쉽게 공기가 흐르게 할 수 있다.

치환환기는 더 밀도가 높고 차가운 공기는 하강하고 더 밀도가 낮고 따뜻

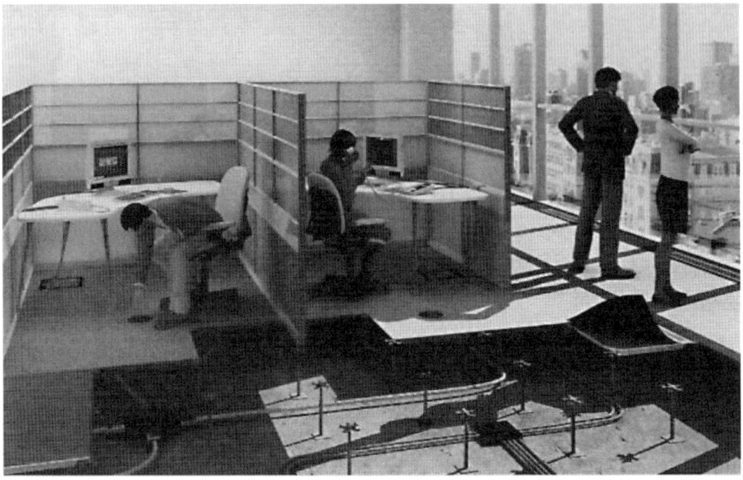

이 패널 9개짜리 실물 모형(Mock-up)은 액세스 플로어 시스템의 구성요소를 보여 준다 : 배선이 모듈화된 액세스 플로어, 바닥 급기를 위한 변풍량 시스템과 선회(swirl) 디퓨저 그리고 각 위치에 들어맞는 모듈화된 카펫 타일. / Tate Access Floors, Inc.

한 공기는 상승하는 원리로 일어나는데, 다들 잘 알면서도 좀처럼 감지하지 못하는 것이다. 일반적으로 치환공기가 공급될 때는 약 17℃인데, 전통적인 천장 디퓨저의 공급 온도인 약 13℃보다 약 4℃가 높은 것으로, 외기를 사용할 때 많이 냉방할 필요가 없으므로 여름에 에너지를 절약한다. 북서태평양 해양성 기후와 같은 몇몇 기후에서는 대부분의 해에 낮 동안의 공기온도가 17℃보다 낮으므로, 실내에 찬 공기를 공급하기 위한 기계적인 공조가 필요가 없다. 기술자들은 외기냉방방식(economizer cycle)을 이용하여 가능할 때마다 찬 외기를 들여온다. 대부분의 사무실 건물에서는 재실자의 밀도와 사용된 전기기기 때문에 연중 계속해서 냉방이 요구되므로, 이러한 방법은 효과적인 전략이다. 따뜻한 공기가 상승하면서, 전형적으로 벽 높은 곳에 위치해 있는 환기 그릴로 빠져나간다. 사실상 2.7m나 3m 되는 천장에서, 치환환기는 사람이 점유하는 구역인 2m까지만 냉방하도록 하므로 에너지를 절약할 수 있는 반면, 전통적인 천장공조(overhead ventilation) 시스템은 실내공간 전체를 냉방해야 한다.

Eco-efficiency and Eco-effectiveness

생태 효율과 생태 유효성

건축가이자 지속가능한 설계 전문가인 윌리엄 맥도나우(William McDonough)는 그린빌딩 설계자들에게 그저 "덜 나쁜 설계를 했다는 것"에 만족하지 말고, "실제적으로 좋은" 건물과 도시들을 설계할 것을 권한다. 우리의 초점이 주로 "생태-효율", 즉 부정적인 영향을 줄이는 것에 맞춰져 있다면, 우리의 설계는 크게 발전할 수 있을 것 같지 않다. 예를 들면 보통 건물에서 에너지를 20% 절약하는 것은 좋은 일이지만, 에너지 사용은 여전히 많은 양의 이산화탄소를 방출하고 전기 생산을 위한 오염을 야기한다. 만약 우리가 보통 건물에서 30%의 물절약을 했더라도, 우리는 여전히 건물이 받을 수 있는 강우량보다 더 많은 물을 사용하고 있는 것이다.

어떤 전문가들은 지구를 유지하는 생태계의 쇠퇴를 되돌리고 에너지 및 수자원에 미치는 스트레스를 경감시키기 위해서는 사람의 환경적인 영향이 90% 이상 줄여져야 한다고 말하고 있다. 그러한 "Factor 10" 건물은 현재 우

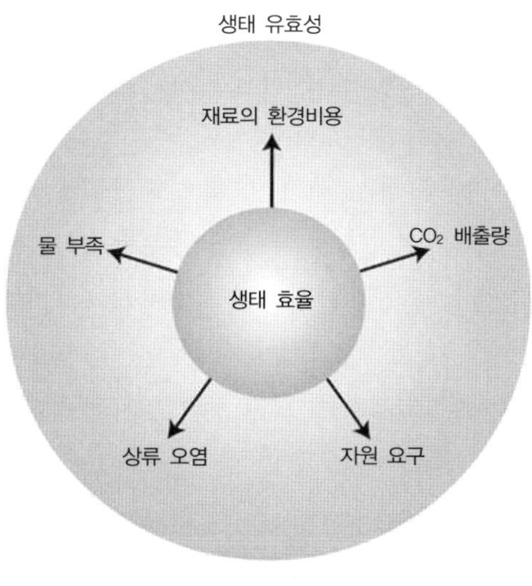

생태 유효성 고려는, 우리의 설계, 건설, 운영과 개발 결정에 있어서 모든 다양한 환경적·사회적 영향을 포함하도록 강요하고 있다.

리가 초점을 맞추고 있는 건설과 운영에 있어서 평균 33% 정도 그 영향을 감소시킬 수 있는 "Factor 1.5" 건물과는 거리가 멀다. (현 시점에서, 좋은 LEED-인증 건물은 모든 건물의 평균과 비교할 때 약 30%의 물 사용을, 30~50%의 에너지 사용을 줄이고 있다.)

경제학자들은 현대 삶의 "외형(externalities)"에 대해 오랫동안 분석하여 왔다. 예를 들면 공장의 경우, 환경에 대한 오염과 자원 고갈에 대한 짐을 지지 않을 수 있고, 이에 따른 결과에 대해 대가를 지불할 필요가 없을 때 이익을 더 많이 낼 수 있다. 혹자는 기업과 정부가 자기가 발생시킨 오염에 대한 모든 비용을 자기가 책임지도록 하기 위한 시도로 오염조절 규정을 제정함으로써 각자가 우선적으로 오염을 발생시키지 않도록 결정하게 될 것이라는 생각을 해 볼 수도 있다.

"생태효과적인" 분석에서, 예를 들면 생산된 모든 재료에 대해 상류성(재료의 가격, 운반비용, 노동의 종류)과 하류성(재활용성, 재사용성) 환경적·사회적 비용을 포함하는 생애주기 분석을 수행함으로써 "외형의 내화(internalize the externalities)"를 할 수 있을 것이다. 위의 그림은 이러한 접근이 어떻게 이루어지는지 개념적으로 보여준다. 지속가능성은 우선 우리가 점점 느린 속도로 재생 불가능한 자원을 사용해 가다가, 종국에는 전혀 사용하지 않으면서 장시간 동안 "자연자본"(재생 가능 자원과 생물다양성)에 사는 것에 동의해야만 한다는 것을 암시한다.

Ecological Footprint 생태학적 발자국

"생태학적 발자국"이라는 개념은 1990년대 초반 캐나다 연구자인, 윌리엄 리(Willian Ree)에 의해 소개되었으며, 그의 스위스인 동료, 마티스 바커나겔(Mathis Wackernagel)에 의해 대중화되었다.[43] 개념적인 도약단계에서, 그들은 모든 인간 활동을 주시하고 간단한 질문을 하게 되었다 : 현재와 같은 소비, 오염, 자원 고갈 수준의 인간 활동을 부양하려면 지구 행성이 몇 개나 필요한가. 2003년의 답은 1.25개의 지구였다. 이 답은 즉각적으로 개념적 문제들을 발생시켰다. 왜냐하면 가까운 미래에도 우리를 부양해 줄 지구는 오직 하나밖에 없기 때문이다. 평균적인 미국인의 생태학적 발자국은 약 5~10개 지구의 자원에 해당하고, 평균적인 캐나다인은 약 4~8개 지구의 자원에 해당한다.[44]

국제생태발자국 네트워크(Global Footprint Network)에 따르면 :

> 인류의 생태학적 발자국은 지구가 재생산할 수 있는 것보다 23% 더 크다. 다시 말해서, 우리가 1년 동안 사용한 것을 재생산하기 위해서는 지구는 1년 2개월이 걸린다는 것이다. 우리는 지구의 생태학적 자원을 없애가면서 이 과도한 사용을 계속하고 있다.[45]

Global Footprint Network에서 제공하는 계산기를 사용해서 지속가능성 기준에 비해 우리의 생활양식이 어느 정도 수준인지 비교함으로써 사람은 자기 고유의 소비패턴을 평가할 수 있다.

그린빌딩, 특히 LEED 인증의 높은 단계에 있는 그린빌딩은 인간 활동의 생태학적 발자국의 크기를 줄일 수 있는 방법이다. 건물에서 에너지를 생산하고 모든 폐기물들을 재활용하고 우수로 생활하며 수백 년 간 지속될, 현존하는 건물들은 자연계를 모방하기 시작한 것이다.

생태학적 발자국에 대한 또 다른 접근은, 원래 1980년대에 스웨덴에서 개발되어 현재는 11개국에서 사용되고 있는 Natural Step[46]이라 불리는 시스템이다. Natural Step 평가체계를 사용하는 건물들은 제품 생산, 운송, 건물 건설, 운영으로부터의 전 범위 영향을 고려한다는 점에서 LEED를 뛰어넘는 것이다. Natural Step의 수정된 버전은 다음과 같은 질문을 한다.

- 지구는 내가 취한 것을 되돌려 놓을 수 있는가? (재활용된 재료를 사용하거나 재생에너지와 자연 우수에 의지함으로써 자연이 생산할 수 있는 것보다 더 빠르게 생산된 제품은 사용하지 마라.)
- 내가 지구, 물, 공기를 오염시키고 있는가? (나의 활동은 건물 활동의 상하

류에 걸쳐 오염을 발생시키는가?)

- 나는 식물계와 동물계의 생물 다양성을 존중하는가? (이 프로젝트가 직 · 간접적으로 생태계 퇴화를 야기하는가?)
- 내가 한 선택은 공평하고 공정한가? (그린빌딩의 이익이 모든 거주자들에게 돌아가는가?)47

이러한 기준들은 오늘날의 대부분 그린빌딩에 요구되고 있지만 잘 충족되지는 않는 것 같다. 그러나 그린빌딩들은 건강한 건물이 발달할 것임을 암시하고 있으며, 미래 그린빌딩 설계에 대한 명확한 방향을 제시하고 있다.

Education 교육

윈스턴 처칠(Winston Churchill)이 한 말로 생각되는 "우리가 건물을 만들지만, 그 후엔 건물이 우리를 만든다"는 그린빌딩의 중요한 면들 중 하나를 적절히 표현하고 있다 – 건물은 어떻게 설계, 건설, 리모델링, 운영되어야 하는가에 대해 그린빌딩이 거주자와 대중들에게 가르치는 것은 무엇인가. 적절히 지어진 그린빌딩은 설계자와 시공자의 고성능 설계에 대한 기대를 반영하고 대중들에게 그들의 집과 직장에 요구해야 하는 것이 무엇인지 가르칠 수 있다. 건물 안에서 거주하고 근무하는 사람들은 쉽게 그 건물의 가치를 느낄 수 있다.

대중교육은 그린빌딩 혁명의 결정적인 요소로 보여지기 때문에 LEED는 의미 있는 대중교육을 포함하고 있는 프로젝트에 혁신 점수를 준다. 당신의 다음 그린빌딩 프로젝트는 아래와 같은 수단을 통해 지속가능한 설계에 대한 이해를 기를 수 있을 것이다.

- 에너지 보존, 수자원 보존, 재활용을 나타내는 다양한 수단에 대한 교육적인 표식을 건물 전체, 심지어 화장실에도 표시함.
- 특히 일반적이지 않는 시스템을 갖춘 건물에 대해 건물 거주자에게 정보

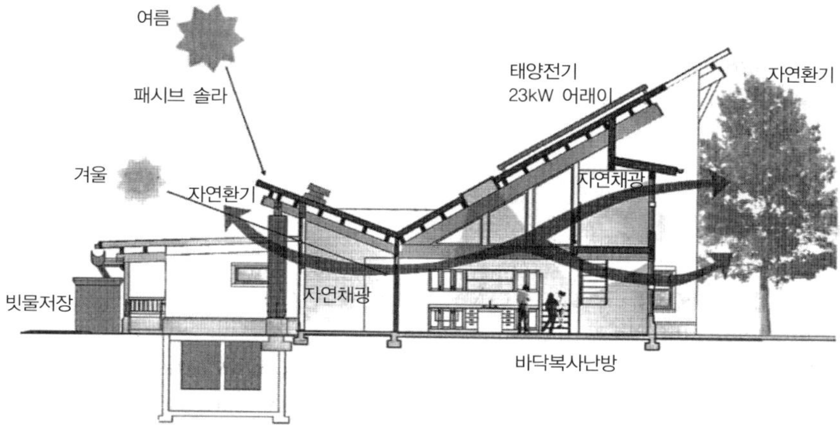

Mithun Architects가 설계한 워싱턴 주 베이브리지 아일랜드(Bainbridge Island)의 아일랜드우드 환경 교육센터(Islandwod Environmental Education Center), LEED 골드 등급을 받은 프로젝트로, 건물 시스템으로 지속가능성에 대하여 교육하기 위한 자료

를 알려주는 사용자 핸드북과 교육 모임

- 설계와 건설과정 동안 사용자를 교육하고 건물 시스템에 대한 정보를 저장할 수 있는 웹사이트, 인트라넷과 다른 전자수단
- 그린빌딩에 대하여 일반 청중들을 교육하고 고양시킬 뿐 아니라 거주자의 복지를 확보할 수 있게 해주는 특별한 수단들에 대해서 거주자에게 더 잘 알 수 있게 하는 공공시찰
- 일반 대중에게 노출시켜서 건물 시스템의 미스터리를 밝힐 수 있는 투명 패널
- 거주자를 만족시키고 환경에 긍정적인 영향을 미칠 수 있는 에너지 사용, 태양광발전량, 물 사용량을 추적하고 시각적으로 표시할 수 있는 모니터

Energy Conservation 에너지 보존

이것은 커다란 주제이다. 그래서 여기에 몇 가지 중요한 개념을 소개하려고 한다. 기본적인 개념은 에너지 보존이 우리가 살 수 있는 가장 싼 전력

이라는 것이다. 아모리 로빈스(Amory Lovins)의 말을 인용하면, 그것은 "네가와트(negawatts)", 즉 전력 시설망에 마이너스 수요, 마이너스 연료 공급을 초래한다. 미국태양에너지학회(American Solar Energy Society)의 2007년 보고서에 따르면, 에너지 효율(보존)과 재생은 교토의정서 하에서 미국의 목표를 이룰 수 있는 방법으로, 2030년까지 연평균 약 12억 톤의 탄소를 감소시키는 데 기여할 수 있다고 한다. 에너지 효율(보존)은 전체의 57%, 재생은 43%에 기여할 수 있다.[48] 건물 부문 단독으로는 잠재적으로 연간 2억 톤을 감소할 수 있으며, 이는 전체 이산화탄소 방출 감소 요구량의 약 6분의 1에 해당하는 양이다. 이러한 점이 건물 에너지 보존 기술, 설계, 기법이 우리의 미래를 위해서 얼마나 중요한지를 보여주고 있다.

상업건물과 주거건물에 설계되어야 하는 가장 중요한 에너지 보존방법은 무엇인가? 여기 좀더 비용 효율적인 방법들의 리스트가 있다.

- 바닥, 창, 천장 등을 포함한 건물과 집에 더 많은 단열
- 따뜻하거나 시원하게 공조된 공기가 공간에서 사용되기 전에 공간으로부터 새어나가지 못하도록 새는 곳을 막음
- 모든 건물에 이중 창, "로이"코팅된 유리와 같은 좀 더 좋은 유리 사용
- 복사냉방 시스템을 함께 사용하는, 높은 계절에너지효율비(SEER, Seasonal Energy Efficiency Ratio)의 고효율 공기조화 시스템
- 배기로부터의 폐열회수 시스템
- 자연으로부터 냉난방을 얻을 수 있도록 하는 자연환기와 전동 창
- 향상된 조명기술과 자연채광과 LED의 사용 증가
- 탱크 없는 워터 히터를 포함한 고효율 보일러와 복사난방 시스템
- 냉방에너지를 적게 사용하고도 쾌적할 수 있도록 하는, 건물 내의 습기를 조절할 수 있는 좀 더 좋은 방법
- 덕트 밀폐 기술을 포함한 공조된 공기의 손실을 줄이는 방법
- 전제 건물 에너지 소비를 30% 줄일 수 있는 지열 히트펌프 (지열 난방 시스템)
- 좀더 효율적인 사용을 위한 HVAC 시스템의 적절한 사이징(다운 사이징)

- 가스연료로부터의 손실을 줄이고, 수요가 있는 즉시 따뜻한 물을 공급할 수 있는 수난방과 탱크 없는 워터 히터를 위한 고효율 콘덴싱 보일러
- 총 에너지 사용 효율을 높일 수 있는 분배 시스템
- 더 엄격한 최저 에너지 효율 수준을 요구하기 위한 건물법규의 변경
- 다양한 기술을 활용하여 건물 환기에 요구되는 환기 팬의 사이즈를 줄임.
- 부하에 따라 투입되는 에너지를 변화시킬 수 있는 변속 드라이브 프리미엄 효율 모터
- 급탕을 위해 사용되는 에너지를 줄일 수 있는 물 절약 수단
- 에너지 낭비를 막기 위한, 재실밀도에 따라 환기레벨을 조절하기 위한 이산화탄소 센서
- 공간이 사용되지 않을 때는 조명과 HVAC시스템을 끄기 위한 거주자 센서

Engineering(a Sustainable World) 엔지니어링(지속가능한 세계)

많은 사람들이 구조 시스템에서부터 난방, 환경, 공조(HVAC), 위생배관시스템, 조명, 전기, 기술 시스템, 외부로부터의 물 공급, 쓰레기처리, 소화 방재, 생활 안전 시스템에 이르기까지 모든 건물 시스템이 운영될 수 있도록 하는 것이 엔지니어라는 것을 잊고, 건물 설계는 주로 건축에 초점을 맞추어 왔다. 전형적인 상업건물의 건설비용 중 건물 외부의 토목건축이 15~20%를 차지하고 있는 한편, 약 15~20%를 엔지니어 시스템이 차지한다.[49] 엔지니어의 역할이 절약적인 고효율 건물 설계를 달성하는 데 결정적이라는 것을 아는 것은 쉽다.

엔지니어링은 자원의 경제에 대한 모든 것이다. 좋은 엔지니어는 평범한 엔지니어가 2천 원에 할 수 있는 일을 천 원에 할 수 있는 사람이다. 엔지니어에게 좀더 실속 있는 그린빌딩 설계의 역할은 무엇인가? 그리고 고효율 결과를 달성하기 위한 방법의 경제로 어떻게 이끌어갈 수 있을까? 우리는 몇 섹션에 걸쳐 적절한 사이징, 통합적인 설계, 에너지 보존을 포함한 방법

들을 토의할 것이나, 지속가능한 설계를 증진하기 위하여 엔지니어링이 어떻게 변화될 필요가 있는지를 도식화한 다음의 표를 참고하기 바란다. 이 표에서는 지속가능한 또는 고성능 엔지니어링을 "포스트모던" 건축을 위한 일반적인 엔지니어링 설계와 대조하였다.

지속가능한 엔지니어링 대 포스트모던 엔지니어링

카테고리	포스트모던/일반적인 엔지니어링	지속가능/고성능 엔지니어링
빌딩	교외녹지 ; 신축건물 선호	도심의 공간 ; 기존의 건물 재사용
에너지 사용	에너지 법규에 맞춤 ; 법규와 대비하여 에너지 절약 ; 점진적 개선을 추구 ; 지역 전력회사로부터 전기 구입	법규의 50%를 초과달성 ; 절대적인 에너지 소모량 줄임 ; 새로운 시스템이나 방법을 개발 ; 열병합 발전과 같은 단지내에서의 발전을 적용
경제성	초기 투자비용이 주된 관심 ; 프로젝트의 경제성만 추구	생애비용 분석 ; 사람, 지구, 이윤을 같이 생각함
환기	기계환기 ; 밀폐된 창문 ; 고압 중앙시스템	자연환기 ; 개폐 가능한 창문 ; 저압 분배된 환기
기후 조절	부위별 설계 ; 일정한 온도 유지 ; 공조 시스템의 경제성만 고려	전체 시스템을 설계 ; 폭넓은 온도 유지 ; 재실자의 건강과 생산성을 추구
물 사용	절수형 기기 사용	우수, 중수의 활용
우수	빗물을 강이나 바다로 내보냄	대지 내에서 가두고, 보류하고, 재충전하여 재사용함
하수	하수처리장으로 보냄	재처리하여 대지 내에서 사용함
재료 선정	환경에 대한 영향을 고려하지 않음	재료의 LCA(전과정평가) ; 콘크리트에 플라이애쉬를 쓰는 것과 같이 재활용된 재료 사용

Feng Shui 풍수

풍수는 대상 부지에 건물을 조화롭게 위치시키고, 건물 또는 사무실 내의 방이나 물건의 위치를 정하는 데 사용된 고대 중국의 시스템이다. 목표는 온 세상에 스며드는 "기"라고 불리는 미묘한 에너지의 자유스러운 움직임이 되도록 하는 것이다. (대부분 군사기술 시스템은 이 미묘한 에너지의 움직임에 철학적으로 기초한 것이다.) 풍수에서 도시와 집은 풍경과 우주와 긴밀하게 연결되어 있다. 한 전문가에 따르면, 중국에서 "도시를 건설하는 것, 그 안에 사는 것, 그 생활에 참여하는 것과 관련된 모든 활동은 사람에게 그들의 세상에 작용하고 있는 힘을 깨닫는 것이다. 그들은 그 힘과 함께하게 되고 그들로부터 양식을 얻게 된다."고 한다.[50]

현재, 나는 많은 미국의 건축가가 풍수를 알고 있는지 의심스럽다. 그렇지만 풍수는 미국에서, 특히 주거레벨에서 다음 10년을 넘어 그린빌딩 설계의 주요 부분이 되어야 할 것이다. 오늘날 중국에서 건물과 사무실들은 풍수 전문가들과의 컨설팅 없이는 지어지거나 설계되지 않는다.

중국의 시스템은 지구의 에너지와 주변 환경을 조화롭게 하기 위하여 바람, 물, 불, 금속, 나무의 5가지 원소를 채택하고 있다. 풍수는 전통적인 중국의 우주론과 종교에 근거를 두고 북쪽으로부터 차가운 겨울 바람이 불어오고 남쪽으로부터 봄여름의 산들바람이 불어오는 미국과 같은 지리를 가진 나라에 기초하고 있다. 따라서 분명 미국에서도 사용할 수 있을 것이다. 우리는 주택과 사무실에 탁상용 분수가 유행하는 것과 대부분의 아시아 식당의 입구에 어항이 있는 것에서 풍수의 구성요소를 발견하고 있다.

어떤 방법이 되었든, 우리는 모르는 사이 이러한 콘셉트를 이미 사용하고 있다. 채광과 신선한 공기, 자연환기, 바깥경관, 원거리를 볼 수 있는 장소(전망), 움푹 들어간 장소(피난), 건물 내에서 식물과 물을 사용하는 것, 분수와 잉어가 있는 연못의 필요성 – 이러한 모든 것은 풍수 설계 가르침의 암묵적인 지식과 적용을 말해주고 있다.

포틀랜드의 나의 집에서, 나는 풍수 가이드를 사용한 이익을 직접 경험하였다. 나의 집은 거실과 침실의 천장을 가로지는 커다란 나무 보를 가진 오래된 집이었다. 이것은 마치 머리 위에 무언가를 이고 있는 듯 방에 무거운 느낌을 주었다. 그래서 우리는 두 방에 있는 보에 깃털 장식을 걸어놓았고, 즉시 중압적인 느낌은 거의 경감되었다. 때때로 차가 집을 바로 마주보게 되는 막다른 골목에 있었던 투산의 나의 집에서, 나는 차로부터 발산되는 나쁜 "기"를 반사하기 위해서 정문 옆에 거울을 설치해 두었다. 풍수는 또한 집안에 물과 관련한 기구를 어디에 둘 것인지, 긍정적인 에너지를 도망가게 하는, 마치 정문과 후문이 일직선을 이루는 것과 같은, 설계를 어떻게 피할 것인지를 우리에게 가르쳐 준다. 풍수는 각 방의 위치 등 전체 집에 대한 설계를 가르쳐 주고 대지의 선정과 부지 내의 배치에 대해서도 알려준다.

미국의 대부분의 설계자는 합리주의자이자 물질주의자이다. 그들은 건물에 풍수를 어떻게 접목시켜야 하는지 아직 잘 알지 못한다. 그러나 나는 건물이 좀더 깊은 심리적 영적 레벨로 사람들에게 어떻게 영향을 미치는지 배우기 시작해야 한다고 주장한다. 만약 우리가 살고, 배우고, 놀고, 생산성 있게 일할 수 있는 (건강한 사람들을 위한) 건강한 건물을 중요하게 생각한다면, 건축가와 시공자들은 풍수 설계 원리에 대해 좀더 배울 필요가 있다.

Furniture and Finished 가구와 마감

가구는 그린(green) 사무실과 주택에서 중요한 역할을 한다. 의자, 탁자, 책상, 칸막이와 유사 시스템에 사용된 재료, 나무 제품의 원료, 패브릭의 생태학적 발자국의 생애주기 영향은 그린 인테리어 설계에서 모두 고려되어야 하는 것이다.

지속가능성으로의 여정을 출발하기로 한 회사가 시작할 수 있는 가장 쉬운 길 중 하나는 그들이 구입할 가구와 비품을 평가하고 그러한 기준에 맞추는 것이다. 기존 건물 시스템에 대한 LEED는 "환경적으로 바람직한 구매"를 평가 시스템에 명시적으로 통합시켰다. 신축 건물에 대한 LEED 역시 폐품과 재생물질로부터 만들어진 가구에 가점을 주고 있다 : 재생물질, 신속하게 다시 사용할 수 있는 물질, 인증받은 나무 제품과 요소수지를 사용하지 않은 합성물질. 무게의 99%까지 재사용할 수 있는 새로운 스틸케이스(steelcase)社의 Think 의자에 대해 생각해 보라. 재사용을 위해 해체하는 데 일반적인 손공구를 활용하여 약 5분 정도 걸린다. 그 의자는 44%까지 재사용된 재료로 만들어졌다. 프랑스에서는 환경적인 질에 대한 "NF환경마크(NF Environnement)"를 받았으며, 미국에서는 그린가드 실내공기질(Greenguard Indoor Air Quality) 인증을 받았다.

포름알데히드가 사용되지 않은 재료

요소수지(UF)는 발암물질로 의심되는 물질이다.[51] 공기 중에 이것이 최소 0.1ppm 수준이라도 있다면, 눈물 고임 ; 눈, 코, 목에 화상을 입은 것 같은

스틸케이스社의 Think 의자는 맥도나우 브라운가르트 디자인 케이스트리(McDonough Braungart Design Chemistry, MBDC)로부터 최초의 순환적인 제품인증(Cradle-to-CradleTM Product Certification)을 받은 제품이다.

느낌 ; 메스꺼움 ; 기침 ; 가슴 조임 ; 천식과 피부 발진 등 건강에 심각한 영향을 미치게 될 수 있다. 그것은 나뭇조각이나 파티클 합판을 함께 붙일 때 대부분의 합성목과 섬유질 제품에 사용되는 어디에나 있는 수지이다. 문제는 UF가 불쾌한 냄새를 내고, 자극을 일으키고, 상당한 기간 동안 환기를 시키더라도 제거하는 것이 거의 불가능하다는 것이다. 만약 당신이 원목으로 만들어지지 않은 전형적인 가구를 사려고 한다면, 당신은 UF의 냄새를 경험하게 될 것이다. 최근, 나는 피닉스 지역에 있는 크고 잘 알려진 국제적인 가구점에 가 보았는데, UF의 냄새가 나지 않는 나무가구가 거의 없다는 것을 발견하고 상당히 충격을 받았다.

포름알데히드 가스를 적게 방출하는 페놀 포름알데히드와 같은 대용품이 있다. 왜 제조업자와 설계자들은 이런 대용품을 사용하지 않는가? 그것은 거의 대부분 수지 접합제의 가격과 기능에 관계되어 있다. LEED 건물에는 UF수지를 사용하지 않은, 글루암 보를 포함한 합성목과 섬유보드 제품을 사용하는 것에 점수를 주고 있다. 설계자가 공기질에 영향을 미칠 제품들을 명기하게 되는 상업건물에서는, 설계자들은 냄새가 없고 독성가스가 나지 않는 가구와 다른 나무 제품을 사용해야만 하지 않을까?

Global Warming　　　　지구 온난화

인간 활동에 의해 발생한 기후변화의 일부분으로, 지구 온난화는 급속히 진행 중이다. 지난 100년 동안 평균 기온은 0.3℃ 상승하였고, 현재와 같은 에너지 사용, 지구 인구 증가, 경제 성장 속도 패턴에 큰 변화가 없다면, 2050년까지 0.6~1℃ 또는 그 이상 상승할 것으로 보인다.

수많은 가스들이 지구 온난화에 기여하고 있다. (집, 차, 건물, 공장의) 화석연료 연소로 발생하는 이산화탄소, 소들의 방귀로부터 나오는 메탄가스(믿거나 말거나 이것은 온난화의 주요 공헌자이다.) 등이 그러하다. 냉매로 사용되는 염소화탄화수소, 일산화질소(웃음 가스), 트리클로로에탄(용매), 다른 할로겐 화합물(염소, 불소 및 브롬원자를 가진)과 같이 일상적으로 사용되는 화학물질과 다른 가스들도 지구 온난화에 영향을 주고 있다.

IPCC의 2007년 네 번째 보고서는 인간 활동이 지구 기상변화의 90% 이상 일으킨다고 보고한다. 이 보고서와 앨 고어의 영화(불편한 진실) 그리고 영국 정부의 "Stern" 보고서는 지구 온난화를 충분히 인식하고, 그들의 정부에 즉각적인 행동을 취하도록 압력을 가하는 것으로 선진 대국의 여론을 움직여 왔다.

지구 온난화는 북극 빙하를 녹게 하여 북대서양으로 엄청난 양의 담수가 흘러들게 하고, 남극의 빙하판을 빠르게 조각내며 전 세계의 빙하를 녹인다. 후자는 눈으로 내리는 겨울철 강수량을 줄어들게 하고, 그 결과 여름철 동안 강에 흐르는 물의 양이 줄어들게 되며, 이로 인해 가뭄을 야기한다. 뒤이어 히말라야의 빙하로부터 물을 공급받는 메콩 강에 생계를 의지하고 있는 동남아시아의 광대한 영역이 영향을 받게 될 것이다. 마이애미와 뉴올리언스와 같은 해수면이 낮은(low-tying) 지역은 이탈리아의 베니스와 같이 될 것이며, 1년 중 많은 기간 물에 잠겨 있어 기본적으로 사람이 거주할 수 없게 될 것이다. 섬나라들은 거주 가능한 지역이 앞으로 몇 십 년 안에 급격히 줄어드는 것을 보게 될 것이다. 더 따뜻해진 바다 때문에 앞으로 몇 년 안으로 멕시코 만에 부는 태풍은 빈도는 증가하지 않더라도 혹독할 정도로 증가될 것이다.

지구 온난화는 관측할 수 있고, 그 결과는 예상 가능하며 끔찍하다. 화석 연료 연소와의 관계는 해가 지날수록 과학적으로 점점 더 입증되고 있다. 그린빌딩은 문명화에 대한 급격한 도전을 대처하기 위한 한 가지 방안으로 "zero-net-energy" 건물을 지지한다. 세계화는 경제현상일 뿐만 아니라 생태학적 현상이다. 우리가 미처 알지 못하거나 받아들이지 못하는 수준까지도 우리는 서로 연결된 세상에 살고 있다. 그린빌딩은 현 경제, 문화, 정치적 제도의 지속가능성을 보장하는 한 가지 방법이 될 수 있다.

Green Globes　그린 글로브

그린 글로브는 캐나다에서 개발된 그린빌딩 평가 시스템이다. 이 시스템을 지원하는 미국의 그린 빌딩 이니셔티브(Green Building Initiative)는 2004년 미국에 이 시스템을 도입하였다.

> 신축 건물에 대한 그린 글로브는 캐나다 연방 정부가 인증한 두 가지의 그린빌딩 평가 시스템 중 캐나다에서 널리 사용되고 있는 하나의 시스템을 채택한 것이다. 이것은 Go Green Comprehensive라는 상호 아래, 기존 건물에 대한 캐나다 빌딩 소유주와 관리자 협회 BOMA Canada(Building Owners and Managers Association of Canada) 국가 에너지 및 환경 프로그램의 근간이다.[52]

그린 글로브는 LEED 인증이 너무 비싸고 복잡하다는 불만에 대한 부분적인 해답으로써 주목을 받아 왔다. 이에 부응하여, 그린 글로브는 웹 기반 프로젝트 정보 시스템을 개발하였다. 초기에 그린 글로브는 임업산업단체(Forest products industry)에 의해 크게 지지받아 왔는데, 왜냐 하면, 지속가능한 산림 이니셔티브(Sustainable Forestry Initiative)로부터 인증받은 목재 생산품에 그린 글로브가 크레디트를 주었기 때문이다.[53] 2006년 말, 그린 글로브는 인증을 위해 100개의 상업용 건물을 등록하였고 (대략 시장의 3%에 해당), LEED인증 수의 약 2%에 해당하는 10개 건물에 인증을 부여하였다. 이와는 대조적으로 주거용 건물에 대해서 그린 글로브는 새로운 주거시장에 이 평가 시스템을 내놓기 위해 국립홈빌더협회(National Association of Home Builders)와 지역 주거건물 시공자협회와 협력하여 왔다. 2007년 초, 11개의 지역 주거건물 시공자협회는 그린 글로브 평가 시스템을 그들의 회원의 프로젝트에 사용할 수 있도록 제공하였다.[54]

그린 글로브는 웹기반 시스템이어서 LEED보다 사용하기 쉽다고 주장한다(사실 LEED도 현재는 웹기반이다.) 미네소타 대학에서 수행한 2006년 연구는 LEED와 그린 글로브가 그들의 크레디트 중 80% 이상이 중복된다는 것을 밝혀냈다.[55] 이 연구는 "그린 글로브는 생애주기 사고를 반영하고, 건물재료의 전체 생애주기를 포괄하는 평가기준을 채용하고 있으나, LEED나 그린 글로브 모두 재료 선정과 관련한 기능적 적정성은 성공적으로 설명하지 못한다"라고 결론짓고 있다.

그린 글로브 평가 시스템은 1000점 만점이며, 7개의 카테고리로 이루어져 있다. 350점이면 그린 글로브 1개, 550점이면 그린 글로브 2개, 700점이면 그린 글로브 3개, 850점이면 그린 글로브 4개를 받을 수 있다.[56]

프로젝트 관리	50 점
대지	115 점
에너지	360 점
물	100 점
자원과 재료	100 점
오염물질 방출 / 다른 영향	75 점
실내 환경	200 점

Green Guide for Healthcare 의료시설을 위한 그린 가이드

의료시설에 관한 그린가이드(GGHC)는 의료산업 분야의 건강하고 지속가능한 건물의 설계, 시공, 운영을 위한 최고의 실무지침이다. 이것은 LEED 등급 시스템에 기반을 두고 있고(USGBC로부터 인증받음), 산업계 뿐만 아니라 의료용 시설을 설계하는 건축가에 의해서도 강한 지지를 얻어 왔다. 신축 건물(new construction)에 대한 LEED와는 달리 GGHC는 시공과 지속적인 운영으로 구분된다. 시범(파일럿) 버전 2.1은 2007년 초반을 기준으로, 115개 이상의 신축 의료시설(약 280만 제곱미터에 해당)이 참여하였다. 2007년 초반에 GGHC 2.2 버전이 출시되었다. 2007년 가을에는 GGHC 버전 2.2를 보완한 의료시설에 관한 LEED가 출시될 것이다. GGHC 규약은 42의 핵심 크레디트(LEED는 32)가 있고 총 핵심 점수는 96점(LEED는 64점)이다. 또한 GGHC의 그린 운영 부분은 그 자체만으로도 의료시설에 대한 최고의 실무 지침으로 사용되어 왔다. 친환경 의료시설을 위한 비즈니스 사례는 몇 가지 항목으로 가장 잘 요약된다.

- 병원들은 지속적으로 매출 증대의 압박에 직면하고 있으며, 에너지와 물의 연간 운전비용 1억 원의 절약은 매출 30억 원 증대로 인한 수익과 동등하다. 그린빌딩으로부터의 비용 절약은 충분한 재정적 보상이 된다.[57]
- 친환경적 의료시설은 건강과 치료의 핵심 가치와 완전하게 동등하다. 건강한 시설의 제공과 운영에 대한 헌신은 "첫째, 환자에게 아무런 해가 없게 하라"는 내과의사의 첫째 명제를 성취하는 것이다. 친환경적 의료시설은 모든 수준에서 병원의 핵심 가치와 일치한다.
- 친환경적 의료시설은 환자를 위해 더 좋은 결과를 제공한다. 환자들의 건강을 빨리 회복시켜 퇴원시키는 것은 환자에게도 유익하고 병원 입장에서도 유익하다.
- 좀 더 친환경적인 시설은 스트레스가 많은 병원 환경으로부터 직원들의 스트레스를 경감하고 휴식을 제공함으로써 간호사들과 같은 중요 직원의 채용과 이직 방지에 도움을 준다.

- 친환경적인 병원들은 병원 건물의 환경뿐만 아니라 지구 환경까지 고려한다는 사실을 지역사회에 보여줌으로써 공공관계 유지에 좋다. 특히 병원의 90% 정도가 비영리적이며, 많은 영역에서 공공의 지지를 얻기 위해 격렬히 경쟁하는 것을 고려할 경우, 이는 매우 중요하다.

그린병원을 건설하고 유지 관리하는 데 소요되는 비용과 관련해서 건축가이자 비용관리 전문가인 리사 매티슨(Lisa Matthiessen)은 다음과 같이 말한다.

> 비용은 건물 관리 과정에 관한 것일 것이다. 당신은 그린빌딩에 전념해야만 하며, 모든 관련 당사자들과 함께 비전을 공유해야만 한다. 당신은 목표와 기대에 대해 명확해야 한다. 그리고 당신은 통합설계 과정의 계획을 작성해야 한다.[58]

국내에서 가장 오래되고 큰 의료기관 중 하나인 카이저 퍼머넌트(Kaiser Permanente)와 일하는 실내 디자이너 잔 스탠슬랜드(Jan Stensland)가 말하기를, "이 모든 것에 학습 곡선이 있다. 그러나 가장 중요한 것은 사람에 관한 것이다. 우리는 사람들에게 봉사하기 위해 이 사업에 종사한다. 이러한 변화의 최선의 그리고 가장 가슴 따뜻한 결과는 우리 노력에 대한 직원들의 인식이다."[59]

Green Home Building Guidelines 그린 홈 빌딩 가이드라인

대부분의 그린 홈 프로그램은 국립홈빌더협회(National Association of Homebuilders, NAHB)의 "그린 홈 빌딩 가이드라인(Green Home Building Guidelines)"을 따른다.[60] 2000년 초반에 개발된 NAHB의 그린 가이드라인은 지역 주택 건설자협회에 의해 운영되는 수십 개의 지역 인증 프로그램의 기초가 되었다. (또한 국내에서 가장 오래된 프로그램인 텍사스의 오스틴 에너지와 같이 지역 에너지 사업체에 의해 운영되는 그린 홈 인증 프로그램도 존재한다.) NAHB의 가이드라인은 7개의 가이드 원칙으로 나누어지며, 획득

애리조나의 투산에 있는 시바노 단지는 New Urbanist의 초기(1990년대) 사례이다. 이는 에너지 효율과 물의 절약에 관한 명확한 가이드라인이 있는 보행 가능한 그린 홈 개발사업이며, 타운센터 인근에 좁은 거리와 상업지구를 두었다. 개별 주택들은 4명의 지역 건설업자에 의해 지어지고 판매되었다. 동일한 가이드라인을 적용하여 2007년에 2차로 600채의 주택이 진행 중이다.

한 점수를 기준으로 그린 홈 등급을 매긴다.

- 부지의 설계, 준비와 개발
- 자원과 재료 효율
- 에너지 효율
- 수자원 효율
- 실내 환경의 질
- 운전, 유지 관리와 건물 소유자 교육
- VOC 저방출 페인트와 접착제(실런트)까지 포함하는 사용된 제품의 영향

브론즈(Bronze), 실버(Silver), 골드(Gold) 등급 인증을 위해서는 NAHB 가이드라인의 7개의 관심영역에서 최소 점수를 획득해야 하며, 건설자의 선택 부문에서 추가로 100점을 더 획득해야 한다. 예상한 것처럼 최소 에너지 효율 점수가 인증 시스템의 가장 큰 비중을 차지한다.

Green Power 녹색전력

그린빌딩은 (우리 모두도 마찬가지로) 사용하는 전력의 전부 또는 일부를 녹색전력 공급자로부터 구매하는 옵션을 가지고 있다. 녹색전력은 어딘가에서 생산된 후 대상 부지로 전송되는 재생에너지를 의미한다. 풍력발전, 태양열발전과 바이오매스, 지열 또는 환경에 영향이 적은 수력설비를 통한 수십 개의 녹색전력 공급자가 미국에 있다. 내가 사용하는 에너지 공급 회사인 Tucson Electric Power는 두 패키지의 GreenWatts 전력을 판매하고 있는데, 하나는 99% 풍력과 1%의 태양열이고, 다른 하나는 90% 풍력과 10%의 태양열이다(20% 할증하여). Tucson Electric Power는 애리조나에 있는 500채의 주택에 공급하기에 충분한 연간 7,500,000kWh를 생산하는 5.1MW의 어레이를 가진, 국내에서 가장 큰 태양광발전 설비 중 하나를 운영한다.[61] 나는 이 전력 중에서 나의 연간 사용량의 약 20%에 해당하는 2,400kWh/year를 구매하였는데, 이는 연간 약 20만 원의 할증료를 의미하며, 약 kWh당 약

미국에서의 대부분 녹색전력은 풍력발전으로부터 얻는다.

84원 정도가 된다. 상업용 사용자에게는 재생에너지 할증료는 더 저렴하여 kWh당 약 22원 정도 된다.

LEED 프로젝트에서는 적어도 연간 전기 사용량의 35% 이상을 2년 동안 인정받은 공급자로부터 녹색전력으로 구매한다면, 이에 대해 1점의 에너지 효율 점수를 얻는다. 자원해결센터(Center for Resource Solutions, CRS)의 Green-e 프로그램은 LEED 크레디트를 위한 재생에너지원 인증 목적으로 사용된다.[62] 2005년에 CRS는 녹색전력 생산이 2004년 대비 43% 증가했고, 이는 재생에너지 5,2000,000MWh(5,200,000,000kWh)에 해당한다고 밝혔다. 센터에 따르면, "Green-e는 재생가능한 녹색전력 상품이 미국의 50개 주 중 48개 주에서 팔렸고, 215,000MWh(약 4%)가 인증된 재생에너지 사용을 촉진하기 위해 개발된 Green-e 로고를 사용하는 회사에 의해 구매되었다고 밝혔다."[63] 게다가 Green-e 인증뿐만 아니라 Green Tags(친환경 표시)와[64] 같은 다른 녹색전력 자원, 재생에너지 인증서(RECs), 재생에너지 거래 가능 증명서를 통해 (Green-e 프로그램의 기술적 요구만 만족된다면) LEED 크레디트를 획득할 수 있다.

Green Products 친환경 제품

친환경 제품과 친환경 건축자재는 다음의 특성 일부 또는 전부를 가지고 있다.

- 저내재에너지(제품을 생산, 분배하고 사용하는 데 드는 총 에너지)
- 재활용된 재료의 사용 그리고/또는 사용 후 쉽게 재활용될 수 있음.
- 재생가능한 임산 · 농산자원 활용
- 480~800km 내에서 수확 · 추출 · 가공됨. 지역경제를 지원하고 운송에너지를 줄임.
- 높은 R값의 유리 제품과 같이 운영 시의 에너지 효율이 좋음.
- 제조뿐 아니라 사용과 처리과정에서도 환경에 대한 영향이 적거나 없음.

- 내구성 (이것은 친환경 제품에 있어 종종 간과되는 요소이나 매우 중요하다.)
- 목재 조각들로부터 만들어진 목제품과 같이 생산과 사용에서 폐기물을 최소화
- 건강과 웰빙에 기여하는 등 긍정적인 사회적 영향
- 덜 친환경적인 일반 제품보다 더 저렴하거나 구입할 수 있는 가격[65]

무엇이 제품을 친환경적으로 만드는가? 이는 명확한 답을 주기가 쉽지 않은 질문이며, 특히 친환경 제품이 주류가 될 때는 더 어렵다 (다시 말하면, 당신이 친환경 제품을 홈 디포(Home Depot), 로이스(Lowe's) 또는 에이스 하드웨어(Ace Hardware)에서 사는 경우이다.). 친환경 제품의 몇몇 사례는

- 혁신적인 조명 제어와 초고효율 LED(발광 다이오드)의 사용
- 재생에너지 사용을 촉진하는 재생에너지 시스템과 과정
- 열획득 · 열손실을 줄여 에너지를 절약하는 새로운 형태의 건축용 유리
- 토양이 건조할 때만 관개(灌漑)하여 물을 절약하는 스마트 제어
- 저유량 샤워기, 저유량 개수대, 물이 필요 없는(water-free) 소변기 또는 이중 플러시 변기
- 물의 침투가 가능한 투습성 도로포장 제품
- 낮은 비용과 설치의 용이함을 가능하게 하는 모듈화된 녹색지붕(green roof) 기술
- 전통적인 제품보다 훨씬 적은 재료를 사용하거나 이전에는 폐기물로 간주했던 재료를 사용한 데크재, 마감목재, 구조용 목재로 쓰이는 가공 목제 제품
- 가구, 마감을 위해 인증된 목재를 사용한 신제품
- 바닥 마감의 필요를 최소화하는 연마 콘크리트 바닥

LEED 등급 시스템은 특정 제품에 개개의 점수를 부여하지 않고 있어도 친환경 제품의 개발과 생산을 유도하고 있다. 오히려 많은 경우에 있어서

친환경적 특징을 가진 모든 제품의 총합을 통해 점수를 획득한다. 성장하는 시장 수요에 대한 대응하여 많은 새로운 친환경 제품들이 매년 소개되고 있다.[66]

Green Roofs 녹색지붕

녹색지붕(green roof)은 그린빌딩이 기여할 수 있는 가장 분명하고 가시적인 방법 중의 하나이다. 녹색지붕은 식물과 동물들에게 서식지를 제공할 뿐 아니라 우수관리를 도울 수 있고, 겨울의 난방 수요와 여름의 냉방 수요를 줄이는 환경적 완충작용을 한다. 녹색지붕은 토론토와 시카고와 같이 춥고 습한 북쪽 지역으로부터 피닉스 같이 덥고 건조한 남쪽 지역에까지 북미 지역 모든 곳에서 발견된다. 시카고 시에서는 시청 1건을 포함하여 200건 이상의 녹색지붕 프로젝트가 진행 중이다.

녹색지붕은 두꺼운 것과 얇은 것으로 구분된다. 두꺼운 녹색지붕은 토양층이 두껍고 다양한 종류의 식물들을 지탱할 수 있다. 예를 들어 LEED 골드 등급의 아파트 프로젝트, 배터리 파크 시티(Battery Park City)에 있는 27층의 솔레어(Solaire)는 19층 지붕 위에 장미정원이 있는 집이다. 그러나 두꺼운 녹색지붕은 구조적 하중을 더 유발하며 더 많은 관개와 유지 관리를 요구한다. 따라서 대부분의 프로젝트는 얇은 녹색지붕을 사용하며, 이것은 토양층이 얇고 (10센티미터 이하), 전형적으로 펄라이트와 같은 경량 자재로 구성된다.

녹색지붕은 또한 도심의 사무소 건물이나 고층 주거의 지상 층에 있는 소매점 포디움 위 2층의 편의시설로 설계될 수 있다. 녹색지붕은 도시의 한 중앙에 사무소 직원이나 거주자가 사용할 수 있는 공원과 같은 공간을 제공한다.

녹색지붕은 싸지 않다. 비용은 대략 m^2당 10~20만 원 범위이다. 1,400m^2의 녹색지붕에는 1억 6천~2억 천3백만 원 정도가 소요된다. 그러나 다층

(multiple stories)의 대형 프로젝트의 경우, 녹색지붕은 전체 프로젝트 비용의 1%나 그 이하의 비용 정도이며 상당한 쾌적함을 제공할 것이다. 높은 수준의 LEED 등급을 목표로 하는 프로젝트의 경우, 녹색지붕이 제공하는 이점은 오픈공간을 제공하고 열쾌적감 향상, 우수관리와 도시의 열섬효과 경감, 여름철 공조비용 감소, 폭우 시 물의 배출을 지연시키는 효과 등이다.

녹색지붕은 상업용 건물, 산업용 건물, 정부 건물, 주거 건물을 포함하여 많은 분야에 이용된다. 유럽에서는 심미적 이점뿐 아니라 우수관리와 에너지 절약을 위해 널리 사용된다. 녹색지붕 시스템은 배수층, 여과막, 이동 가능한 생육배지와 식물, 연결격자 또는 각 층에 독립적으로 설치될 구성요소 등으로 모듈화 될 수 있다.

좋은 사례의 하나는 포드 자동차 회사(Ford Motor Company)의 리버 루지(River Rouge) 공장이다. 재생 프로젝트의 중앙에 위치한 이 새로운 조립공장은 대형 제조시설의 생태학적 발자취를 재고하는 포드의 노력을 대표한

포드 자동차회사의 리버 루지공장 녹색지붕은 우수관리의 이점뿐 아니라 조류 서식지를 제공한다.
/ William McDonough+Partners

다. 설계안은 공장의 외부 환경에 대한 영향을 줄이는 접근방법으로, 안전하고 건강한 작업공간을 강조하고 있다.

부지 내의 우수관리 시스템의 핵심은 공장의 42,200m² 규모의 거주공간 위의 지붕으로서 세계에서 가장 크다. 이 녹색지붕은 표면에 떨어지는 연간 강수량의 절반을 수용할 것으로 기대된다. 그것은 또한 서식지를 공급하고 건물 에너지 비용을 감소시키며 열적 쇼크와 자외선으로부터 지붕막을 보호하여, 그 수명을 연장시켜 줄 것이다. 지역에 있는 새들은 알을 낳을 수 있는 안전한 장소를 재빠르게 발견하였다.

공장의 경제적 타당성을 서술하는 과정에서, 건축가 윌리엄 맥도나우(William McDonough)는 포드사가 그 시설의 지붕과 주차장으로부터 땅 위를 흐르는 빗물을 처리하기 위해 전통적인 우수관리 시스템에 약 530억 원을 할당하려고 하고 있는 것을 발견했다. 녹색지붕과 자갈 여과기, 바이오웰스(bioswales, 식물을 활용한 배수구)가 있는 주차장을 포함하는 윌리엄 맥도나우의 설계를 통해, 약 147억 원(지붕 1m²당 약 35만 원) 정도 공사비가 예측되었고, 그의 설계 이후, 우수를 처리하는 습지조성 공사가 완성되었으며, 이를 통해 포드는 약 385억 원을 절약하였다. 윌리엄 맥도나우는 "물이 공장에서 강으로 흘러가기까지 3일이 걸린다. 그 과정에서 물은 자연적으로 정화된다……(Ford사의) 이사회가 이 프로젝트를 승인하는 데는 약 1분 30초밖에 걸리지 않았다."고 말했다.[67]

High-performance Buildings 고성능 건물

많은 사람들이 프로젝트를 통해 '무엇을 포기했느냐'가 아닌, '무엇을 획득하였느냐'를 강조하기 위해, "그린빌딩"이나 "지속가능한 건물" 대신에 "고성능 건물"이라는 말을 사용하기 시작했다.[68] 고성능은 미국인들의 흥미를 끄는 단어이다 ; 우리는 모든 것이 터보차저(turbo-charged)이고 초대형이기를 원한다. 고성능 건물은 에너지와 용수 효율이 높다, 실내 공기질이 좋다, 재활용 비율이 높다 등으로 표현된다. 고성능이라는 단어는 그린빌딩보다 경영진에게 설명하기에 훨씬 쉬운 개념이고, 그린빌딩과 같이 애매모호하지 않으며, 급진적인 환경보호운동가(tree-hugger)가 사용하는 단어처럼 들리지 않는다. 나의 견해로는, 2003년에 최신으로 갱신된 상업 건물에너지 소비 데이터베이스(Commercial Building Energy Consumption Database)와 비교할 때, 고성능 건물은 표준 건물 에너지 사용의 50% 이상을 절약하는 건물을 의미한다.[69] 아래의 표는 이 데이터베이스로부터 가용한 정보의 예를 보여준다.

건물의 평균 에너지 사용량

건물의 주 용도	에너지 사용량 (kWh/㎡/년)
사무용	293
공공집회용 건물	296
학교	262
병원, 입원	785
병원, 내원	300
식료품점	631
식당	814
숙박시설	315
판매시설	233

이 표로부터 당신은 건물의 에너지 사용이 용도에 따라 다양함을 알 수 있다. 또한 준공연도(당신이 상상하는 수준만큼은 아니더라도), 지리적 위치(냉난방 기후), 높이(층), 운영시간, 공공소유·개인소유에 따라 다양하다. 표준 건물과 고성능 건물의 에너지 사용을 비교하기 위해 고려해야 하는 요소들이 매우 많기 때문에, 엔지니어는 컴퓨터 모델을 만들어야 한다. 당신이 건물을 시공하고 리노베이션할 계획이라면 설계자에게 고성능 건물을 넘겨 주어야 한다고 주장하라!

Historic Preservation 역사적 보존

역사적 보존과 그린빌딩은 훌륭하게 같이 할 수 있다. 만약 그린빌딩이 지속가능성에 관한 것이라면, 결국 오래된 건물을 향후 50~100년간 더 지속적으로 사용하기에 적합하도록 만드는 것보다 더 좋은 사례가 어디 있을까?

포틀랜드에 있는 존 볼룸 네추럴 캐피탈센터(Jean Vollum Natural Capital Center)는 건물 리노베이션의 아주 좋은 사례이다. 인근 지역의 비영리 단체인 에코트러스트(Ecotrust)의 주도 하에 100년 된 2층 창고가 현대적인 사무소 건물로 변모되었다. 원래 건물에다 3층 부분이 일부분 추가되었고 녹색지붕은 지붕면적의 50%를 차지한다. 외부 데크는 지역 환영회를 개최하기 위해 추가되었다. 1층은 소매점, 커피숍, 약국, 피자가게가 있다. 이 프로젝트의 결과로서 어느 정도는 주변 이웃에 고밀도 주거, 소매점, 식당 이용이 생기기 시작했다. 개선된 에너지 효율, 재활용된 재료의 사용, 인근 지역에서 조달된 자재 사용, 인증된 목제품의 광범위한 사용 등으로 인해, 이 센터는 2001년 완공되었을 때 미국에서 두 번째로 LEED 골드 등급으로 인정받았다. 환경교육을 위한 센터로서, Ecotrust의 회의실은 포틀랜드 시에서 이런 유형의 가장 빈번하게 예약되는 모임 장소이며, 매년 수백 건의 행사가 개최된다. 센터를 방문하는 모든 사람들은 건물 리노베이션의 가치와 아름다움을 한 번에 알아볼 수 있다.

존 볼룸 네추럴 캐피탈센터. 미국에서 두 번째 LEED-NC 골드 등급 건물, 오리건 주의 포틀랜드

National Register of Historic Places (역사 건물 국가등록부)의 건물들은 종종 그린빌딩 리노베이션을 위한 좋은 후보가 된다. 이런 건물들은 20%의 연방 세금감면 자격이 주어질지도 모르지만 리노베이션 활동에 대한 상당한 제한도 존재한다 ; 반면 70년 이상 된 건물(예를 들어 1937년 이전에 지어진)들은 그러한 상당한 제한 없이 비용의 10% 세금감면 자격이 주어질 수 있다. 국가등록부에 등재된 건물 중 최초로 LEED-NC 플래티넘 등급을 받은 리노베이션 건물은 Gerding Theater이다. 이 건물은 포틀랜드 시에 소재하며 1891년 병기공장으로 지어졌으나, 현재 극장으로 리노베이션되었다.

Homes, Green 그린 홈

그린 홈이란 무엇인가? 당신이 만약 새 집을 사려 한다면, 당신은 그린 홈에 대해 문의해 봐야 할 것이다. 그린 홈은 최소 30%의 에너지를 절약하며, 용수 저장이 가능하고 무독성 마감재를 사용한다. 점차적으로 지역과 중앙의 주택건설업자들은 이러한 프로젝트들을 제공하고 있다. 독신주택의

캐논 비치(Cannon Beach) 주택은 2005년 올해의 NAHB 그린 커스텀 홈(Green Custom Home)으로 선정되었으며, 제로에너지 주택이다. 나산 굿 아키텍트(Nathan Good Architect)가 설계하였고, 생태학적 설계 원리에 따라 지어졌다.

35%를 공급하는 미국의 10대 주요 주택건설업자 중 하나인 러너(Lennar)에 의해 최근 완료된 북부 캘리포니아(Northen California) 프로젝트는 이런 잠재력을 보여준다. 로즈빌(Roseville) 시에서 진행되는 이 프로젝트는 450채의 새로운 주택에 태양전지 시스템과 향상된 에너지 효율 측정장치가 도입되며, 시 소유의 에너지 공급업체인 로즈빌 전기(Roseville Electric)와 협력하여 향후 2년에 걸쳐 완성될 것이다. 지붕에 설치되는 PowerLight SunTile® 태양전기 시스템[70]은 각 주택에 표준형으로 설치될 것이고, 이를 통해 완벽한 무공해 전기를 생산하고 상당한 에너지 절감을 달성할 것이다. 추가로 특정 에너지 효율 목표를 달성하게 되면, 레너가 건설한 주택들은 2008년 회계연도에 대해 약 220만 원의 연방 세금감면 자격을 획득할 수 있다.[71]

훌륭한 지역 건설업자에 의한 프로젝트 사례는 캘리포니아 로클린(California Rocklin, 새크라멘토 근처)에 있는 카스텐 크로싱(Carsten Crossings)이며, 그루프 컴퍼니(Grupe Company)에 의해 건설되었다. 이 프로젝트는 LEED 주택 인증 (그 당시는 시범[파일럿] 프로그램이었음)을 받았다. 그 주택들은 엄격한 캘리포니아 주의 요구조건보다 더 에너지 효율적이고, 전기요금의 70% 이상 줄이는 자체 태양전기를 포함하고 있다. 그 외에 무탱크 온수기, low-e 창호, 강화된 다락 단열, 거품단열재를 이용한 외단열 시스템 등이 적용되었다.[72]

무엇이 주택을 '그린'으로 만드는가?

- 추가적인 단열, 고효율 창호, 더 나은 시공기술, 폐열회수(추운 기후의 경우) 및 고효율 HVAC시스템을 통해 일반적 주택 에너지 사용량 대비 30% 이상의 에너지를 절감해야 한다.
- NAHB model Green Home Building Guidelines, 또는 지역 주택건설업자 단체나 에너지 공급업체가 정한 가이드라인, energy star, 혹은 LEED for Homes와 같은 평가 시스템에 따라 지어져야 한다.
- 선택된 평가 시스템에 따라 제3의 단체에 의한 인증을 획득해야 한다.
- 사용되는 에너지의 일부분은 재생에너지(태양열을 이용한 온수나 태양전지)이어야 한다.

헬레나 아파트(Helena apartment), 뉴욕 시, FXFOWLE ARCHITECTS, PC 설계

- 이중 플러시 변기와 같은 절수기기를 사용하여 물을 절약해야 한다.
- 모든 기기는 energy star 등급을 받아야 한다.

그린 홈의 개념을 한층 더 발전시킨 주문형 주택이 있는데, 이 주택에서는 녹색지붕을 설치하였고 에너지 사용량의 100%를 태양전지와 태양열 온수 시스템으로 공급하고 있으며 ; FSC 인증을 받은 목제품만을 사용하며 ; 재활용 재료, 폐품 및 인근 지역에서 생산된 재료만을 사용하여 실질적으로 LEED 이상의 최상을 달성하려 노력하였다.

이러한 주택에는 에너지 절약 시스템과 절수 시스템의 효율을 최대로 하기 위한 건축주 교육까지를 포함하고 있다.

왼쪽의 사진은 오리건 주의 캐논 비치(Cannon Beach)에 위치한 주문형 주택으로서, 2005년 올해의 NAHB Custom Green Home을 수상하였다. 이 주택의 설계 또한 건축주에게 매우 중요한 내추럴 스탭 원칙(The Natural Step principles) (생태학적 발자국, Ecological Footprint 부분 참고)을 고려하였다.

다른 경우로, 개발업자들에 의해 수행된 중층 및 고층 콘도와 아파트에 관한 프로젝트를 기술하였다. 3층 이상의 건물이라면 그린 거주평가를 위해 신축건물을 위한 LEED(LEED for New Construction) (LEED-NC) 등급 시스템을 적용해 볼 수 있다. 2007년도에 LEED 골드 인증을 획득한 포틀랜드 아파트를 포함하여, 이미 수십 개의 주거 프로젝트가 LEED-NC 등급 시스템에 의해 인증되었다. 우리 부부가 첫 입주자 중의 하나였던 이 아파트의 가장 멋진 특징은, 금연 건물인 점을 포함하여 건강한 실내 공기질이 보장되는 것이었다.

Hybrid Vehicles 하이브리드 자동차

하이브리드 자동차와 그린빌딩은 생각지 못한 결합으로 보일 수도 있다. – 하나는 길을 달리고 다른 하나는 한 곳에 영원히 서 있다. – 하지만 에너지 소비 절감이라는 초점에서 이들의 결합이 된다. 미국에서 하이브리드 자동차의 판매량은 2006년도에 200,000대에 육박하였고, 이는 전체 미국 자동차 판매량의 1%를 차지한다. 하지만 자동차업계의 중역들을 대상으로 한 2007년도 초의 조사는, 이들 중 71%가 2007년도에 200,000에서 500,000대 사이의 자동차가 판매될 것이며, 하이브리드 자동차가 미국 자동차 시장의 원동력으로서 더욱 중요하게 될 것이라 믿고 있다는 것을 보여주었다.

하지만 하이브리드 자동차의 판매량은 또한 연료가격과 밀접하다는 것이 명확하다. 예를 들면 2006년 8월부터 2006년 12월 사이에 휘발유 가격이 24% 하락하였고 하이브리드 자동차 판매량은 31% 하락하였다.[73] 하이브리드에 대한 연방 세금공제 혜택 또한 감소된 휘발유 사용에 따른 재정상의 이점을 더 증진시킨다. 2007년 하이브리드에 대한 세금공제는 약 70~346만원 사이이며, 이는 하이브리드의 제작과 모델 그리고 세금공제 혜택이 시작된 이후로부터의 총 판매대수와 관련된다. 세금공제는 2009년까지 단계적으로 폐지되었다.[74]

지속가능성의 실행 측면에서 차별화되기를 원하는 그린빌딩산업의 많은 회사들은 그들의 자동차로 하이브리드를 채택하고 있으며, 때로는 고용인으로 하여금 하이브리드를 사용할 수 있도록 구매를 위해 보조금을 지급하고 있다. 물론, 어떤 "환경적인 우량품" 중 도요타 프리우스(Toyota Prius)를 소유하는 것이 높은 지위를 가진다는 상징이 되어 왔으며, 이는 회사의 경영자가 휘발유 소비 감소에 대해 생각하고 있고, 그렇게 하기 위해 기꺼이 더 많은 투자를 한다는 것을 보여준다. 하지만 하이브리드와 고효율인 자동차와 트럭을 구매하고 운영한다는 것이 그 단순한 상징적 의미이거나, 새로운 프로젝트에서 LEED 점수를 얻는 것 이상이 된다 ; 이는 또한 어떤 사업에서도 더 지속가능한 미래의 요소이다. 연료 사용을 줄여 당신의 운영비용을 낮춤으로써 더 경쟁력을 갖추는 것이 어떨까?

신축에 대한 LEED 등급 시스템에서는 대체 교통수단(alternative transportation) 항목 하에 전일(full-time equivalent) (FTE, 총사용 가능시간 중 활동별시간의 사용 비중) 거주자들의 3%에게 저배출(low-emitting) 및 고효율(fuel-efficient) 자동차를 제공하는 것과, 그 자동차들에게 주차 우선권을 주는 것에 점수가 주어진다. 예를 들어 만약, 한 건물이 200명의 전일 거주자가 있다면, 건물주는 이 자동차 중 6대를 (카풀 등을 위해) 제공함으로써 이 점수를 얻을 수 있는 자격이 주어진다. (자격을 받기 위해서는 자동차도 배출량이 없거나(Zero Emission Vehicles) 녹색점수(green score)가 40점 혹은 그 이상이어야 한다. 2006년에 혼다와 도요타 하이브리드는 이 자격을 얻었다.)[75]

60%가 넘는 미국의 유류가 외국으로부터 수입되며, 수입원의 범위가 안정적인 사우디아라비아부터 매우 불안정적인 이라크와 이란, 또는 정치적으

로 의문스러운 라틴 아메리카에 이르고 있는 이런 상황에서, 어찌 유류 소비를 줄임으로써 국가 안보를 증진시키려는 노력을 하지 않는가? 휘발유 소비 억제는 당신이 매일 할 수 있는 일 중 하나이며, 이는 국가 안보에 크고 즉각적으로 작용한다. 당신의 일생, 아니 당신이 현업에 종사하는 동안에 유류 제품이 최대치에 다다르려는 세계에 살고 있음을 잊지 말라. 전 세계적으로, 우리는 지금까지 발견한 것보다 매년 더 많은 양의 석유 채취를 계속하고 있으며, 이는 석유가 보충되는 시간보다 고갈되는 시간이 더 빠르다는 것을 의미한다. 최근 한 산업 전문가는 거의 20년 전인 1988년에 채취했던 양 만큼의 새로운 석유를 찾았다고 주장한다. 이 불균등은 매년 커지고 있다. 이 분석가에 따르면, 우리는 2005년에 채취한 석유의, 단지 20%만을 새로운 공급원으로 대체하였다.[76]

Incentives 인센티브

대부분의 사람들은 채찍보다는 당근을 선호한다. 이러한 관점에서 볼 때 그린빌딩의 방법(methods), 기법(techniques), 기술(technologies)을 개발하는 데 있어서 인센티브 시스템이 강제적인 규제보다 더 나은 접근으로 보인다. 인센티브는 민영 부문들이 다양한 에너지 효율의 단계 및 LEED 등급을 만족시키기 위해 여러 가지 방법을 실험해 볼 수 있게 한다. LEED는 건물의 모든 환경 특성들을 혼합하여 점수화 할 수 있도록 하여, 건물의 다양한 요소들 간의 취사선택을 쉽게 할 수 있도록 하면서도 실버, 골드, 플래티넘과 같이 명시된 결과를 얻을 수 있도록 해준다.

하지만 그린빌딩의 주창자들과 지역 및 주 정부의 장들은 민영 부문들이 알아서 고성능 건물을 건설할 때까지 기다리려 하지 않는다. 늦어도 2010년까지 그린빌딩과 그린 홈이 주류가 되도록 할 강제적 조항이 결합된 인센티브가 나타날 것이다. 민영 부문들이 지속가능함을 중시하는 자세를 가지고 건물을 건설, 운영하도록 한 세대를 기다리기에는 기후변화에 대처하는 이

그린빌딩과 재생에너지에 대한 주와 지방의 인센티브 예

인센티브 유형	예
그린빌딩에 대한 수입 세금공제 혜택	오리건, 뉴욕
태양에너지 시스템에 대한 수입 세금공제 혜택	애리조나, 뉴욕, 뉴 멕시코, 유타와 오리건
LEED 실버 등급 이상에 대한 재산세 인하	네바다, 미시건, 미네소타와 매사추세츠
태양 관련 기기 판매 세금면제	애리조나, 플로리다, 조지아, 아이다호, 아이오, 메릴랜드 그리고 오하이오
건물 허가 우선 처리	시카고와 로스앤젤레스
LEED 프로젝트에 대한 밀도 보너스(Density Bonuses)	시애틀과 알링턴, VA
태양광발전 시스템에 대한 기기 보조금	캘리포니아, 애리조나, 앨라배마 콜로라도, 텍사스, 하와이와 플로리다
재생에너지 시스템에 대해 보조금 및 대부금 지급	앨라배마, 코네티컷, 매사추세츠, 미네소타, 뉴욕, 오하이오와 테네시

슈들이 너무 절박하고 정치적이다. 그러나 지금으로서는 인센티브가 그린빌딩의 성장을 가속시키기 위한 가장 선호되는 방법이다.

주 정부와 지방 정부는 그린빌딩과 재생에너지 시스템에 대해 많은 인센티브를 제공한다. 당신도 알다시피, 정부의 모든 차원에서 그린빌딩을 장려하기 위한 수많은 공공정책과 인센티브의 기회가 있다.

Integrated Design 통합설계

통합설계는 일반적인 예산 기반에서 고성능 건물을 설계하기 위해 그린빌더(Green builder)에 의해 사용되는 주된 방법이다. 어떻게 이것이 가능할까? 만약 설비의 한 부분을 더 효율적으로 만들었다고 가정하면 비용이 더 들지 않을까? 물론 그렇다. 하지만 설비를 더 효율적으로 만들고 전체적으로 에너지를 적게 사용할 수 있도록 설계하였다면, 그 설비는 더 효율적이고 작아질 것이기 때문에 비용이 절약될 수 있다.

실제적인 예를 들어 보자. 대부분의 사무소 건물은 외부에 차양 장치를 두지 않고 대신 현휘를 줄이기 위해 착색유리에 의존한다. 하지만 일사는 여전히 건물로 들어오고, 여름철에 과열을 일으키며, 더 많은 냉방이 필요하게 된다. 대부분의 사무소 건물의 공조 시스템은 여름철 오후의 최대부하를 기준으로 용량이 결정된다. 만일 그 부하를 남향과 서향(그리고 몇몇 남방 기후에서는 동향)의 창에 차양을 두어 줄일 수 있다면, 그래서 여름철에 일사가 최소 오전 10시에서 오후 4시까지 건물로 절대 들어오지 않게 된다면 어떻게 될까? 그렇다면 훨씬 더 적은 냉방이 필요할 것이다. 하지만 외부차양을 위해서는 비용이 든다(그리고 깨끗한 포스트모던의 건물 외피를 헝클어 버릴 수 있다). 하지만 이것이 공조 시스템의 용량을 줄임으로써 얻는 비용절감보다 비용이 더들까? 일반적으로 대답은 '아니다'이다.

그래서 통합 설계의 기본원리는 단순히 개개의 시스템을 서로 독립된 시스템으로 보고초점을 맞출 것이 아니라, 건물 전체의 에너지와 용수의 사용

전통적인 "설계, 입찰, 건설, 인계" 과정

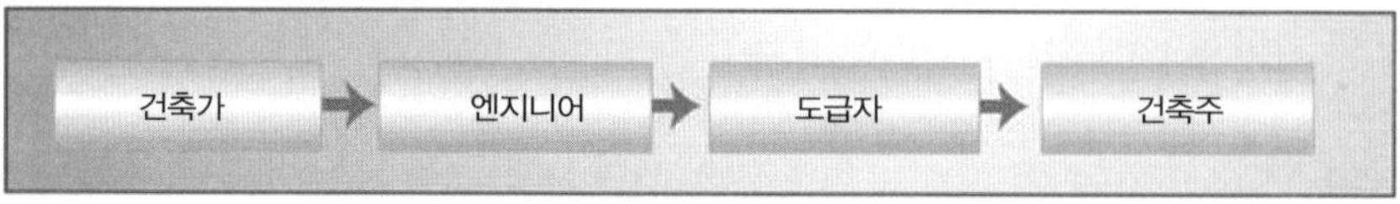

통합설계

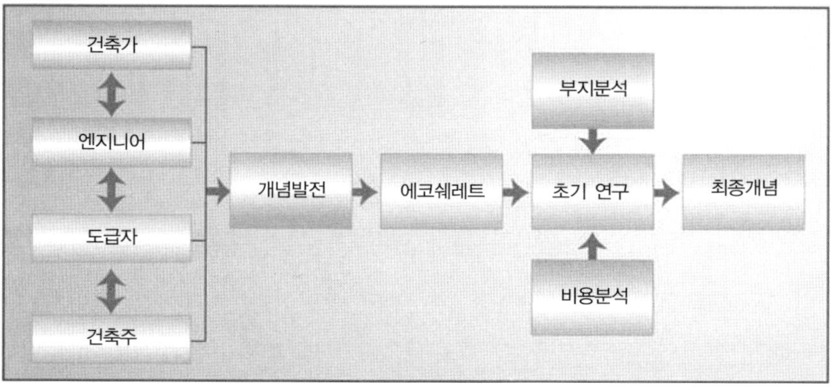

통합설계는 기회를 찾아내고 선택하기 위해 디자인 프로세스의 초기에 더 많은 작업을 할 필요가 있다.

을 파악해 보아야 한다는 것이다. 그러나 건축주, 건축가, 엔지니어 또는 설계 및 시공팀의 다른 주요 구성원이 통합 설계 프로세스에 대해 강력히 요구하지 않는다면, 행동보다 말이 앞서기 쉽다.

통합 설계의 기본요소들은 우수한 소통과 정보교환 기술에 의해 모두 얽혀 있는, 다음과 같은 활동을 포함한다.

- 팀을 선택하라 : 팀의 구성원은 그들의 전문 분야뿐만 아니라 그들의 결정이 건물의 모든 시스템과 요소들에 어떻게 영향을 미칠 수 있는지도 알아야 한다. 일반적으로 건물주의 대리인이나 프로젝트 매니저(PM, Project manager) 그리고 주도급 집단의 구성원들은 설계팀의 부분이 된다.
- 목표를 정하라 : 만약 팀이 높은 수준의 요청을 받는다면 아주 높은 수준의 성취를 이루어 낼 수 있다는 것은 사업(그리고 삶)에서 자명한 이치이다. '평가되는 것은 관리될 수 있다'는 것 또한 옳으므로, 평가를 수행하는 것(특정 레벨의 LEED 등급을 달성하는 것과 같은)은 설계집단을 혁신적이고 비용을 고려한 결정을 하도록 하는 데 있어서 결정적인 요소이다.

- 최고를 선임하라 : 누군가 그 결과를 책임져야 한다는 것은 사업의 세계에서 자명하다. 만약 건축가가 기계 엔지니어에게 건물 에너지 사용을 일반 사용량보다 50%를 줄이라고 한다면, 엔지니어는 예산의 추가 없이 이를 만족시키는 데 동의해야 한다. 고성능 건물들은 설계, 시공 및 운영의 각 영역에서 최고 전문가가 있어야 한다.
- 설계를 최적화하라 : 어떤 프로젝트도 다른 것과 같은 프로젝트는 없다 ; 각 설계에는 특별한 요구가 있는데 이는 일반적으로 건물의 목적, 건축주나 개발업자의 기대, 예산 및 스케줄에 의한 것이 대표적인 예이다. 그러므로 각 설계는 특정 환경에 대해 최적화될 필요가 있다. 이를 위해서는 간혹 설계를 반복하고 다양한 건물 요소 간의 트레이드 오프(trade-off)를 해야 하는데, 이는 많은 상세 설계에 의한 비용이 확정되기 전인 초기단계에서 이루어지는 것이 가장 좋다.
- 마무리(follow through) : 최고의 스포츠 선수는 그들의 눈을 결코 공에서 떼지 않으며, 최고의 건물 프로젝트는 설계 초기단계에서부터의 멋진 아이디어 모두가 확실히 그 프로젝트에 포함되도록 강한 마무리가 필요하다. 이는 간혹 건물의 개념 설계자가 상세 설계를 다른 건축가나 엔지니어에게 넘기거나, 또는 이 개념 설계자가 동시적으로 일어나는 몇몇 다른 프로젝트들에 관여하기 때문에 어려울 수 있다.
- 프로젝트를 커미셔닝 하라 : 앞서 논의했듯이, 커미셔닝은 시공으로부터 시운전단계에 이르기까지 설계의도가 모든 면에서 건물 시스템에 실제적으로 반영되었는지를 확인해 주어, 모든 에너지 사용 시스템들은 설계된 대로 작동하게 된다. 놀랍게도, 건물주나 개발업자 외엔 어느 누구도 건물의 최종 에너지 성능을 실제적으로 책임지는 사람이 없다. 커미셔닝은 훌륭한 계획의도와 실제적인 성능 사이의 간극을 메우는 데 도움을 준다.
- 유지보수와 감시 : 어떤 좋은 프로젝트라도 유지보수 없이는 오래가지 못한다. 건물 시스템(특히 시스템들이 재래식이 아니라면) 운영자의 교육은 결정적이며, 건물의 성능을 감시하고 실제 성능이 기대에 미치지 못하는 이유를 알아내는 것도 마찬가지로 중요하다.

그린 실내 디자인은 방대한 범위의 주제로써 ; 건강한 작업장의 설계, 그린 재료, 자연채광 및 훌륭한 조명 제어, 저독성 마감재, 저 오염물질 방출 카펫, 지속가능하게 수확되는 나무로 만든 가구, 절수형 기구 등의 사용을 포함한다. 상업용 인테리어를 위한 LEED(LEED for Commercial Interiors, LEED-CI) 기준은 이러한 방안들을 점수로 정량화하였다. 2007년 초까지 LEED-CI 버전 2.0 기준으로 34개의 프로젝트가 인증을 받았고, 이 중 4개가 플래티넘 등급이며, LEED-CI 버전 1.0(pilot) 기준으로는 59개 프로젝트가 인증을 받았으며, 이 중 1개가 플래티넘 등급이었다. 지금부터 3개의 플래티넘 등급과 1개의 골드 등급 프로젝트의 주요 요소들에 집중해 보겠다.

애틀랜타에 위치한 인터페이스 플로어(InterfaceFLOR)의 쇼룸은 LEED-CI에서 처음 플래티넘 등급을 받은 프로젝트로서 지속가능성의 실행을 보여주고 있다. 2004년에 기존의 건물에서 개관하였고, 그 프로젝트에서는 매립될 건설 폐기물 중 92%를 전용하였고, 화장실에 절수형 기구를 설치하였으며, 에너지 효율적 조명 및 조명 제어를 설치하였고, 가구 및 기구의 30%를 재사용하였으며, 건설기간 중 휘발성 유기화합물(VOCs)을 최소화 하였고, VOCs 저방출 카펫 및 가구를 사용하였다.[77]

2006년 건축설계회사 Cook+fox는 그들의 사무실을 뉴욕으로 이동하고, 인테리어 리모델링에서 LEED-CI 플래티넘 등급을 확보함으로써 회사를 재정의(redefine)하고 그들의 미래 비전을 전달하려 모색했다. 그 프로젝트는 맨해튼 도심에 위치한 과거 백화점이었던 건물의 1,100m² 규모의 펜트하우스이며, 4.2m 높이의 천장으로부터 자연채광을 최대한 받아들였다. 조닝된 조명 시스템은 고효율 메탈 할로이드와 형광등을 적용하였으며, 고효율 전반조명과 탁상용 작업조명을 채택하였다. 비교적 새것인 기존 공조기도 변환 주파수 드라이브(variable-frequency drive, VFD)와 추가적인 필터를 설치하여 성능이 향상되었다. 330m²의 옥상녹화는 도심의 열섬(heat-island)현상을 완화하고, 사무실에의 시각적인 쾌적감을 주기 위해 생명애 설계

TVS Architects에 의해 설계된 애틀랜타의 인터페이스 플로어 쇼룸은 초기 LEED-CI Platinum 프로젝트 중 하나이다.

(biophilia design) 원리를 적용하였다. 물의 소비는 기구 선택을 통해 40%까지 줄였다. 전체적으로 그린 재료가 사용되었고, 회사는 광범위한 그린 클리닝 프로그램을 실시하였다. 본 건물뿐 아니라 모든 구성원 가정의 에너지 소비도 녹색전력 크레디트(green power credits)의 구매를 통해 상쇄(offset)하였다.[78]

11층, 7,800m² 건물의 3개 층을 개보수한 워싱턴 DC의 신경과학학회(The Society for Neuroscience)의 새 본부는 2006년에 LEED-CI 골드 등급을 받았다. 이 프로젝트에서는 물 사용량을 22% 절감하였고 HVAC 시스템은 강화된 에너지 효율성 요구를 만족하였다. 외주부 창에는 자연채광에 따른 제어(Daylight-responsible control)가 사용되었다. 공간에 사용되는 모든 전기는 녹색전원(green power source, 풍력)으로부터 나온다. 재활용된 재료는 전체 재료비용의 22%에 이르며, 이는 39%의 카펫, 40%의 탄력적 바닥깔개, 50%의 천마감(upholstered) 벽 패널, 33%의 석고보드, 71%의 천장 타일과 50%

Envision Design이 리모델링한 신경과학학회의 공간에는 다수의 친환경 실내 디자인의 핵심 요소들이 구현되었다.

의 사무실 가구를 포함한다. 모든 나무는 FSC 인증을 받은 숲에서 벌목된 것이다. 저 VOC 재료도 모든 곳에 사용되었다.[79]

2007년 2월, 미국그린빌딩협의회(US Green Building Council)는 LEED-CI 플래티넘 등급을 받은, 2,000m²의 리모델링된 공간으로 새 본부를 이전했다. 건물의 특징을 몇 가지 들면 : 신속히 재생가능한 대나무 바닥, 재활용된 화강암 카운터 상판과 벽에 무독성 페인트. 작업자들은 개방된 작업공간에서 풍부한 자연채광과 개폐 가능한 창문과 내부공간의 93%에서는 외부로의 시야 확보를 즐기게 된다. 기존 사무실의 가구를 재활용하였으며 천장 타일은 재활용이 가능하다. 모든 조명기구들은 고효율, 저에너지 사용을 위해 만들어졌다 ; 개별 국부조명은 개개인이 그들의 작업공간의 조명을 조절할 수 있게 해준다. 새로운 사무실은 절수형 배관기구, 이 중 수세식 변기 및 물을 사용하지 않는 소변기(water-free urinal)를 통해 40% 절수하였다.

Investing in Green Buildings 그린빌딩에의 투자

2006년, 캘리포니아 공무원 연금 시스템(California Public Employees Retirement System, CalPERS)이 조인트벤처로 하인스 디벨롭먼트 오가니제이션(Hines development organization)의 장래 상업적 부동산 프로젝트에 투자하겠다는 선언과 함께, 그린빌딩에 대한 부동산 투자는 크게 상승하였다. 대형 부동산 개발업체인 Hines는 그들의 건물에 energy star와 LEED 인증을 받은 것으로 유명하다.[80] 하인스 칼퍼스 녹색개발펀드(Hines CalPERS Green Development Fund, HCG)는 1,300억 원 이상의 자본과 차입자본(leverage)을 포함하여, 5,500억 원까지 투자할 수 있는 능력을 가지게 될 것이다. HCG는 LEED for Core and Shell 프로그램을 통해 인증받을 수 있는 고성능, 지속가능한 사무실 건물을 개발하는 데 집중할 것이다.

리버티 프로퍼티 트러스트[Liberty Property Trust(필라델피아, PA)[81]와 코퍼릿 오피스 프로퍼티 트러스트[Corporate Office Properties Trust(컬럼비아, MD)][82]를 포함한 여러 공공 리츠(Real Estate Investment Trusts, REITs) : 부동산투자신탁)들 역시 그린빌딩에 강한 관심을 갖기 시작하였다. 게다가 주요 개인투자자들도 거대한 그린 프로젝트를 시작하고 있다. 대표적인 두 회사로는 오리건 주 포틀랜드의 거딩 에들렌 디벨롭먼트(Gerding Edlen Development)와 워싱턴 주의 시애틀에 있는 벌칸 리얼 에스테이트(Vulcan Real Estate)가 있다. 거딩 에들렌은 2006년 말까지 서부의 30개 이상의 개발 프로젝트를 LEED 시스템 인증을 받기 위해 등록하였고, 세계에서 가장 큰 LEED 플래티넘 등급의 건물(현재까지, 16층, 38,000㎡)로 포틀랜드 주 오리건 보건과학대학(Oregon Health & Science University)의 건강과 치료센터(Center for Health and Healing)를 개발하였다.[83] 벌칸은 시애틀의 사우스 레이크 유니온(South Lake Union) 지역에서 많은 부동산을 LEED기준으로 개발하고 있다.[84]

그린빌딩에 대한 투자는 사회적으로 책임 있는 투자의 형태로 상당한 관심을 끌기 시작하였으며, 실제로 전체 투자에 비해 빠르게 성장하고 있다.

사회적으로 책임감 있는 부동산 투자 전문가인 애리조나대학의 게리(Gary Pivo) 교수에 따르면 :

> 우리는 첫 번째 부동산 투자 펀드가 그린 부동산에 공평하게 투자되었는지 더 지켜봐야 한다. 하지만 그런 자금이 만들어질 때까지, 고려할 만한 다른 선택사항들이 있다. 한 가지로는 일반적으로 energy star 인증을 받은 건물을 소유한 회사, 또는 그들의 보존노력으로 energy star로 인정받은 회사의 주식을 구입하는 것이다. 예로는 아덴 리얼티(Arden Realty), 에퀘티 오피스 프라퍼티(Equity Office Properties), 하인스(Hines), 브랜디와인 리얼티(Brandywine Realty), 카 아메리카(Carr America), 글렌보로우 리얼티(Glenborough Realty), 파크웨이 프라퍼티(Parkway Properties), 프렌티스 프라퍼티 & USAA 리얼티(Prentiss Properties and USAA Realty) 등이 있다.[85]

Justice, Social　사회적 정의

지난 2년간 고무적인 사건 중 하나는 허리케인 카트리나의 여파에 대한 설계 커뮤니티의 반응으로, 이는 형평에 대한 고려가 그린빌딩을 위한 3대 축(Triple bottom line)의 중요한 부분임을 보여주었다. 2005년 11월에 애틀랜타에서 열린 Greenbuild show(매년 미국그린빌딩협의회에서 개최한다)에서는, 세계의 많은 그린 건축 지지자들이 카트리나로 인해 좌절한 사람들이 구입 가능한 적절한 그린 하우징으로 어떻게 답할지에 대한 3일 동안 에코쉐레트(eco-charlotle)에 시간을 내어 참가하였다. 지속가능한 재건축을 위한 뉴올리언스 원칙(New Orleans Principles)은 다음 요소들을 포함한다 : 뉴올리언스의 모든 시민들의 권리를 존중하라 ; 뉴올리언스 주변 지역의 자연적 보호장치를 복구하라 ; 포괄적인 계획 프로세스를 이행하라 ; 뉴올리언스의 다양성을 소중히 하라 ; 미래의 홍수로부터 도시를 보호하라 ; 재빠른 재개발을 수용하라 ; 그리고 미래의 위기나 시스템 고장의 경우를 대비하여 "패시브 생존력(passive survivability, 상당 기간 동안에 전기나 용수 공급과 같은 외부 서비스 없이 살아갈 능력)"를 제공하라.[86]

동시에, 신 도시주의를 위한 의회(Congress for the New Urbanism)는 뉴올리언스 주택에 대해 설계 집단토론회를 개최하여, 가족에게 충분한 방과

Pugh+Scarpa Architects에 의해 설계된, 캘리포니아주 산타 모니카에 위치한 LEED 골드 등급의 콜로라도 법원(Colorado Court)

그들의 물건을 넣을 수 있는 창고 그리고 이웃을 맞이할 수 있는 현관이 있는 집을 약 4,000만 원으로 지을 수 있게 하는 몇몇 조립식주택 해법을 내놓았다.[87]

지속가능한 설계의 지지자들과 그린빌딩 설계자들은 그린빌딩의 이익이 전 인구에게 돌아가도록 노력하고 있다 ; 이를 위한 한 가지 방법은 구입 가능한 그린 공공주거를 짓는 것이다. 많은 건축가들이 이와 같은 프로젝트를 위해 노력하고 있다. 예를 들면 2004년 9월 천연자원수호위원회(Natural Resources Defense Council, NRDC)와 Enterprise Community Partners(과거 Enterprise Foundation)는 전국적으로 8,500채 이상의 환경친화적인 저렴한 주택을 짓기 위해 5년 간 약 6천억 원을 약정한 Green Communities Initiative를 발족하였다.[88]

LEED 골드 등급을 받은 캘리포니아 주 산타 모니카에 위치한 2,800㎡ 면적에 44개의 1인주거(single-resident occupancy, SRO)를 가진 아파트인 콜로라도 법원(Colorado Court)은 자연형 태양열 설계 전략, 가스식 열병합발전 시스템(onsite gas-fired cogeneration system)과 태양광발전을 이용하여 100% 에너지 독립적으로 설계되었다. 이 프로젝트는 단위세대당 연간 약 17만 원의 관리비를 절약할 것이며, 다결정질의 실리콘 PV 패널의 심미적 가능성을 보여주는 진열장 역할을 하여 인상적으로 아름답기도 하다.

Knowledge 지식

우리들은 어떻게 해야 모든 일을 옳게 하는지는 알지만, 항상 옳은 일을 하는 것은 아니어서 종종 현대사회는 스마트하지만 현명한 건 아니다 라고 비평을 받곤 한다. 그린빌딩은 어떻게 하여 에너지 효율적인 건물을 만드는가 뿐만 아니라, 어떻게 가장 적은 해를 끼치면서 가장 자원 효율적으로 하는가의 지식기반으로부터 개발된다. 그린빌딩과 관련된 매우 영향력 있는 책인 〈자연자본주의〈Natural Capitalism〉〉(Paul Hawken, Amory Lovins and L. Hunter Lovins 著)에서는, 우리는 어떻게 하여 건물의 각각의 하위 시스템은 최적화를 이루면서 전체 시스템의 성능은 최악으로 하는 것을 배워 왔는지 지적하고 있다. 바꾸어 말하면, 건축가가 아무리 건물을 형편없이 설계를 하였다 하더라도 엔지니어는 공조 시스템이나 기계 환기 시스템을 이용하여 건물을 비교적 쾌적하게 만들 수 있다. 그것은 스마트하지만, 현명한 것인가?

50여 년 동안 기계 분야의 엔지니어였고 최근에 타계한 나의 장인어른은 (그는 100살까지 살았다.), 엔지니어는 "기술적인 훈련을 갖춘 경제학자"라고 말하는 것을 좋아했다. 바꾸어 말하면 엔지니어의 목표는, 사람들이 생활하고 일을 하고 놀고 배우는 공간인 건물을 건강하고, 쾌적하고, 생산적인 장소로 만드는 특정한 경제적인 목표를 성취하기 위해 자원의 사용을 최소화해야 한다는 것이다. 대부분의 엔지니어들은 이러한 지식을 가지고 있거나 그중 상당부분을 가지고 있으나, 건물 개발, 설계, 시공의 시간적으로 촉박한 시스템에서는 그 대부분을 전체 시스템 빌딩엔지니어가 아니라 기기 전문가(specifier)에 맡기는 오류를 범하게 된다.

태양의 위치에 따라서 차양을 이용하고 건물의 구조체를 냉난방에 이용하는 복사 냉난방 시스템의 활용, 팬 에너지를 최소화하기 위해 자연환기를 이용하고, 되도록 최소한의 기계 또는 전기 시스템으로 남아 있는 부하를 처리하여 냉난방을 하는 것이 현명하지 않는가?

다음의 일련의 생각은 지속가능한 설계의 혁명의 본질을 보여준다. 그 지역에 맞는 새로운 고유의 건물 스타일을 개발하기 위해 최고의 현대적인 시스템인 제어, 재료, 기술과 더불어 전통적인 생태적 건물 설계의 이용. 투산의 건물은 왜 태양에 노출되는 면은 최소로 하고 건조한 따뜻한 공기를 배수로 내보내는 서과로(saguaro) 선인장을 닮지 않는가? 포틀랜드의 건물은 선선하고 흐리고 습한 주변 환경에서 더 쾌적하기 위해 키가 크고 위엄 있는 모양의 미송나무를 더 닮아야 하지 않을까?

애리조나 주의 건물은 장중한 구조체를 이용한 복사냉방을 활용하고 겨울철을 제외하고는 차양장치를 이용하여 일사를 막아야 한다. 여름에는 동일한 표면에서 주간에는 공기중의 열을 흡수하고 주변에 아무도 없는 밤에는 열을 공기중에 재복사로 방출한다. 애리조나 주의 건물은 태양의 풍부한 에너지원에서 에너지를 흡수하여 사용해야 하고 하늘에서 내리는 어떠한 물도 보존해야 한다.

캐스케이드의 서쪽 경사지에 위치한 태평양 연안의 북서부 지방에 위치하는 건물은 자연채광을 최대한 받아들이고, 겨울의 차가운 바람과 면하는 북쪽면은 최대한 폐쇄적으로 하고, 겨울에 낮은 고도의 빛은 받아들이고 봄이나 가을에는 맞통풍이 되도록 해야 한다. 그 지역의 건물은 풍부한 우수를 재사용해야 하고 냉난방의 열원으로 지열을 사용할 수 있어야 한다.

LEDs (Light-emitting Diodes) LED

발광 다이오드(LEDs)는 에너지 소비량은 줄이면서 컴퓨터에 의해 조명이 프로그래밍되고 다양한 색을 연출할 수 있는 혁명적인 새로운 조명기술이다. 발광 다이오드(LEDs)는 전구가 아닌 칩을 사용하므로 백열등이나 심지어 형광등보다 훨씬 더 적은 양의 열을 발산한다. 컴퓨터 칩으로 만들어져서 더 쉽게 밝기 조절이 가능할 뿐 아니라 프로그래밍 제어될 수 있다.

디자인 어워드(design award)를 수상한 허만 밀러(Herman Miller)사의 새로운 제품은 발광 다이오드의 좋은 예이다. 아래 그림에서 보는 바와 같이 나뭇잎 모양의 개별 조명은 최소한의 자원을 사용하고 흥미로운 유기체의 형상을 하고 있으며, 인간의 참여를 유도케 하는 제어 시스템으로 최대의 조명 옵션을 제공한다. 이 조명이 가지고 있는 독점적인 기술은 기존 발광 다이오드의 가장 성가신 문제(조명 강도와 열의 축적)를 해결하였다. 이 조명은 동일한 강도의 빛을 발산하는 절전형 형광등에 비해 약 40% 정도 적

허만 밀러의 나뭇잎 모양 조명

은 8와트에서 9와트 정도의 전력을 소비한다.

설계자 입스 베하(Yves Behar)에 의하면, 이 나뭇잎 모양의 조명은 사용자에게 빛과 지각의 변화를 표현하기 위한 최대의 스펙트럼을 제공하도록 설계되었다. 이 조명은 사용자에게 기능적인 필요성, 분위기, 장소에 가장 적합한 조명의 색과 강도를 선택할 수 있게 하여 사람의 감각이 이끌리도록 하였다. 나뭇잎 모양의 조명은 허만 밀러사의 친환경적 공정, 재료, 재사용에 강조를 두는 환경을 위한 설계 프로토콜에 따라 개발되었다. 아마도 이 조명의 환경적 영향력은 사용하는 과정에서 더 잘 발휘될 것이다.[89] 나뭇잎 모양의 조명은 전력을 적게 소비하고, 100,000시간 정도 수명이 지속되어 심지어 절전형 형광등과 비교하더라도 획기적으로 에너지의 사용을 줄일 수 있다.

발광 다이오드는 이미 교통 신호등에는 대부분 사용되고 있고, 도시와 카운티를 포함하는 전국에서 일반 전구를 다이오드로 대체하고 있다. 에너지 절감 이외에도 발광 다이오드는 장수명이어서 전구 교체비용도 90% 정도 절감하여 유지비용도 줄일 수 있다. 조명 설계를 하는 나의 동료는 최근에 교각 조명을 위해 기차가 나갈 때마다 조명 연출을 하도록 프로그램된 발광 다이오드를 사용하였다. 조명 설계에서 발광 다이오드 사용의 가능성은 끝이 없다!

LEED (Leadership in Energy and Environmental Design)

에너지 및 환경디자인 리더십

LEED는 상업용 건물, 기관 건물, 중대 규모의 주거 건물을 대상으로 하는 미국의 그린빌딩 평가 시스템이다. LEED는 미국그린빌딩협의회(US Green Building Council)에 의해 개발되고 대표되는 평가 시스템이다. 2006년 말에는 약 5,000여 개의 건물이 LEED 인증을 받기 위하여 신축, 리노베이션, 입주자 리모델링, 기존 건물 분야에 등록되어 있으며, 그 수는 2005년 말보다

50% 증가한 것이다. 약 6천만 제곱미터의 건축면적이 LEED에 등록된 프로젝트와 관련 있으며, 이 프로젝트들의 가치는 약 90조원에 상응한다. 미국그린빌딩협의회에 의하면, 2006년 말에 650개 이상의 프로젝트가 이미 인증되었고, 그 수는 2005년 말에 비해 66% 증가한 것이다. 산업적인 측면에서는 매년 5% 성장하고 있으며, 이러한 그린빌딩 프로젝트의 증가는 몹시 놀라운 일이다. 제시된 LEED의 목표는 과학 지식과 선도하는 건축적, 공학적 설계 접근법과 건설에서 최고의 실무경험을 반영하는 평가 시스템을 도입함으로써 건축산업을 변화시키는 것이다. LEED는 6개의 평가 시스템으로 나누어진다.

- 신축 건물을 위한 LEED (그리고 대형 리노베이션 건물)
- 상업용 인테리어를 위한 LEED (리모델링 건물)
- 골조와 외피를 위한 LEED (일반적인 사무용 건물과 분류가 명확지 않은 다른 프로젝트)
- 기존 건물을 위한 LEED (건물 운영의 효과)
- 주거용 건물을 위한 LEED (저층 아파트를 포함하는 주문형 주택과 대량생산 주택)
- 지역 개발을 위한 LEED (캠퍼스, 도시지역, 새로운 분양지)

이 시대에 가장 유명한 평가 시스템은 LEED-NC로서, 인증 건물의 77%, 프로젝트 등록건수의 79%를 차지하고 있다. (프로젝트를 등록하는 것은 참가를 한다는 것과 같으며 건물이 완공되면 인증을 받겠다는 것을 선언하는 것으로, 입주할 준비가 거의 다 되었다는 것을 의미한다.) 나의 경험과 의견으로 볼 때 LEED-NC는 매우 주의 깊게 만들어진 평가 시스템이다. LEED-NC는 2년의 베타 테스트와 파일럿 프로그램을 거치고 난 뒤 2000년 3월에 발표되었고, 그 후 LEED-NC는 매우 널리 사용되고 인기를 얻게 되었다.

신축 건물을 위한 LEED (LEED-NC)

가장 기본적이고 빈번하게 사용되는 LEED 평가 시스템(LEED-NC)은 32개

카테고리의 환경 설계와 에너지와 관련 분야로 되어 있으며, 핵심 점수 64점과 추가 점수 5점으로 총 69점을 획득할 수 있다. 기본적인 LEED-NC의 인증 프로젝트는 대지, 물, 에너지, 재료와 실내 환경 카테고리에서 적어도 26점을 받아야 한다. 33점 이상이면 실버, 39점 이상이면 골드, 52점 이상이면 플래티넘 인증을 받게 된다. 2006년 말까지 LEED-NC 분야에서 20개 미만의 프로젝트가 플래티넘 등급을 획득했다.

각각의 프로젝트는 독립적인 감사관에 의해 평가되는 정밀한 서류작업이 요구된다. 완공된 LEED-NC 인증 프로젝트는 그린이라는 관점에서 볼 때, 매년 건설되는 건물 중 상위 10% 이내에 든다. LEED-NC 인증을 받은 프로젝트는 또한 그와 비슷한 전형적인 건물에 비해 30% 이상 에너지 절약적이고, 30% 더 적은 물을 사용하며, 훨씬 더 건강한 실내공기와 더 많은 자연채광과 외부 조망을 제공한다.

골조와 외피를 위한 LEED (LEED-CS)

LEED-NC 기준은 완공된 후 완전히 가구가 갖추어진 건물을 평가하는 시스템이다. 그러나 많은 상업 건물이 골조와 외피 프로젝트로 지어진다. 즉 건설 완료시점에 프로젝트의 50% 이상이 비어 있다는 것을 의미하며, 사무실 공간은 입주자가 구성할 수 있게 남겨둔다. 골조와 외피로 된 건물은 전형적으로 로비와 엘리베이터 코어, 완성된 내·외부구조, 주요 HVAC, 위생, 전기 시스템, 주차장 등으로 구성된다. 이러한 유형의 프로젝트는 조명이나 카펫, 페인트 등과 같이 개발자가 마감을 하지 않는 항목은 제외한 LEED-CS 기준으로 평가된다. 본래의 아이디어는 LEED-CS를 상업용 인테리어를 위한 LEED (LEED for commercial interiors) 평가와 연계하여 전체 건물이 궁극적으로 LEED-NC 프로젝트와 유사하게 평가를 받는 것이었다. 실제로 이러한 아이디어는 잘 실현되지 않았으며, 심지어 헌신적인 그린 개발업자도 이러한 아이디어를 받아들이려 하지 않았다.

상업용 인테리어를 위한 LEED (LEED-CI)

LEED-CI 평가 시스템은 환경 설계, 조명 에너지와 질, HVAC에너지와 제어, 대중교통수단으로의 접근성, 사무실 기기의 에너지 사용, 사무실 가구, 대안의 건물 마감재 선정, 고급 가구류, 카펫, 페인트 그리고 기존 건물에서 작업 시 제약점이 되는 다수의 쟁점들을 다룬다. LEED-CI는 2004년 말에 발표되었으며 약 500개의 프로젝트가 등록되어 있고 100여 개의 프로젝트가 인증을 받았다. LEED-CI 프로젝트에서는 총 57점을 획득할 수 있고 인증을 받기 위해서는 21점을 넘어야 한다. 실버 등급은 27점을 넘어야 하고 골드 등급은 32점을 넘어야 하며 플래티넘 등급은 42점을 넘어야 한다.

기존 건물을 위한 LEED (LEED-EB)

LEED-EB는 사람이 거주하고 난 뒤의 발전 또는 계속되는 건물의 환경 발자국(environmental foorprint)을 다루는 것을 시도하는 평가체계이다. 미국 그린빌딩협의회에 따르면 LEED-EB는 건물의 지속적인 성능 향상과 운용을 위한 자발적인 성능기준이다. LEED-EB는 건물 운용, 주기적인 건물 시스템의 향상, 작은 공간 사용의 변화와 건물 프로세스를 위한 지속가능한 가이드라인을 제시한다.[90]

우리들 대부분은 건물 운용의 평가에서 에너지와 물의 사용을 생각하지만, LEED-EB에서는 이러한 관점을 재사용률, 대지와 해충관리를 위한 화학용품의 사용, 환경친화적 구매정책, 그린 클리닝과 유지 등의 다른 건물 관리 이슈도 포함하여 다룬다. 환경에 대한 장기적인 건물의 영향은 건물의 소유자나 운영자들이 건물의 생애 동안 내리게 되는 수많은 작은 선택들의 총합이 된다. LEED-EB는 이러한 효과를 평가하기 위한 최초의 종합적인 시스템이고 어떻게 환경에 대한 건물의 영향력을 줄일 수 있는지를 제시한다.

LEED-EB는 2004년 말에 발표되었으며 250개의 프로젝트가 등록되었고 2006년 말에 40개의 프로젝트가 인증받았다. 32개의 카테고리가 있고, 총 85점의 획득이 가능하며 인증을 위해서는 32점을 넘어야 한다. 실버 등급은

Cook+Fox 건축사사무소의 LEED 플래티넘 사무실은 뉴욕 시에서는 첫 번째로서, 역사적인 옥탑층을 건강하고 창조적인 작업공간으로 변모시켰다. 자연채광이 충만한 개방형 스튜디오는 자연재료, 필터링한 공기와 335㎡의 옥상정원 조망을 가지고 있다.

40점을 넘어야 하고 골드 등급은 48점을 넘어야 하며 플래티넘 등급은 64점을 넘어야 한다.

지역개발을 위한 LEED (LEED-ND)

LEED-ND는 2007년 초에 파일럿 프로젝트의 형태로 발표된 평가 시스템으로 240개 프로젝트가 평가되었다. 천연자원수호위원회(NRDC)와 신도시주의를 위한 의회(CNU)의 긴밀한 협력관계로 개발되어, LEED-ND는 스마트한 성장, 신 도시주의, 그린빌딩의 복합된 원리에 근거한 지역사회의 위치와 설계에 대한 국가적 표준을 제공하기를 모색하고 있다. LEED-ND는 지역적 효율, 환경적인 보존, 밀집성, 완성도, 지역의 연결성, 자원 효율성을 평가하는 데 기반하여 대표적인 개발 프로젝트를 인증하고자 한다.[91] 우리는 미국그린빌딩협의회가 파일럿 프로그램의 결과를 평가하고 난 뒤, 2008년 가을에는 LEED-ND의 최종 버전이 효력을 발휘할 것을 기대한다.

주거용 건물을 위한 LEED (LEED-H)

LEED-H는 2005~2007년까지 파일럿 버전의 평가단계를 거쳐 2007년에 2.0버전이 발표됨으로써 완성되었다. 파일럿 버전의 인증 시스템은 5개의 기본적인 카테고리가 있으며(지속가능한 대지, 물 효율, 에너지 효율, 재료와 자원 사용, 실내 환경 질) 5개의 카테고리에 반영한 위치와 연결성(실질적인 대지 개발, 인프라, 공동사회 자원과 컴팩트한 개발)이라는 주거 건물의 상황에 독특한 2개의 카테고리가 추가된다. 또 주택 소유자의 인식성과 그린빌딩에 대한 교육이라는 요소도 포함된다. 파일럿 버전에서는 총 108점이 획득 가능하며, 2.0버전은 그보다 좀 낮을 것 같다. LEED-H에는 비용과 검증이라는 논쟁점이 있는데, 이것은 주택건설회사가 평가 시스템의 인증과 검사에 30~50만 원 이상의 돈을 소비하지 않기 때문에, 다른 거대한 프로젝트의 평가 시스템과 달리 LEED-H는 주거를 위한 샘플링에 의한 프로토콜이 가능하도록 해야 한다.

Life-cycle Assessment(LCA) 생애주기평가

"종이를 사용할 것인가? 또는 플라스틱을 사용할 것인가?" 모두는 그 답을 알기를 원한다. 최종적인 정답은 그것은 상황에 따라 다르다는 것이다. 종이의 사용은 나무를 베어서 제지공장을 운영해야 한다는 것을 의미하며, 플라스틱의 사용은 석유를 펌핑해서 정제장치와 석유화학공장을 가동해야 한다는 것을 의미한다. 어떤 선택이 환경적으로 더 해로운가? 이것은 LCA(Life Cycle Assessment)의 영역에서 다루어질 질문들 중의 하나이다. 어떤 목적으로 여러 재료들 중에서 한 재료를 선택하기 위해 LCA를 이용하는 것이 가능하다. 다른 재료에 대해서 어떤 한 재료의 실제적인 우수함은 평가자가 환경적인 속성들 중에서 내제된 가치, 문화적 가치, 경제적인 가치를 어떻게 정량적으로 평가하느냐에 달려 있다. 환경적인 속성은 다음과 같다.

- 수질오염
- 대기오염
- 지구 온난화
- 환경자산의 질적 악화
- 오존층 파괴
- 거주환경 파괴
- 인간의 건강

공공과 개인을 위한 친환경적인 제품(EPP : environmentally preferable products)을 평가하는 미국의 선도적인 시스템 중에 국립표준기술연구소(National Institute of Standards and Technology, NIST)에서 만든 환경 및 경제적 지속가능성을 위한 건물(Building for Environmental and Economic Sustainability, BEES)이 있다. NIST에 따르면,

> BEES는 ISO 14040 기준에서 상술된 LCA방법을 이용하여 건물과 관련되는 상품의 환경적인 성능을 측정한다. 상품의 생애 동안의 모든 단계가 분석되어 원자재의 획득, 제조, 운송, 설치, 사용과 재활용, 폐기물 관리까지 분석된다. 경제적인 성능은 표준 LCC방법을 이용하여 평가되며, LCC방법은 초기 투자비용과 교체비용, 운영비용, 유지, 교체, 폐기비용을 모두 포함한다. 환경적 성능과 경제적 성능이 합쳐져서 전체 성능 평가방법이 된다.[92]

제조업자들에게는 LCA방법이 에너지와 물 사용, 폐기물 생성, 제품 제조와 관련되는 또다른 환경적인 영향력, 제품 생산과 분배에 사용되는 원자재의 채굴, 가능한 재사용과 재활용과 최종적인 처분에 관한 상세한 측정방법을 만드는 것이 포함된다. LCA는 제조업자에게 얼마나 많은 원자재와 에너지가 사용되고 얼마나 많은 고체, 액체, 기체 쓰레기가 각 단계에서 생성되는지 정량적으로 평가할 수 있게 해준다. BEES와 같은 포괄적인 평가방법

을 이용하면 제조업자들은 그들의 상품이 경쟁상품이나 대체상품에 어떻게 필적할 수 있는지 결정하게 해준다.

미국의 EPA(Environmental Protection Agency)를 위해 마련된 2006보고서에 의하면,

> LCA방법은 산업 시스템을 요람에서 무덤까지의 관점에서 평가하기 위한 것이다. 제품의 생애주기 동안의 영향력을 포함함으로써 LCA는 제품 또는 프로세스에 대한 포괄적인 관점을 제공하며, 실제적인 환경적인 교환(trade-off)에 대한 더 정확한 그림을 제공한다.[93]

Life-cycle Cost (LCC) 생애주기비용

LCC 평가방법은 초기에는 비용을 더 지불할 수도 있지만, 미래에는 비용을 줄일 수 있는 에너지와 물 보존 기술을 평가하기 위한 방법으로 상대적으로 간단한 평가방법이다. 다른 산업계에서 LCC는 소유권의 총비용이라 불리며, 에너지 절감뿐만 아니라 운영비용이나 유지비용까지 계산하는 방법이다. 저렴한 자동차나 저렴한 기구를 구입한다면, 당신은 일반적으로 비싼 자동차나 기구를 구입하는 것에 비해 서비스에 더 많은 돈을 쓰게 된다. 또는 당신은 싼 자동차나 기구를 오래 사용하지 못할 것이라 생각할 수 있다. 공조와 같은 건물의 기계설비는 연수가 20년에서 25년 정도이고, 창호나 단열재와 같은 다른 시스템들은 건물의 생애와 같기 때문에, 특히 이윤을 창출하지 않는 공공기관(대학, 학교, 단체 건물 소유주)들은 장기적인 관점에서 살펴보는 것이 적합하다.

재생에너지 시스템, 에너지 보존 기술, 고효율 조명 설계, 더 나은 창호 시스템, 고단열 및 이와 비슷한 수법에 대한 LCC를 완료하기 위해, 당신은 아래의 4가지 사항들을 알 필요가 있다.

- 베이스라인 시스템 대 더 효율적인 기술의 초기비용
- 베이스라인 기술 대 더 효율적인 기술의 연간 운영비용

- 현재 가치 또는 미래 가치로 환산한 연간 절감량
- 미래의 절감량을 현재의 화폐가치로 표현하기 위한 방법

네 가지 방법이 알려지거나 확실히 평가 가능하다면 계산은 간단하고, 절감량의 순 현재가치(NPV : Net Present Value of Savings)나 투자 수익률(ROI : Return on Investment)과 같은 한 가지 또는 두 가지 방법으로 표현될 수 있다. 할인율을 모른다면, 내부수익률법(Internal Rate of Return)과 같은 방법이 사용될 수 있을 것이다.

몇몇 공학자들은 초기비용 상승분을 회수하는 데 몇 년이나 걸리는지 의미하는 회수기간(payback period)을 아직 선호한다. 예를 들면 어떤 기술이 3억 원의 초기비용이 발생하고 매년 1억 원을 절감할 수 있다면 회수기간은 3년이다. 이러한 접근방법은 위기관리에 도움이 될 수 있다. (당신이 당신의 투자액을 회수하는 데 얼마나 기다려야 하는가?) 그러나 전체 투자에 대한 회수에 크게 기여할, 회수기간 이후에 발생하는 이득은 고려하지 않는다. 예를 들면 개발업자는 콜백의 횟수와 비용을 투자한계 분석에 일반적으로 포함하지 않는다. (콜백은 거주하고 난후의 사람들의 불만이나 유지 관리의 문제점을 포함한다.) 종종 그린빌딩 프로젝트는 개발자가 처리해야 하는 훨씬 더 적은 콜백횟수를 가지고 있으며, 이러한 절감은 상당히 경제적인 가치를 지니고 있다.

또 귀찮은 문제가 하나 더 있다. 많은 사람들은 미래의 가스나 전기요금은 물가 상승률보다 훨씬 더 빨리 오른다고 믿는다. 따라서 현재의 요금률에 기반한 에너지 절감 계산방법은 에너지 보존 투자의 가치를 저평가할 수 있다. 그래서 당신의 주나 지역의 요금 흐름을 점검하고 미래의 요금 상승률을 생각하고, 특히 (일반적으로 여름 오후에 발생하는) 최대부하 시의 전력 수요량을 생각하는 것이 현실적일 것이다. 전기의 최대 수요량은 매년 5~7%씩 상승하고 공급량은 매년 2% 증가에 그치므로 최대수요에 의한 전기요금 상승은 피할 수 없을 것이다.

공공기관은 신규 프로젝트에 LCC를 요구하기 시작하고 있다. 예를 들면

워싱턴 주는 새로운 공립학교의 LCC를 요구하고 있다.[94] 만약 더 에너지 효율적인 투자를 이끌어내기 위한 접근방법을 개발하기를 원한다면, 당신은 당신의 학교 시스템도 LCC를 계산하도록 장려할 수 있다.

Light Pollution Reduction 조명오염 감소

1950년대에 애리조나 주의 투산에서는 키트 피크 국립천문대(Kitt Peak National Observatory)에서 약 100km까지 볼 수 있는 환경을 보호하기 위해, 밤하늘에 관한 법령을 처음 제정하였다. 그 당시에는 작은 마을이었지만, 투산은 현재 백만 명 이상의 사람들이 사는 거대한 대도시이나 밤하늘과 관련된 법령은 여전히 유지되고 있다. 조명은 위로 향하는 대신 아래로 향하도록 하고, 일반적인 기준보다 조도는 더 낮고 늦은 밤에는 꺼지도록 설계되었다. 나는 도시 내부의 동쪽 끝에 살고 있다. 100집이 넘는 개발지에서는 거리에 조명이 없고 각 집마다 앞에 있는 우체통 옆에 작은 조명등이 있다. 그 결과 맑은 밤에는 낮은 등급의 별도 볼 수 있다. 이것을 일반적인 도시에 적용하더라도 밤에 매우 밝은 별을 빼고는 다른 별들을 보기는 어려울 것이다. 나는 LA에서 자랐기 때문에 별을 보기 위해선 도시에서 멀리까지 운전을 하고 나가거나 캠핑을 해야 했다.

야간의 낮은 조명 레벨은 천문 관측의 이점도 제공한다. 사막에서는 낮 시간대의 집중적인 열 때문에 많은 동물이 야행성이며, 어두운 밤하늘은 야행성 동물에게 그들의 천적이나 사냥꾼들로부터 보호해준다. 다른 출처에 의하면,

> 야간 인공조명의 생태적인 효과는 매우 깊고 점점 증가하고 있다. 미국에서는 매년 4백만 마리 이상의 철새들이 조명이 밝혀진 통신탑에 부딪혀 죽는다. 산에 방사된 사자는 밝은 지역을 기피하기 때문에 주요 풍경을 연결하는 방향감을 잃게 된다. 증가된 야간조명은 중요한 행동과 생리학적인 과정을 붕괴시켜 심각한 생태학적 결과를 수반하고 있다.[95]

단지에서의 침입광 감소는 또한 이웃을 우호적으로 만든다. 낮은 조명 레벨이 더 안전하다고 많은 연구에서 입증되었다. 왜냐하면 어두운 영역과 빛 사이의 대비가 작아 사람의 눈이 어둠에 더 적응을 잘하게 하기 때문이다. 노인들의 눈은 빛에 빨리 적응할 수 없으므로 밝은 주차장의 조명에서 어두운 공간으로 적응하는 데에는 몇 분의 시간이 걸린다.

나는 항상 도시의 큰 사무실 건물은 아무도 일하지 않는 밤에도 왜 많은 층들의 조명이 켜져 있는지 궁금해했다. 매 층에 다수의 조명 존을 제공하는 간단한 엔지니어링으로도, 청소부나 야간 근무자가 많은 에너지를 소비하지 않고도 그들의 일을 할 수 있도록 해줄 수 있다. 건물의 옥상에 이름을 새기기 위해 수백만 달러 이상을 투자하는 기업도 야간에 계속 조명을 켜둠으로써 얼마나 공공에 역행을 하고 있는지 알지 못하고 있을 것이다.

LEED는 야간조명 레벨과 침입광을 평가하기 위하여 지속가능한 부지(sustainable sites)의 카테고리에서 1점을 획득할 수 있도록 하고 있다. 이 기준은 북미조명기술사협회(Illuminating Engineering Society of North America)에 의해 제정되어 유지되고 있다. 우리가 예상할 수 있듯이, 외부 조명에 대한 평가기준은 더 엄격했던 것이 (어두운 시골지역이나 공원 같은 지역의 프로젝트에 대한) 상대적으로 덜 엄격하게 (밝게 조명된 도심의 프로젝트에 대한) 변하고 있다. 외부에서 보이는 내부 조명은 밤 11시에서 오전 5시까지 50% 이상 줄여야 하거나 외부에서 보이지 않도록 차단해야 한다.

Lighting Design 조명 설계

조명은 일반적인 사무실 건물의 에너지 사용량 중 23%를 차지하며, 그린 빌딩 설계에서 중요한 요소 중 하나이다.[96] 조명 설계는 또한 근로자들의 생산성을 향상시키는 중요한 요소 중 하나이기도 하다. 수년 간에 걸쳐 권장 조명의 레벨이 점차 낮아지고 있다. 1970년대에는 형광등의 밝은 조명이

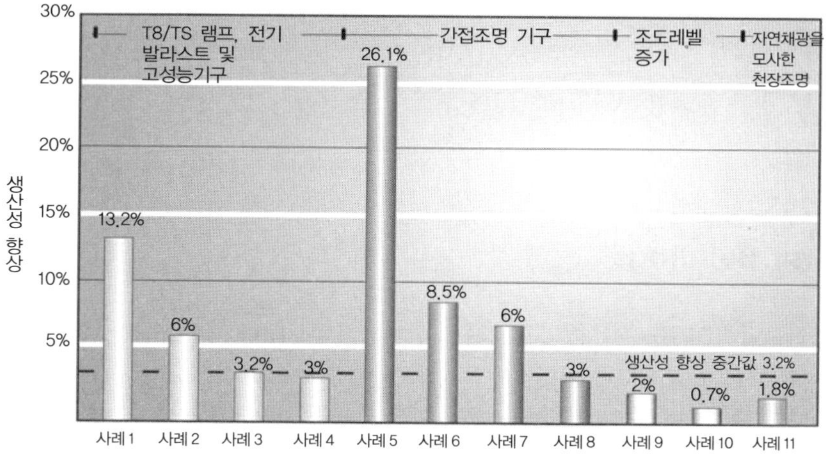

고효율 조명 시스템의 채택으로 인한 생산성 향상

1,000lux로 권장되었으나, 오늘날의 그린빌딩 기준은 작업면에 300lux가 권장되고 있다. 현대 조명 설계에서는, 특히 바닥공조 시스템에서는 전반국부 조명(task and ambient lighting)뿐 아니라 예술작품을 강조하는 것과 같은 특수효과를 위한 조명연출도 쓰이고 있다. 물론 자연채광에 의한 것이라면 300lux 이하에서도 많은 사람들은 업무를 잘 볼 수 있다.

카네기 멜론 대학에서 발표된 연구에서는 생산성을 위한 조명의 질에 대해서 입증을 하고 있다. 사람들의 급여와 이익이 일반적으로 건물 에너지 비용의 약 100배라고 본다면, 작은 생산성 향상을 위해 에너지 요금을 몇 배 더 지불하는 것도 가능할 수 있다.

새로운 조명기술은 또한 에너지 사용과 조명의 질에 영향을 미친다. 이 책의 다른 부분에서 많은 조명기술을 대체하고 있는 강력한 후보인 발광 다이오드(LEDs)에 대해서 논의를 하였다. 2000년대 초반의 T-5라는 고출력 조명의 출현은 조명의 지름은 1인치에서 5/8인치로 줄이면서 일반 형광등에 비해 재료의 사용을 37% 줄였다. (그리고 스타 워즈의 루크 스카이워커와 다스 배더가 사용하는 광선검을 연상케 하는 밝은 조명을 제공하였다.) 2007년에 알래스카로의 여행에서, T-5조명과 직접·간접 조명기구가 효과적으로 결합된 건물을 돌아보았다. 그 건물에서는 조명의 아래쪽으로 직접 빛이 비춰지면서도 천장으로부터도 반사되어 더 적은 수의 조명으로도 확산조명 시스템의 효과를 제공하고 있었다.

Living Buildings 리빙 빌딩

그린빌딩의 고민거리 중의 하나는 사람이 생활하고, 여가를 보내고, 일하는 건물을 어떻게 탄소제로 배출 건물이 되게 하는가이다. LEED와 같은 그린빌딩 등급 인증제도는 최근 기존 건물의 건설과 운영과정에서의 환경영향을 줄이는 것을 우선으로 하고 있으나, 이것이 환경적으로 긍정적인 결과를 "보증"하지는 못한다. 이러한 문제를 해결하기 위해 선도적인 건축가들은 소비되는 에너지보다 더 많은 에너지를 생산해내는 건물을 만들고, 서식지를 재건하고, 사용하는 물을 깨끗이 하여 환경에 "긍정적인 영향"을 주는 건물을 디자인하기 시작했다. 2006년에 이러한 접근방식을 증진시키기 위한 목적으로 카스카디아 지역(북서태평양 및 브리티시 컬럼비아) 그린빌딩협의회에 의해 Living Building Challenge가 발족되었다.

"Living Building Challenge의 중심은, 우리는 자연과 건설된 환경 사이에 균형이 이루어지는 상태로 하루빨리 나아가야 한다는 믿음이다."라고 조직위원장은 말한다.[97] 이러한 과제 프레임워크에 따라 현재 건물들은 다음의 성능을 만족시켜야 한다.

- 기존에 개발된 부지에 건물을 건설
- 각각의 새로운 개발지로부터 서식지를 영구히 분리
- 전적으로 태양광과 바람의 자연스러운 흐름으로만 생활하여, 연간 단위로 볼 때 넷제로에너지 달성
- 자연우수를 사용하여 모든 물을 단지 내에서 처리하고 재사용 (마시고 씻기 위한 식수 제외)
- 건설폐기물의 발생 금지

- 단지에서 우수나 오수 방출 금지, 모든 폐수를 단지에서 처리하여 재사용
- 중금속, 포름알데히드, PVC, 염소, 탄화플루오르, 할로겐 난연제와 같이 사람이나 환경에 유해하다고 확인된 재료사용 금지
- 근거리의 재료나 서비스 이용 (돌이나 골재의 경우 400km 이내)
- 건설현장에서 발생된 탄소배출량 만큼 배출권 구매
- 산림관리협의회(Forest Stewardship Council)에서 인증받은 목재 제품만 사용
- 모든 거주공간에 자연환기와 채광이 가능한 창문 설치
- 대중에게 Living Building에 대한 교육
- 진정으로 아름답고 인간의 정신을 높일 수 있는 건물을 설계

Living Building 등급 시스템이 LEED 등급 시스템과 구별되는 근본적인 특징은, 점수 획득형식이 아니고 필수조건으로 이루어져 있다는 것이다. 다른 말로 하면, Living Building은 단순히 "생태효과적인"이 아니고 "생태효율적" 디자인이라는 것이다. 이것은 단순히 "덜 유해한"이 아니고 긍정적으로 좋은 건물이라는 것이다. 이러한 개념은 건축가와 엔지니어에게 큰 도전거리를 제공한다. 왜냐하면, 그들이 건물의 환경적 · 사회적으로 부정적인 영향을 완전히 제거하기 전까지는 완료되었다고 해주지 않기 때문이다.

최근 중국 상하이 바로 서쪽에 세계적으로 유명한 회사인 아럽(Arup)에 의해 진행된 마스터 플랜인 신 동탄 생태도시는 제로탄소배출 개발을 개개의 건물 규모에서 하는 것은 충분치 않으며, 공공 에너지 사용 시스템과 교통 에너지 사용에도 반드시 관심을 가져야 한다는 것을 보여주고 있다.[98]

Locally Sourced Materials 지역조달재료

약 20년 전 이탈리아에서 "슬로우 푸드(Slow food)"운동이 시작되었다. 이는 전 세계를 지배하고 있는 미국식 패스트 푸드에 대한 반작용으로, 높은 영양소가 함유된 음식을 현지에서 신선하게 공급받아 천천히 조리하여 천천히 먹는 것을 강조하는 움직임이다. 미국에서의 추정치에 의하면, 음식은 농장이나 어장에서부터 식탁까지 평균 2,000km를 이동해 온다. 다음번에 알래스카의 코퍼강(Copper River)의 연어를 애리조나에서 사고 칠레산 포도를 한겨울에 시카고에서 살 때, 이러한 점에 대해 생각해보기 바란다.

같은 맥락의 고민으로서 광대한 거리에서 건축자재를 공수함으로써 발생하는 에너지와 환경비용 그리고 이것이 지역경제에 미치는 영향의 문제에 대하여, 그린빌딩 운동은 프로젝트 부지에서 800km 이내 거리의 지역에서 채취된 자재를 활용하는 개념을 채용하였다. 나는 이것이, 단지 가장 저렴한 (또는 최고의) 건축자재라기보다는 다른 그 무엇의 구매에 대한 고려를 증명하는 것이므로, 이를 "슬로우 건물(slow building)" 운동이라고 부른다.

국가 전체에 걸쳐 지역 기반의 "보호경제" 개발을 장려하기 위해서 LEED 인증 시스템에서는 전체 건축자재 가격의 10% 이상을 800km 이내 거리에서 공수해 온 프로젝트의 경우 점수를 부여하고 있다. (20%를 달성하는 프로젝트는 2점을 부여) 이는 재료를 그 반경 이내에서 채집하고, 수확하고(폐자재의 경우 재생하고), 가공해야 한다는 것을 의미한다. 콘크리트나 나무와 같은 일반적인 건축자재의 경우에는 이와 같이 제한을 두고 있으나, 금속자재의 경우는 그렇지 않다. (그러나 금속자재는 콘크리트나 나무와 달리 재활용된 비율이 높으므로, 다양한 유익한 환경 특성 중 대체될 수 있는 것 중 하나로 간주될 수 있다)

콘크리트의 경우를 고려해보면 재료 중량의 거의 95% (시멘트만 제외하고)는 물, 골재, 모래를 포함하여 인근 지역에서 조달하므로 전체 비용의 95%는 이러한 요건을 만족한다고 볼 수 있다. 만일 프로젝트에 많은 나무를 사용하는 경우 공수지를 결정하기 위하여 조사가 필요할지도 모른다. 북서

태평양과 같은 지역에서는 캐나다로부터 가져온 연질 재목은 이러한 요건에 적합하다고 할 수 있다. 산업 요충지인 중서부에서, 강철의 철광석이라 하더라도 미네소타에서 채광된 것이라면 적합하다고 할 수 있다.

원거리에서 공수하지 않고 800km 반경 내의 지역에서 조달될 수 있는 구체적인 자재의 예로는 기초 받침대, 회반죽, 짚, 콘크리트 배수관, 벽돌, 도로 포장재, 제재목, 웻보드 패널, 대부분의 목자재(강화 빔, 캐비닛, 바닥 기초재, 지붕 데크, 복합 목재널, 가공 목제품), 문틀 및 창틀, 새로운 또는 재생된 또는 셀룰로오스 단열재 등 끝이 없다.[99]

Low-flush Toilets 절수형 변기

현재 위생규정에서는 한 번 물을 내릴 때마다 7.3리터 이하의 물을 사용하도록 요구하고 있다. 이 규정은 1992년에 채용되어(한 번 물을 내릴 때마다 때마다 16리터가 사용되던 예전 제한을 수정) 미국에서 용수관련 문제가 커지고 있음에도 불구하고 15년간 고수되고 있다. 건물에서 사용되는 용수 초과문제가 커지면서 많은 회사에서는 절수용 변기와 소변기를 사용하기 시작하였다. 두 가지의 좋은 예 중의 하나는 작은 변기에 사용되는 듀얼 플러시 밸브(공공장소에서 사용되는 종류)이고, 다른 하나는 용무의 종류에 따라 사용되는 물의 양을 달리하는(대변은 7.3리터, 소변은 3.6리터 사용) 듀얼 플러시 변기이다.

2007년 1월 미국 환경보호국(EPA, Environmental Protection Agency)에서는 물을 내릴 때마다 5.8리터 이하의 물을 사용하도록 하는 권고규정을 도입하였다. 이러한 새 규정을 만족하는 제품에는 "Water Sense"라는 로고를 표시할 수 있다. 한 제조업체의 예상치에 의하면 4가구 중 한 가구가 듀얼 플러시 변기를 사용하면 연간 32,000리터 이상의 물을 절수할 수 있다.[100]

오스트레일리아는 몇 년간 가뭄에 시달리고 있으며, 최근 2년은 그 정도가 가장 심하다고 한다. 시드니와 같은 주요 도시의 저수지의 수위가 용량의 30% 이하로 떨어졌고, 주 정부는 도시를 위한 제염공장에 1조 원 이상을 사용할 계획을 하고 있다. 물과 관련된 제한은 모두 강화되어 여름 동안 정원에 물을 주는 것은 일주일에 한 번 또는 두 번만 허용된다. 가뭄으로 인하여 2003년 이후 모든 신축 주거에서는 듀얼 플러시 변기가 의무 사용화되었다. 인구증가와 지구 온난화가 야기한 서쪽과 남서쪽 지역에서의 지속적인 가뭄상태와 물부족 현상으로 북미 주거 역시 오스트레일리아와 유사한 규정을 따르고 있다.

듀얼 플러시 변기의 가장 큰 제조업체 중의 하나는 오스트레일리아 회사인 카로마(Caroma)이다. 나는 2005년과 2006년에 포틀랜드의 LEED 골드 등급을 받은 아파트에서 살면서 Caroma 듀얼 플러시 변기를 사용하였는데, 나는 이것이 좋다는 것을 경험으로 증명할 수 있다. 게다가 큰 볼일에 대해서는 큰 버튼, 작은 볼일에 대해서는 작은 버튼을 누르도록 되어 있어 아이들도 쉽게 이해할 수 있다. 대부분의 가정에서는 두 버튼의 성능 차이를 느낄 수 없을 것이다. 성능 차이는 느낄 수 없으면서도 사용하는 물의 약 40%를 절약할 수 있다.

변기의 물 사용량을 어떻게 평가하는가 하면, 실험실에서는 성능특성을 평가하기 위하여 수천 번의 물내림을 해본다. 당신은 된장이 대변과 거의 같은 비중과 농도를 가지고 있다는 것을 알면 놀라게 될 것이다. 2005년에 캐나다의 테스트 운전에서 일본으로부터 "먹을 수 없는 수준(non-food-grade)"의 된장(아카미소) 약 8,000kg을 수입하였다. 왜냐하면, 각 변기 테스트마다 수백 번의 플러시가 시연되어야 했기 때문이다.[101] 당신이 다음 번에 일본음식점에서 들러서 미소스프를 주문할 때, 이를 기억하면 웃음짓게 될 것이다.

Microturbines
마이크로터빈

마이크로터빈은 그린빌딩 디자인에서 실용성이 좋은 비교적 새로운 기술이다. 연료로 천연가스(또는 디젤, 프로판)를 사용함으로써 마이크로터빈은 전기와 온수를 동시에 생산한다. 이러한 방법으로 연료의 에너지 가치의 약 80%가 유용한 작업으로 전환된다. 마이크로터빈은 25~500kW 범위까지 출력하면서 산화질소의 방출은 적다. 또한, 전기 생산에서 약 20~30%의 효율을 발휘하고, 수영장 또는 서비스 용수(service water)와 같이 다양한 사용처에 적합한 50~80℃의 온수를 생산해 낸다.[102]

마이크로터빈은 소규모 발전소를 위한 다른 기술보다 많은 잠재적인 이점을 제공한다. 이는 작은 크기, 가벼운 중량, 높은 효율, 적은 방출량, 적은

60kW 출력의 마이크로터빈은 큰 냉장고 정도의 크기이다. 일반적으로 5개 이상이 한꺼번에 설치되어 건물의 전기와 온수 수요를 맞추게 된다.

전기요금, 바이오디젤 같이 버리는 연료를 사용할 수 있다는 등의 이점을 들 수 있다. 마이크로터빈은 전기를 발전하기 위해 제한된 공간에 설치할 수 있고, 폐열회수는 전체 시스템 효율을 80% 이상 달성시키는 데 사용될 수 있다.

마이크로터빈은 보통 60kW모듈(큰 냉장고 크기)로 공급된다. 작은 모듈을 사용함으로써 마이크로터빈 그룹을 조립하여 현장 발전 시스템으로 사용하고, 건물의 수요에 따라 전기 또는 열적 출력을 맞추기가 용이하다. 예를 들어 터빈의 열출력은 병원이나 호텔, 편의시설과 같이 24시간/7일 내내 대량의 온수를 필요로 하는 유형의 건물에서 급탕에 사용될 수 있다. 만일 대량의 물을 사용하는 수영장이 있다면 초과되는 온수는 수영장(증발에 의한 열손실이 많음)을 덥히는 데 사용될 수 있다.

마이크로터빈을 사용하기에 유용한 다른 시설로는 데이터 센터, 학교, 대학, 음식물 조리 또는 제조공장, 슈퍼마켓, 하수처리장을 들 수 있다.

오늘날 마이크로터빈의 이점은 열병합발전 시스템과 비슷하다. ; 마이크로터빈은 대부분 열을 사용하는 열부하와 연결되면 항상 비용효과(cost-effective)적이다. 마이크로터빈으로 생산되는 전기는 완전소매요율(full retail rates)이 적용되는 유틸리티에 필요한 에너지를 대체하고, 열은 단일 목적으로 구매되는 천연가스를 대체한다. 여러 면에서 전통적인 발전방식보다 오염물질과 탄소를 적게 배출한다.

Measurement and Verification Systems

측정과 검증 시스템

그린빌딩이 에너지 절약을 어떻게 장기간 유지할 수 있을까? 이는 건물의 에너지 성능은 시간이 지나면서 저하된다는 수많은 증명된 사실이 있기에, 그린빌딩 디자인에서 중요한 질문 중의 하나이다. 시스템은 노후화되고, 건물의 유지관리 및 운전을 하는 새로운 사람들은 필요한 수리나 예방차원의 유지관리를 수행하지 못하고, 일반적으로 건물 에너지 시스템은 원래 계획된 대로 운전되지 못한다.

LEED에서는 그린빌딩의 에너지 효율이 저하되는 경향에 대비하기 위한 두가지 간단한 방법을 권고하고 있다. 첫째, 프로젝트는 모니터링과 검증계획을 세우고, 국제 통신규약(protocol)을 따르고, 그 다음에 보일러와 냉동기와 같은 중요한 에너지 사용 시스템의 실제 성능을 측정할 센서를 설치함으로써 LEED점수를 받을 수 있다. 센서는 빌딩 자동화 시스템에 연결되어, 엔지니어와 건물 운영자가 문제 발생 지점을 정확히 찾아내어 수리할 수 있도록 정보를 제공한다. 계획을 더 세우고 추가의 센서를 설치하는 것은 비용이 많이 들지는 않으며, 일반적으로 3,000~5,500만 원정도 소요되는데, 이는 큰 사무소 건물이나 주거 건물에서는 쌈짓돈 정도밖에 되지 않는다.

추가로, 건축주들은 차기 운영자가 시스템의 적절한 사용과 유지관리방법에 대해서 알 수 있도록 시스템 운영내용을 서류화하도록 권고받는다. 기존 건물을 위한 LEED에서는 건물의 생애주기 동안 에너지 성능이 잘 유지되도록 건물 커미셔닝을 매 5년마다 재실시하기를 권장한다. 대부분의 공공건물(institutional building)의 건축주는 돈을 지불하는 사람들이므로 이렇게 하는 것이 현명한 방법이다.

미국에서 측정과 검증을 주도하고 있는 단체는 신축건물의 에너지 성능을 검증하기 위한 최상의 기술을 확인하고 코드화하기 위한 국제 성능측정 검증 프로토콜(International Performance Measurement and Verification Protocol)을 개발한 연방 에너지관리 프로그램(Federal Energy Management

Program)이다.

당신이 에너지를 더 많이 또는 더 적게 쓰고 있는지를 판단하기 위해 올해와 작년의 유지관리비를 비교하는 간단한 일을 잠시 생각해보자. 어떠한 것들이 결과에 영향을 미칠 수 있는가? 올해의 기온이 작년보다 더 낮았는가 아니면 높았는가? 날씨는 확실한 큰 영향인자이다. 건물의 용도가 변하여 거주자의 수에 변화가 있었는가 적었는가? 건물이 사용된 시간이 크게 변하였는가?(예를 들어 누군가가 2교대 근무를 실시하였는가?) 누군가가 서버의 전력을 많이 사용하고 냉방부하를 증가시킬 수 있는 발열이 많은 데이터 센터를 두었는가? 조도레벨, 재실센서, 환기수준, 냉난방 설정온도에 변화는 없었는가? 예방관리 또는 보수관리가 수행되었는가? 상당한 기간 건물이 비어 있었는가? 당신은 어떻게 이러한 모든 것들을, 정확한 정보를 얻기 위한 좋은 계획과 충분한 측정 그리고 모니터링 없이도 알 수 있겠는가? 당신은 계획을 세우고 충분한 센서를 설치하고 데이터를 수집하기 위한 LEED 규정을 따름으로써 미리 계획할 수 있는 지혜를 가질 수 있다.

Native American and Native Canadian Ways of Living

토착 미국인과 토착 캐나다인의 생활방식

그린빌딩에 긴 역사를 가진 내포된 주제가 있다면, 그것은 현대의 시민들은 오랜 기간 동안 그 지역에서 생활해 나가기 위한 기술을 배울 필요가 있다는 것이다. 땅을 숭배하고 지구를 모든 생명체의 어머니라고 보는 북아메리카 원주민인 토착 미국인과 토착 캐나다인들의 삶의 방식은 북미인들에게 7대손에 걸쳐 은혜를 베풀어 오늘날을 살 수 있는 방식을 제공하였으며, 앞으로의 먼 미래에도 영향을 미칠 것이다. 대부분의 미국인들은 이러한 삶의 방식의 매력을 우리의 현 도시사회에 주어진, 기껏해야 향수 정도로 생각한다. 그럼에도 불구하고 본래의 전통들은 우리의 정신을 강하게 하고 그린빌딩과 녹색개발에 관한 많은 요소들의 표현을 찾을 수 있게 해준다. 오픈 스페이스를 보존하고 자연 생태지를 보존하는 생각은 자연을 존경하는 방법 중 하나이며, 건물에서 자연적인 요소들을 보존하는 것은 의심할 나위없이 정신적으로 좋은 것이다.

1492년부터 "홈랜드 방어(homeland security)"를 제공하고 있는 뉴멕시코 주의 타오스 푸에블로(Taos Pueblo)

토착 미국인과 토착 캐나다인들의 또 다른 접근방식은 기후 대응형(climate-responsive) 디자인을 한다는 것에 있다. 많은 건축가는 콜로라도 남서부에 있는 메사 베르데(Mesa Verde) 절벽 주거에서 감명을 받는다. 차양역할의 절벽은 고도가 높은 강한 여름 태양에 대하여 보호하면서도 낮은 고도의 따뜻한 겨울 태양은 주거로 들어오도록 해준다. 흙(adobe)과 돌로 만들어진 건물은 낮동안 열을 축열하여 밤에 서서히 열을 방출할 수 있게 하는 열적 관성을 통하여 여름에는 시원하고 겨울에는 따뜻하게 실내를 유지하게 해준다. 다른 남서부 개발자들은 지역 건축 스타일에 영향을 받았다. 2006년에 나는 뉴멕시코 북부의 타오스 푸에블로(Taos Pueblo)를 방문하였는데, 이곳의 몇 개 층으로 된 아파트는 작은 강의 양쪽에 흙벽돌로 건설되었다. 이곳에는 큰 광장이 하나 있고, 약 4,500명의 인구가 살고 있으며, 이곳에 거의 600년 동안 계속해서 사람들이 살아 왔다는 것 이외에는 특별히 주목할 만한 점은 없으나, 흙벽 건물 스타일은 뉴멕시코에 토착화되었고 건조한 남서부지역 전역에 걸쳐 건축 스타일에 영향을 미쳐왔다.

북서태평양 해변에서 토착 미국인의 건물 양식은 가족공동체를 위한 충분한 크기의 길이가 긴 목조건물로서, 음식과 은신처 그리고 의복의 재료가 풍부한 근처 숲과 강 그리고 바다와의 접근성이 좋다. 강과 강둑의 보존, 해변으로의 공공의 접근성, 습지 생태서식지, 토착식물, 오래된 숲은 북서부지역의 주된 정신이며, 다양한 야생 연어종과 지역 동물을 보호하려는 강한 노력이 점점 증가하고 있다.

Nature, Design with 자연과 함께 하는 설계

1960년대에 조경건축가 이안 맥하그(Ian McHarg)에 의해 처음 보급되었으며, 여전히 많은 조경 건축가들에 의해 활용되고 있는 "자연과 함께 하는 설계"는 대지, 지질학, 토종식물과 동물, 기후, 물의 패턴과 함께 시작하고, 이들의 역동성을 사용하여 단지계획에 활기를 불어넣는 것이다. 맥하그의 전제는 동물과 식물간의 상호관계인 생태는 대지를 계획하는 데 기본이 되어야 한다는 것이다. 이러한 접근방법은 산사태, 지진, 홍수가 일어나기 쉬운 곳에 건물을 짓는 것과 같은 어리석은 실수를 하는 것을 방지해준다.

"자연은 항상 되돌아온다"라는 개발에 대한 아주 적절한 표어가 있다. 우리는 자연이 얼마나 큰 힘을 발휘할 수 있는지의 일례로서 허리케인 카트리나의 여파를 볼 수 있다. 우리는 카트리나에 의해 피해를 입은 사상자와 경제적 손실에 대해서 걱정하는 동시에, 결국에는 멕시코만의 일부가 될지도 모를 공간에 커다란 도시를 재건하는 것과 같은 무용함을 알 수 있다.

그린빌딩 운동은 다양한 방법으로 자연과 함께하는 것을 정착시켰다. 첫 번째로, 우리는 희귀하거나 멸종위기에 있는 종의 서식지가 될 수 있는 습지대, 강, 농장이나 땅으로부터 30m 이내(또는 더 먼 거리)의 생태적인 땅을 개발하기를 원치 않는다. 두 번째로, 우리는 땅 개발이 세계2차 대전 이후의 도시 주변에 우후죽순으로 개발된 예시와 같은 전통적인 개발에서 떠나 더 콤팩트한 개발이 되길 원하다. 아이러니하게도, 개발자들은 개발지 안이나 주위에 개방된 공간을 두는 것이 미래의 거주자들의 거주공간 바로 옆에 있기 때문에 거주자가 자연에 접근할 수 있어 건물 부지의 가치를 높여준다고 믿는다. 개발자들은 조깅이나 산책중에 악어를 만나게 되는 것도 기꺼이 참을 수 있고, 환경보전에 관심 있는 건물주나 입주자를 끌어들이기 위하여 플로리다의 개발이 금지된 큰 습지가 있는 곳에 개발이 허가되도록 "보호완화(conservation easements)"를 끈질기게 요구하고 있다.

2006년 투산(Tucson)에서 기거할 집을 구하고 있을 때, 나는 건물 주변에 본래의 형태로 자연 사막이 보존되어 있는 비교적 새로 건축된 집을 찾았다. 그곳은 토착동물들(코요테, 살쾡이, 산토끼, 얼룩다람쥐, 멧돼지, 메추라기, 뱀, 로드러너, 다양한 새들)이 집과 영구히 공존할 수 있었다. 나에겐 이곳에서 사는 것이 매우 매력적이었다. 비록 애완견을 보호하기 위한 추가의 주의를 해야 하였지만 말이다.

자연친화 디자인의 또 다른 예는 프로젝트에 자연적인 수공간은 끌어들이는 것이다. 독일의 유명한 수공간 디자이너 Herbert Dreiseitl는 물과 연계된 도시 디자인이 얼마나 기능적인 동시에 미적으로 뛰어난가에 대해서 얘기한다. 물이 필요한 생명체로써 흐르는 수로에서부터 물이 흐르는 벽, 분수, 호수, 물을 이용한 미기후 냉방 시스템, 우수처리 등 다양한 방법으로 표현될 수 있는 물을 이용한 디자인이 있을 수 있다.[103]

New Urbanism 신도시주의

신도시주의 운동은 마이애미에서 활동하던 안드레 듀아니(Andres Duany)와 엘리자베스 플레이터지버크(Elizabeth Plater-Zyberk)와 같은 도시계획가와 건축가에 의해 1980년대 초에 시작되었다. 신도시주의의 원칙을 잘 설명하고 있는 초기 프로젝트 중의 하나는, 플로리다 주의 포트왈튼 해변(Ft. Walton Beach) 근처에 있는 해변가 마을이다. 이러한 개발은 약 4,000㎡당 8에서 10개 정도의 주거가 있는 밀집된 지구로 계획되어, 앞 현관에서 이웃끼리 서로 보고 말할 수 있는 거리로 계획되어 있다. 이곳은 몇 백 미터 이내에 잡화점과 버스정류장 같은 중요한 편의시설이 있어 걸어다닐 수 있도록 계획되어 있다. 전형적인 신 도시계획의 예인 일리노이 주의 경우가 이러한 요소들을 어떻게 계획해야 하는지를 잘 보여준다.

신도시주의는 교통 지향의 개발과 연결되어 있어, 경전철 역이나 다른 큰 역 주변에 개발된 주거, 오피스 그리고 상업건물들은 직장이나 집, 기타 레크리에이션 목적의 건물에 사람들이 혼자 차를 타고 가지 않을 수 있도록 해준다. 연구에 따르면, 사람들은 볼일을 위해 차를 타는 대신에 걷거나 자전거를 타고 갈 수 있는 곳에서 더 건강해진다. 대부분의 장소에 걷거나 전철을 타고 접근이 가능한 뉴욕, 샌프란시스코, 보스턴, 시카고와 같은 큰 도시에 살거나 일하거나 방문했던 당신의 경험을 생각해보자. 오늘날 새로운 도시계획은 다음과 같은 몇 가지 중요한 개념으로 표현될 수 있다. :

시카고에 있는 파 어소시에이츠(Farr Associates)에 의한 일리노이 주 노먼(Normal)시의 새로운 도심센터에 대한 개념설계안

- 상점이나 매일 필요한 기본적인 곳들을 걸어다닐 수 있는 거리에 위치시켜 커뮤니티와 연결
- 사람들이 걸어서 다닐 수 있는 곳에 교통시설을 위치시키고 차도와 보도가 분리되도록 주변을 위치시킴.
- 다양한 방법에 의하여 차들의 속도를 줄임으로써 보다 안전하고 주변 동물들이 공존할 수 있도록 함.
- 개발지역의 밀도를 높여 더 많은 오픈 스페이스를 형성함으로써 자연적인 배수지형, 야생길 등을 가능하게 하는 토지이용 방식

Onsite Sewage Treatment 단지내 하수처리

대부분의 사람들은 단지 물을 세정하여 멀리 흘려 보내는, “두려움 없이 세정하고 있는” 사회에 살고 있으며, 세정된 것들은 강 하류 어디에선가 처리될 것이라고 생각한다. 물론, 대부분의 사람들에게 있어서 우리의 강 하류는 누군가에게는 상류이다! 그럼에도 불구하고 대부분의 경우에 이것은 합리적인 가정이다. 왜냐하면 현대의 오수처리 시스템은 지난 100년 동안 거의 완벽했다고 할 수 있으며, 19세기[104] 영국 런던의 토마스 크래퍼(Thomas Crapper)에 의해 처음으로 사용된 수세식 화장실은 지금까지 존재하고 있기 때문이다. 그러나 지속가능한 디자인의 기본원리는 모든 것이 서로 연결되어 있기 때문에 폐기물을 처리하기 위해서 “멀리 보내는 것”은 좋은 방법이 되지 못한다.

현대 사회에서조차도 제2, 제3의 오수처리 시스템과 함께 구축되어 있는 도시의 위생설비 시스템도 많은 하수폐기물과 산업폐기물로 인해 여전히 강과 바닷물에 부담을 주고 있다. 과거 도시의 경우, 우기 동안에 하수관은 넘쳤고, 이것은 지역의 강들을 오염시켰다. 그러므로 그린빌딩 디자이너는 오수를 부지 외부로 보내서 처리하는 것보다 부지 내에서 오수를 처리하는 방법에 대하여 계속 관심을 가지고 있다. 엔지니어는 존재하는 어떤 미생물들을 죽이기 위해 자외선을 이용하여 처리하는 최후의 방법뿐만 아니라, 건물 지하실과 같은 제한된 공간에서 호기성 세균 및 혐기성 세균을 이용하여 오수를 처리하는 새로운 방법을 개발해야 한다.

어느 한 프로젝트에서 지역 오수처리 시스템으로 연결하지 않음으로써 절약되는 비용으로, 16층 빌딩에서 하루에 1,000명의 용량을 처리하는 시스템을 제 3의 회사가 설계 및 시공하는 데 드는 비용을 충당할 수 있었다. 그 회사는 시스템을 운영하고, 그 프로젝트에 대해서는 지역 오수처리에 연결되었을 때 지불하였을 동일한 비용이 부과될 것이다. 추가의 비용 없이 연간 2,300만 리터의 오수를 재활용하여 관개용수 및 수세 화장실에 사용하게 된다.[105]

다른 오수처리 시스템은 습지대를 통하여 오염물질을 필터링하거나, 1970년대 뉴 앨키미 연구소(New Alchemy Institute)의 존(John)과 낸시 토드(Nancy Todd)에 의해 처음으로 시작된 시스템인 온실과 같이 제한된 공간에서 연속으로 배치된 탱크 또는 연못 등에서 처리하는 방법을 사용하고 있다. "살아 있는 시스템"인 온실에서 오수의 영양분이 해조와 수초를 길러내어 물고기의 먹이가 된다. 마지막의 폐수는 매우 깨끗하게 되고 다양한 방법으로 재사용될 수 있다. 처리된 폐수를 사용한다는 것은 새로운 것이 아니다. 많은 도시에서 골프장이나 고속도로 중앙분리대, 공원과 같은 공간에 용수를 공급하기 위하여 이와 같이 처리된 폐수를 이용한다. 적절하게 적용된다면, 그것은 물을 절약하고 폐수를 좋은 방법으로 재사용하는 효과적인 방법이 될 것이다.

몇몇 그린빌딩 프로젝트에서 현장 하수처리법(onsite sewage treatment)을 통하여 물 사용을 현저하게 줄임으로써 큰 재정상의 이득을 얻게 될 것이며, 도시 하수 연결에 지출할 비용을 크게 줄일 수 있을 것이다. 이렇게 하면 상당 금액의 공공비용도 절약할 수 있는데, 왜냐하면 많은 곳에서는 상수비용에 상당 금액의 하수처리비용이 포함되어 있기 때문이다. 이러한 비용 절약으로 현장 하수처리법을 구축하고 관리하는 데 소요되는 비용을 충분히 감당할 수 있다.

물론, 왜 수세식 화장실에 처리된 하수를 사용하지 않을까? "폐수(black water)"도 어쨌든 약 98.5%가 물이지 않는가? 그것은 진정한 지속가능한 건물의 본질적인 요소로써 완성된 물순환이 되도록 돕는다. 건물에서 처리된 하수의 또 다른 사용으로는 차도와 보도를 청소하고, 조경수로 이용되고, 냉각탑 보충수(증발과 back-flushing에 의해 손실되는 물을 대체하는 데 사용되는 물)로 사용될 수 있다.

Operations and Maintenance Practices 운영 및 관리 실천

환경적으로 유용한 운영과 관리에 관한 실천은 기존 건물의 (LEED-EB)등급 시스템에 의해 박차를 가하게 되는 실제로 사용이 막 시작되는 것이다. 건물 소유주나 관리자는 사람이나 동물 그리고 환경에서 위험한 요소를 제거하기 위하여, 그들이 사용하는 화학적 비료나 살충제, 제초제 등 다양한 독성물질의 사용에 대한 검사를 시작하게 된다. 지속성에 관한 임무를 가지고 있는 큰 조직들은 실천에 대한 변화를 가짐으로써 비용도 절감하고 유해한 독성물질로부터 조직 구성원의 노출을 줄일 수 있는 장점을 인식하기 시작하게 되었다.

위스콘신 주의 스터트반트(Sturtevant)시에 위치한 존슨디버시(Johnson-Diversey)의 국제 본사는 26,000m² 복합용도의 3층 건물로써, 70%는 사무실, 30%는 연구실로 구성되어 있다. 이 건물은 2004년도에 LEED-EB 골드 등급을 획득했다. 이 건물의 연간 약 8,800만 원 또는 약 3,300원/m²의 관리비용으로, 연간 순 절약비용은 약 1억 6천만 원(약 6,200원/m²)으로, 건물 생애주기 간의 절약금액을 현재가치로 환산하면 약 15억 원이므로, 이 금액은 건물 초기투자비의 1/20에 해당하는 금액이다. 에너지 절약 금액은 연간 약 1억 원으로 기록되었고, 식수의 사용은 연간 757만 리터~1,500만 리터까지 감소되었으며, 단지에서 발생된 쓰레기의 50% 이상이 재활용되었다. 그 프로그램은 회사의 초점을 통합된 병충해 관리를 하고 노동자를 훈련하고 LEED에서 요구하는 사항을 통합하여 개발하는 데 맞추도록 새롭게 수정하였다.[106]

2003년도 도시설계계획에 따라 새크라멘토(Sacramento)지역의 토마스 프라퍼티 그룹(Thomas Properties)의 크레이그 쉬이(Craig Sheehy)는 2000년도에 처음으로 문을 연 캘리포니아 환경 보호국(Cal-EPA)의 25층, 88,000m² 규모의 본사 건물을 시공하였다. Cal-EPA건물은 2004년도 LEED-EB 플래티넘 인증을 획득하였다. 이 프로그램에 의하여, 이 건물은 에너지 효율이 34% 향상되었고, 매년 쓰레기 매립지로부터 200톤 이상의 쓰레기를 전환하였으며 약 132억 원의 자산가치를 증가시켰다(이 건물은 개인소유이고 Cal-EPA에 임대된 상태임). 매년 음식물 쓰레기의 10톤 이상이 퇴비가 되었고, 집 정원에 사용하기 위한 "관청의 쓰레기"("Bureau Crap")로 저장되었다. 약 6억 원의 투자였지만, 연간 약 7억 원 이상의 비용절감이 현실화되었다. 이것은 LEED-EB가 신축 건물에도 적용될 수 있음을 시사한다.[107]

2006년도에 캘리포니아 주의 산 호세(San Jose)에 위치에 있는 소프트웨어 회사인 어도비 시스템(Adobe Systems, Inc.)은 그들의 본사 건물 중 3개에서 LEED-EB 플래티넘 등급을 인증받았다. 2001년 이후로 어도비는 3개동의 건물에 에너지 및 환경설비 개선에 약 12억 원을 투자하였고, 약 8억 원을 절약하였다. 이 이간 동안, 어도비는 전기사용 35% 절약, 천연가스 사용 41% 절약, 건물 내 물 사용 22%를 절약하였고, 관수(irrigation water)는 무려 75%를 절약하였다. 어도비는 현재 고형 쓰레기의 85%를 재사용 또는 퇴비로 만들어 사용하고 있다. 에너지 절약과 녹색전력의 구입을 통하여, 어도비는 26%의 대기오염 배출을 줄였다. 시설물 매니저인 쿠시맨 & 웨이크필드(Cushman & Wakefield)와 일하고 있는 어도비는 지역 기상센터와 연계된 관수이용 시스템과 함께 가뭄에 잘 견디는 조경을 하였고, 건물 내부에 일산화탄소를 모니터링할 수 있도록 센서를 설치하고, 이와 연동하여 배기팬을 제어시키고 있다. 또한 환기와 냉방을 위해 외기를 적극적으로 도입하고 공조시스템의 전체적인 관리를 개선시킴으로써 보다 나은 실내공기질을 확보하였다.[108]

Ozone-layer Protection 오존층 보호

몬트리올 협정은 1989년도에 발효되었다. 1970년도에 과학자들에 의해 처음으로 오존층 파괴에 대한 우려에서 시작된 이 협정은 오존층을 파괴시키는 화학물질의 사용 및 생산을 금지하고 있다. 오존층 보호가 없다면 전 인류는 피부암에 걸릴 것이다! 1984년도 영국 과학자에 의해 남극대륙 상공에 지속적인 오존층에 구멍이 뚫린 것이 확인되어, 이러한 화학물질 사용에 대한 공공의 관심을 증가시켰으며, 이러한 화학물질의 사용이 오존층 파괴를 야기시킨다는 것을 깨닫게 되었다.[109]

프레온가스나 염화불화탄소(CFCs)와 같은 유해한 화학물질은 보통 냉동기에 사용된다. 몬트리올 협정의 발효와 더불어 이러한 화학물질을 사용하는 회사들은 환경적으로 부작용이 없고, 이전의 물질에 비해서 모든 건물에서 유해하지 않으면서 기존 냉동기와 같은 효율성을 가지는 대체물질을 찾기 위한 연구를 시작하였다. 이슈는 간단하다 : 효율이 낮은 냉동기는 동일한 용량의 냉방을 하기 위해서 더 많은 전기에너지를 소비해야 한다는 것을 의미한다. (엔지니어는 이와 관련되어 kW/cooling ton의 용어로 표기함) ; 그러므로 화력발전소(미국 전기 생산의 핵심 발전소)에서 더욱 많은 이산화탄소가 방출되고 지구 온난화가 더욱 가속화 된다.

전문가에 따르면, 지구 온난화와 오존층 감소는 둘 다 바람직하지 않고 부정적인 영향이 크다. 오존층 감소는 지구 온난화를 더욱 악화시키고 지구 온난화는 오존층 파괴를 가속화시킨다.[110] LEED 시스템은 “기본건물(base building)” 냉방이나 냉동 시스템에 CFC 사용을 금지(수냉식 냉방 또는 작은 냉동기는 제외)하고, 또한 소화 시스템에 사용되었던 CFCs, HFCs(hydrofluorocarbons) 및 할론가스의 사용을 금지하고 있다.

화학을 통한 더 좋은 삶! 최근 수십 년 동안 우리가 알아낸 사실은 오존층 파괴의 잠재력이 큰 화학물질들이 일반적으로 지구 온난화를 적게 야기시킨다는 것이었고, 그 반대도 가능하다는 것이었다. 따라서 오존층 파괴를 방지하기 위한 시도가 뜻하지 않게 지구 온난화를 높이게 되는 경우도 있었다. 이러한 난제를 인식하여, LEED 시스템은 몇 년 전에 수소염화불화탄소(HCFCs) 중 지구 온난화에 비교적으로 덜 영향을 주는 HCFC-22, HCFC-123 등을 건물 냉방 시스템에 사용하는 것을 허용하도록 수정하였다. 몬트리올 협정에서 HCFCs는 2030년까지 선진국에서는 단계적으로 사용을 금지하기 때문에 명시화되지 않았다.

오래된 건물을 리모델링할 때 오래된 에어컨과 냉방 시스템을 지구 온난화와 오존층 파괴의 측면에서 상대적으로 양호한 HCFCs를 사용한 현대식 냉동 및 냉방 시스템으로 바꾸는 것은 중요하다. 신축 건물에서 기계식 냉방 시스템이 필요 없을 때, 시스템 없이 운전이 가능하도록 왜 그렇게 디자인하지 않을까? 태평양 북서부지역에서는 상대적으로 저온저습하기 때문에 100% 외기도입 냉방이 가능하다. 특히 해안가나 고지대지역의 다른 지역에서도 패시브 솔라 디자인, 열 수 있는 창문, 복사냉방, 자연환기 기법 등을 이용하여 기계적 냉방 없이도 연중 몇 개월 간은 냉방이 가능할 것이다.

Paint, Low-VOC 오염물질 저방출 페인트

2006년도에 나는 페인트 칠을 다시 해야 할 집으로 이사했다. 나의 아내는 모든 화학물질이 방출하는 냄새에 민감하였기 때문에 강한 자극적인 냄새가 없는 페인트를 찾아야만 했다. 몇몇 제품을 살펴본 후에, 우리는 당시 일반 상용제품은 리터당 127그램의 휘발성 유기 화합물(VOCs)이 방출되는 데 비해, 리터당 단지 3그램만이 방출되는 주요 제조업체 제품의 "친환경(ecological)" 페인트를 찾았다. 좋을거라 생각하고 우리가 원하는 색을 추가해서 페인트를 집으로 가져왔다. 어떻게 되었을까? 추가한 색을 내는 색소에 많은 휘발성 용매가 함유되어 있었고, 여전히 자극적인 냄새가 내 아내를 무척 괴롭혔다.

다행히도, 저휘발성 유기 화합물(VOC)의 자연 페인트를 구매할 수 있다. 친환경적인 주택개발 업체가 있는 도시에서는 저 VOC 페인트에 관한 전문가 상담을 받을 수 있다. 페인트 선택을 위한 효과적인 방법 중 한 가지는 캘리포니아 주 버클리의 친환경 주택개발 상점에 가는 것이다. 그곳의 페인트 판매대에서는 전문가들이 선택 가능한 다양한 제품을 보여줄 것이다.

Salvage가 설계 및 시공한 캘리포니아 버클리에 있는 에코홈 임프루브먼트(Ecohome Improvement)의 페인트 바. 페인트 바는 유리 작업대를 재생한 베트라쪼(Vetrazzo)와 베이지역(Bay Area) 물탱크를 분해하여 나온 처녀림의 붉은 나무를 재생시켜 만들어 진 것이다.

또 다른 접근방법은 전혀 새로운 페인트 제조방법을 택하는 것이다. 화학 분야의 박사인 애리조나 남부지역의 기업가인 메레디스 아론슨(Meredith Aronson)에 의해 탄생한 그린 플래닛 페인츠(Green Planet Paints)라는 회사가 있다. 그녀는 점토와 대리석, 광물질, 표면을 세척하도록 만드는 콩을 원료로 한 합성수지, 고대 마야문명의 기술 및 원료로 만든 페인트로 시장에서 히트를 치기 시작하고 있다. 이러한 페인트는 VOCs가 전혀 없다.

그녀의 천연 페인트에 대해서, 아론슨은 'zero VOC' 페인트의 환경 발자국(environmental footprint)조차도 페인트의 성질을 조절하기 위한 여러 합성물질을 포함하고 있어, 궁극적으로 환경을 위한 지속성과 선의의 비전을 달성하지 못하고 있다고 말하고 있다.[111]

물론 많은 옵션이 있지만, 더 넓은 상업적인 설정기준에서 보면, LEED 시스템은 페인트나 코팅의 VOCs를 일정 수준 이하로 하기 위한 정의된 기준을 가지고 있다. 무광택 페인트는 리터당 50그램 미만, 광택 페인트는 리터당 150그램 미만의 사용 제한기준은 그린 실(Green Seal) 기준의 GS-11에[111] 명시되어 있다. 그러나 여전히 가야 할 길이 멀지만, "zero-VOC" 페인트는 리터당 5그램 이하를 함유해야 한다.

Paradigm Shift 패러다임의 전환

그린빌딩은 건축, 엔지니어링, 시공 및 개발 분야에서 큰 패러다임의 전환을 나타낸다. 미적, 경제적인 관점에서 건물을 평가하는 대신에, 우리는 지금 에너지, 환경, 건강의 기준으로 건물을 보고 있는 LEED 등급 시스템과 같은 기준에 기반하여 건물을 평가하기를 요구하고 있다. 틀림없이, 이것은 디자인 및 개발사업에서는 일반적이었던 전통적인 지혜와 사업에 대한 심각한 도전이다.

패러다임이란 무엇인가? 이것은 세상을 바라보는 중요한 방법이고, 우리는 이에 대한 대안을 고려할 수 없을 정도로 우리의 관념 속에 자리 잡고 있다.[112] 모두에게 친숙한 몇 가지 예를 보자 : 500년 전에 지구는 둥글고 태양의 주위를 돈다는 지동설은 종교적·과학적 교리로부터 배척당했다. 이 새로운 패러다임을 지지하는 것은 종교적으로 이단과 같은 것이었으며(1600년 초 갈릴레오의 투옥을 생각하라), 오래된 패러다임에는 매우 모순되는 것이었다. 결국, 1522년 마젤란이 한 방향으로 항해해서 세계일주를 마치고 돌아옴에 따라 지구가 둥글다는 사실은 더 이상 중세사회의 이슈가 되지 못하였다. 그후 100년이 채 지나지 않아, 천문학자들이 망원경과 주의 깊은 관찰을 통한 사실로부터 태양을 중심으로 한 행성의 회전이론을 정립하기 시작했다.[113] 오늘날 이에 관해 다른 주장을 하는 것은 터무니 없는 짓이 될 것이다.

1905년 아인슈타인은 물질과 에너지는 서로 다른 실체라는 200년 이상 유지되어 왔던 뉴턴 물리학에 대해 상대성이론이라는 놀랄만한 이론으로 도전하였다. 이 두 가지를 서로 연결함으로써 아인슈타인은 그 당시 지배적이던 과학적 정설을 던져버리고 물리학에 있어서 혁명의 길을 닦았으나, 원자 및 수소폭탄, 원자력의 개발 및 핵무기가 확산되게 되었다.

1917년 아인슈타인의 일반상대성이론은 당시 공간과 시간이 분리되어 있다는 일반적인 관념을 날려버렸고, 우주 팽창이론의 길을 열었다. 몇 년이 지나지 않아 이 이론은 관찰에 의해 확인되었다.

약학, 신경과학 및 다른 분야에서의 새로운 연구는 프랑스 철학가 데카르트가 처음으로 주장했던, "나는 생각한다. 고로 존재한다" 이후 수백 년 간 통치되어 왔던 마음, 신체 및 의식에 관한 중요한 패러다임을 공격하고 있었다. 지구 온난화 및 지속성에 관한 관심은 끝없는 경제성장과 화석연료 사용의 증가는 서로 관련이 없다는 현재의 주된 이론에서 패러다임 전환을 이끄는 힘일지도 모른다.

전 세계에 지구 온난화, 생태계 파괴, 물 및 에너지 부족이라는 중요 이슈가 주어진 상황에서, 그린빌딩은 진정한 지속적인 디자인 및 개발, 생태 시스템의 회복, 제로 에너지 도시의 정착을 향한 패러다임 전환의 시작을 의미한다. 대부분의 패러다임 전환과 같이 건물의 예산책정, 계획, 설계, 시공 및 운영에 관한 우리의 현재 시스템으로 어떻게 그러한 결과를 이룩할 수 있을지를 예상하기는 매우 어렵다. 그러나 과학자인 도넬라 메도즈(Donella Meadows)가 1990년대 밝혔던 것처럼, 패러다임의 전환만이 복잡한 인류 시스템을 크게 변화시킬 수 있다.[114]

Passive Solar Design 자연형 태양열 설계

자연형 태양열 설계는 건물의 냉난방 및 주간 실내조명을 위한 전기나 화석에너지를 줄이거나 사용하지 않는 지능형 건물 디자인 기술이라 하겠다. 이러한 건물 디자인에 있어서 전통적인 접근에 대한 현대식 개념은 1970년대에 개발되었고, 미국 서부 및 남서부를 중심으로 미국 전 지역의 다양한 건물형태에 적용되었다.[115] "자연형 태양열 설계"의 용어는 당시 더욱 유행하던—그리고 더욱 비싼— 공간의 냉난방을 위해 옥상에 설치된 비싼 구리 혹은 알루미늄 집열기와 많은 송풍기, 펌프, 제어기를 사용한 "설비형 태양열 시스템"에 대비하여 선택되었다. 자연형 태양열 설계의 아이디어는 기계 시스템에 의한 에너지를 최소화하도록 건물 기본설계단계에서의 채광과 자연환기의 통합에 있었다. 미국의 많은 고온 건조한 지역에서 이 시스템은 훌륭한 디자인 기법이다. 고온 다습한 지역에서는 난방보다는 환기에 초점을 맞출 필요가 있다.

1980년대에 나는 샌프란시스코 해변에 자연형 태양열 점토벽돌집을 지었다. 차가운 겨울철 밤(0℃)부터 고온의 여름철(40℃)에 이르는 전형적인 기후에서, 중량 구조체(어도비 점토), 남향의 많은 유리창, 잘 단열된 지붕, 북향의 낮은 창문과 남향의 높은 채광창(clerestory) 간에 맞통풍이 잘 이루어지는 침실 3개의 주택을 디자인하였다.

집의 긴 축은 동서향이고 이 외벽에는 작은 창문이 설치되었다. 남향에 면한 창문에는 차양장치를 설치하여 여름철의 높은 고도의 일사가 집안으로 유입되는 것은 차단하였지만, 겨울철 낮은 고도의 태양열은 축열체를 직접

덮힐 수 있게 하여 낮 동안뿐 아니라 야간까지도 난방이 되었다. 집은 풍부하게 자연채광되었고, 실내 온도는 겨울에는 외부 온도보다 10℃ 높게, 여름에는 외부보다 10℃ 낮게 유지되어 연중 쾌적하였다. 거실의 소형 나무 난로만이 보조난방을 위해 사용되었고 에어컨은 사용되지 않았다. 해변의 더운 여름철에도 야간에는 항상 시원한 산들바람이 실내를 금방 시원하게 해주었다.

상업용 건물에 적용할 때 동서방향의 긴 축을 가지는 건물이 자연형 태양열 설계에 더 유리하여, 정방형 구조(건축가에 의해서는 "용량감(massing)"이라 불림)보다는 장방형 구조를 더 권장하며, 남향과 서향에 차양장치를 설치하여 현휘를 최소화하면서도 충분한 자연채광을 받아들이도록 한다.[116] 소규모 건물에서는 겨울의 난방을 위해 아트리움과 같은 공간에 직달일사가 유입되도록 디자인하는 것이 좋다. 이러한 건물은 복사난방 시스템을 겨울철 태양열 난방을 보완하기 위해서 활용할 수도 있고, 여름에는 콘크리트나 다른 형태의 축열체를 이용하여 주간의 열을 축열하였다가 사람이 건물을 떠난 야간에 열을 천천히 발산하도록 이용한다. 다른 방법으로 또한 "야간 냉방(night-flush cooling)"이라 알려진 기법이 사용된다. 이 기법은 팬을 구동시켜서 야간의 시원한 공기를 건물 전체에 천천히 순환시켜(더운 공기는 배기) 아침이 되기 전에 쾌적한 수준의 낮은 온도가 되게 한다. 이 방법을 기존의 공조 시스템과 비교하면 매우 에너지 절약적이다.

Permeable Pavement 투수성 포장

투수성 포장은 모든 사람들이 "왜 더 일찍 이 공법이 나오지 않았나?" 라고 말 할 정도로 대단히 혁신적인 것 중의 하나이다. 주차장에서 이 공법의 목적은 빗물이 도로나 배수관을 통해 결국은 석유와 기름 등과 섞인 오염된 물이 강이나 바다로 흘러들어가게 하는 대신 땅속으로 직접 침투되게 하는 것이다. EPA는 "1갤런(약 3.8리터)의 석유는 38십만 리터의 깨끗한 물을 오염시킬 수 있다"고 말한다.[117] 이렇게 흘러가는 빗물의 주요 원천은 우리가 상상할 수 없을 만큼 많이 포장한 불침수성의 대지면적에 해당한다. 1960년대에 조니 미첼(Joni Mitchell)은 "그들은 천국을 포장하여 주차장으로 만들었다"고 환경에 대한 탄식을 노래하였다.

바다 오염의 주요한 요인 중의 하나는, 거리와 주차장으로부터 기름과 그리스(또는 다른 오염물질)를 씻어내어 바다로 흘러가는 땅위의 흐르는 빗물이다. 가장 일반적인 오염물질은 농경지, 중소규모의 동물사육시설, 공사장 등으로부터 방출되는 침전물과 영양소가 물에 씻겨 들어가는 것이다. 기타 일반적인 오염물질에는 살충제, 병원체(박테리아와 바이러스), 소금, 기름, 그리스, 독성 화학물질, 중금속이 포함된다.[117]

투수성 포장의 시공요령은 지표 밑으로 물이 침투될 수 있도록 제일 먼저 주차장을 디자인하는 것이다. 포틀랜드의 항구에는 약 14만 ㎡의 다공성 아스팔트 포장이 되어 빗물이 포장된 면을 통과하여 배수되어 지하수가 보충될 수 있도록 하였다. 여기에 바이오스웰(bioswales, 식물을 활용한 배수구)와 자연조경을 통합하여 단지 내의 모든 우수가 땅 속으로 침투되도록 하였다.[118]

빗물을 자연의 흐름에 따라 강으로 흘러 호수로 이르게 하는 데에는 좋은 환경적 이유가 있다. 그러나 도시 개발로 인한 홍수의 증가와 오염된 빗물로 인해 가능한 한 많은 양을 대지에 저장해야 한다는 주장도 강하다. 해변가의 많은 대도시지역에서 정부 당국은 저류 연못, 바이오스웰(식물을 활용한 배수구) 또는 이와 유사한 장소에 대지 위를 흐르는 빗물을 유지하도록 조경과 주차장 디자인의 개발에 대하여 요구하기 시작했다. 이러한 경우, 투과성 포장도로는 개발자에게 배수장치의 용량을 작게 할 수 있는 훌륭한 기술이 될 수 있다.

투과성 포장은 다양한 기술을 포함할 수 있다. 다공성 아스팔트는 기존의 전통적인 아스팔트 혼합물에서 소골재를 제외한 것이다. 다공성 아스팔트의 아래는 단일 크기의 골재층이 된다. 다공성 아스팔트와 같이 다공성 콘크리트는 많은 교통량을 감당할 수 있으며 다방면으로 활용이 가능하다. 단일 크기의 골재를 결합재 없이 도포하는(보통 주차장의 자갈에서 볼 수 있음.) 것은 현존하는 것 중 가장 투과성이 좋고 저렴한 포장이다. 비록 거의 사용되지 않는 주차장 한 칸과 같이 교통량이 매우 적은 곳에 적용될지라도, 그것의 잠재적 누적효과는 놀랄만하다. 다공성의 잔디는 교회와 스타디움의 임시용 주차장에 가끔 적용된다. 살아 있는 잔디는 수분을 발산하고 녹색의 오픈된 잔디밭으로 열섬효과를 저감시킨다. 오픈 조인트(open-jointed) 블록은 유닛 간에 개방된 투수성 틈을 가진 콘크리트 또는 돌 유닛이다. 이것은 건축적으로도 보기가 좋고 대형 차량의 무게도 지탱할 수 있다.[119]

Photovoltaics 태양광발전

태양광발전 시스템은("photo-voltaics"은 빛, 특히 태양으로부터 전기를 생산하는 것을 의미) 1950년대부터 시작되었고, 각국의 우주개발 계획 시 인공위성, 국제 우주정거장, 다른 우주선의 작동을 위해 전력공급을 위한 전기를 공급하는 데 널리 확장하여 사용되었다. 반도체 급의 실리콘을 사용한 태양전지는 태양에너지를 5~12%의 효율 또는 약 53~130W/㎡의 발전 효율을 가진다. 태양빛은 ㎡당 약 1kW(10개의 100W 전구에 필요한 전기)로 지구에 도달하는 확산에너지이다. 전기에너지는 에너지의 매우 집약된 형태이므로, 태양광으로 일정한 양의 전기를 만들기 위하여 많은 집광면적을 가져야 한다는 것은 그리 놀랄만한 일이 아니다.

그럼에도 불구하고 태양광발전은 전 세계에 급속도로 퍼지고 있다. 수년 동안 미국 내의 태양광발전은 "자가공급"("grid-independent")을 위해 수천 가정에서 사용되어 왔고, 태양에너지의 사용에 관한 비전을 만들기 위해 큰 프로젝트에 적용되어 왔다. 그러나 미국의 선벨트 지역과 서부지역과 같은 풍부한 일사조건 지역에도 불구하고, 미국 정부는 태양광발전을 상업화하려는 시도를 크게 하지 않았다.

2005년 에너지정책법(Energy Policy Act, EPACT)은 태양광발전 설비를 설치할 경우 30% 연방 세금공제혜택 정책(주거용 건물일 경우 2,000달러까지 공제, 상업용 건물일 경우 무제한)을 시작하였고, 현재 기준으로는 2008년 말 종료된다. 많은 공익사업의 경우 태양광발전을 증진할 프로그램이 있고, 오리건과 애리조나와 같은 주 정부는 추가적인 세금공제 정책을 시행하고 있다. 2007년도 캘리포니아 공공시설위원(California Public Utilities Commission)는 태양광발전을 위해 주 정부가 투자 및 지분을 소유하는 형태의 전기설비를 설치할 경우 1kW당 약 300만 원의 범위 내에서 인센티브를 제공받는 약 2조 5000억 원 규모의 "밀리언 솔라루프(million solar roofs)" 프로그램을 제정하였다.[120]

회사창립 25주년을 경축하기 위해서, 오리건 주의 에너지 트러스트(Energy Trust)의 파트너 회사인 케틀 푸드(Kettle Foods)는 북서태평양지역에 가장 큰 태양광 전지 중의 하나를 설치하였다. 600개 이상의 태양전지 패널을 사용하여 지붕에 설치하였고, 이 태양전지는 연간 120,000kWh를 생산하고 있다. 이 생산량은 250,000 푸대의 목재연료와 상응하고, 연간 65톤의 이산화탄소 방출량을 줄이고 있다.

태양광발전의 사용을 저해하는 가장 큰 요인은 비용이었다. 오늘날 소비자 개별 시스템은 1kW당 약 830~1,100만 원에 설치되는 반면, 큰 규모의 상업용 시스템은 1kW당 약 660~830만 원에 설치된다. 전기에 관한 공급 가치의 관점에서 이것은 무엇을 의미하는가? PV시스템의 수명이 15년이라 가정하고, 간단하게 부채의 할부 상환액을 생각해보면 연간 1kW당 약 45~55만 원 정도이다. PV시스템은 연간 1,200~1,800kWh를 생산할 것이다. 다시 말하면 연간 1,200~1,800kWh를 생산하려면 소비자는 약 45~55만 원을 지불해야 한다는 것이다. 1kWh당 약 90~110원의 전기료를 생각해 본다면, 정확한 비용계산은 아니지만, 대략 소비자는 약 45~56만 원으로 연간 약 10~20만 원을 벌게 되는 것이다. 만약 전기료가 1kWh당 약 170원이라면, 연간 회수되는 비용은 약 20~30만 원 정도가 될 것이다.

그러나 정부 지원의 인센티브 제도로 PV시스템 비용이 50% 이하로 낮아지기 때문에 연간 비용은 약 22~28만 원에 불과하게 된다. 이렇게 아직 경제적이지 못한데, 태양광 시스템을 계속할 필요가 있을까? 그렇다. 그럴 수 있다. 예를 들면 전력공급망에 의존하지 않고도 전기를 공급할 수 있는 것의 가치는 얼마가 될 것인가? 또는 오늘날 안정적인 전기의 가격이 미래에는 어떻게 될 것인가? 또한 환경에(semiconductor-grade silicon을 제조할 때를 제외하고는) 조금도 영향을 미치지 않고 가정에서 재생에너지를 생산하고 있다고 말할 수 있는 것의 가치는? 당신 주택의 지붕이 PV전력을 생산할 수 있는 지붕널이나 타일을 설치할 수 있게 되어 있어서, 지붕을 교체해야 할 때 적은 비용으로도 PV시스템과 통합할 수 있다면? 업체에서 당신의 지붕을(1년에 약 1,000원에) 임대하고, 시스템을 설치하고, 다양한 세제 혜택을 가져가지만, 당신은 단지 생산된 전기에 대해서만 비용을 지불한다면?[121] 여기에 태양광으로 생산된 전력의 비용을 어떻게 계산할 것인가의 방법이 있다 :

1. 설치비용, 모든 인센티브를 고려한 비용을 ₩/kW(peak값)로 표기하라.
2. 발전량 : 미국에서는 일반적으로 1,200~1,800kWh/년(peak power rating)
3. 발전비용 : 평균적인 가격은 1kWh당 90~135원이다.

4. 시스템 수명 : 20년으로 가정.
5. 순 현가(NPV) 인자 : 미래 전기 가치의 할인율을 산출해야 할 것이므로 (20년 만기 미국 정부 공채와 같이) 5% 할인율을 계상하라 ; 20년 동안 5% 할인율로 매년 1,000원을 얻는 가치는 현재 12,460원의 가치가 있다. 이것은 매우 위험부담이 없는 것이고, 일반적으로 주택에서는 비과세 수입이 된다(상업용 건물일 경우는 아님).

여기에 쉽게 사용할 수 있는 공식이 있다.

연간 생산된 kWh × 당신의 전기료 × NPV 인자 = PV 전기의 가치

우리의 경우, 그 가치는 다음과 같다.

1500kWh × 100원 × 12.46 = 1,869,000원

이 공식에 따르면, 1kWh당 100원의 전기를 할인율 5%로 20년간 발전한다면, 시스템에 대하여 1,869,000원을 지불할 수 있음을 말해준다. 만약 전기료가 kWh당 150원이라면, 같은 수익에 대하여 2,803,000원을 지불할 수 있다. 만약 전기료가 인플레이션율보다 더 빠르게 증가할 것이라고 예상한다면, 모든 인센티브까지 감안하여 더 많은 비용을 지불할 수 있을 것이다.

Platinum Buildings 플래티넘 빌딩

그린빌딩을 목표로 하는 경우 대다수의 사람들은 최상위 등급인 LEED 플래티넘 등급에 랭크되길 원한다. 그러나 그것이 무엇을 의미하는지도 정확히 모르면서 많은 건축주들과 설계팀은 그들의 그린빌딩 프로젝트가 LEED 플래티넘 등급을 목표로 한다고 자랑스럽게 주장하는 것으로 시작한다. 하지만 대개의 경우, 진정한 의미의 그린빌딩을 설계하기 위해서는 이러한 좋은 의도를 단순히 선언하는 것보다 해야 할 것이 훨씬 많음을 곧 알게 된다.

2007년 초에는 4개의 USGBC 평가 시스템을 통틀어 미국에 LEED 플래티넘을 만족시키는 건물은 30개 미만으로, 전체 인증 프로젝트 수의 약 4% 정도였다. LEED 플래티넘 등급을 받은 건물 중에서 간신히 기준(LEED-NC 등급 시스템의 총점 69점 중 52점)을 만족한 건물도 많은 반면 60점이나 받은 건물도 있었다.(어느 등급 시스템에서도 단일 프로젝트로 만점을 받기는 불가능에 가깝다.)

지금까지 2005년 완공된 미주리 주 세인트 루이스의, 알버리치 건축회사(Alberici Constructors, Inc.)를 위한 10,000m² 규모(주차공간 제외)의 회사 리노베이션 프로젝트가 가장 높은 점수를 획득한 사례였다. 이 프로젝트는 52,600m²의 재개발공업단지에 위치한 50년이나 된 공장시설을 현대적인 2층 사무용 건물로 리노베이션한 것으로, 급탕용 태양열 패널이 지붕에 설

매사추세츠 주, 케임브리지의 겐자임(Genzyme) 센터

GBD Architects가 설계한 오리건 주, 포틀랜드의 오리건 보건과학대학의 건강과 치료센터

치되었으며 추가적인 신재생에너지를 위해 65kW 규모의 풍력발전시설을 갖추었다.

2006년까지, 가장 큰 규모의 플래티넘 인증 건물은 2003년에 완공된 매사추세츠 주 캐임브리지의 12층, 32,000㎡ 규모의 겐자임 센터(Genzyme Center)였다. 이 건물의 외피는 12층 모두가 개폐 가능한 고성능 커튼월 글레이징 시스템으로 되어 있다. 외피 중 32% 이상의 부분이 환기가 가능한 이중외피로 이루어져 있어, 여름에 일사 유입을 차단하고 겨울에는 일사를 받아들일 수 있게 되어 있다. 또한 인근 파워플랜트의 스팀으로 중앙냉난방을 하고 있다. 이 건물은 라임 프라퍼티(Lyme Properties)가 소유하고 운영하면서 겐자임을 주된 입주자로 하고 있다.[122] 20kW급의 태양광발전을 포함하여 이 건물은 일반적인 기존 건물에 비해 총 에너지 사용량의 41%를 절감할 수 있으리라 예상하고 있다.

2007년에 오리건 보건과학대학(Oregon Health and Science University)의 건강과 치료 센터(Center for Health and Healing)가 약 38,300m² 규모의 의료, 연구, 교육 복합용도의 건물로서 세계에서 가장 큰 규모의 플래티넘 인증 건물이 되었다. 이 건물은 60kW급의 건물과 일체화된 태양광발전, 대지 내 대규모 집열판에 의한 급탕, 300kW급의 마이크로 터빈 발전, 하수 재처리시설, 대규모 옥상녹화와 모든 우수의 100% 재활용이 가능한 설비를 갖추었다. 2006년 가을에 입주한 이 건물은 비슷한 규모의 기존 일반건물에 비해 60% 이상의 에너지를 절감하고, 50% 이상의 물사용량을 줄일 수 있을 것이라 예상된다. 추가적인 비용은 모든 인센티브를 포함하여 1%로 알려져 있다.

두바이, 중국, 인도에도 LEED 플래티넘 인증 건물이 있다. 2008년을 기준으로, 93,000m²의 큰 건물을 포함하여, 적어도 50개 이상의 건물들이 완공되었거나 현재 공사중인 건물들이 LEED 플래티넘 등급을 받을 것으로 예상되고 있다.

맥케이 미첼 어소시에이츠(Mackey Mitchell Associates)가 설계한 미주리 주 세인트 루이스의 알버리치 본사(Alberici Headquarters)

Post-occupancy Evaluation 거주후 평가

지속가능한 디자인의 중요한 요소 중 하나는 피드백 순환구조를 갖는 것으로, 이는 조직과 개인들이 그들이 내렸던 결정으로부터 학습을 하여 미래에 더 나은 결정을 할 수 있도록 도와주는 과정이다. 그린빌딩에 있어서 중요한 피드백 순환구조는 POE라는 과정인데, 이는 설계자가 건물이 완공된 후, 건물의 에너지와 물 사용량이 예측한 대로인지, 실내 공기질이 예상한 대로인지, 건물 관리자가 건물을 운영, 모니터링과 제어를 적절히 하고 있는지 등을 확인해보는 것이다. POE에 있어서 가장 중요한 요소는 재실자의 쾌적도에 관한 설문인데, 이는 그린빌딩에서 기대되는 생산성 증가가 자연채광, 조명, 환기의 질 그리고 열 쾌적감 등과 같은 인자들과 밀접한 연관이 있기 때문이다.

영국에서 개발된 POE를 미국이 비슷한 수준으로 따라가는 데 상당히 오랜 시간이 걸렸는데, 주된 이유는 이러한 작업을 위한 예산이 전혀 배정되지 않았고, 대부분의 설계 및 시공팀이 다른 프로젝트로 옮겨 가버리기 때문이었다. 따라서 이러한 과정들은 건물주로부터 빌딩이 운영되도록 하기 위해 고용된 건물운영자와 관리자의 몫으로 남겨졌다.

어떤 의미에서 이와 같은 POE에 대한 관심 부족은 설계자와 시공자 모두의 평판을 떨어뜨리기도 했다. 이 사실은 설계자들에게 그들의 설계가 재실자를 위해 실제로 어떻게 작용하는지에 대한 전문적인 이해 부족을 의미했다. 이는 사용자 그룹이 디자인 프로세스에 일반적으로 잘 참여하게 되어 있지 않고, 건물의 미래 거주에 영향을 줄 디자인상의 중요한 결정에 거의 기여하지 못하기 때문일 것이다. 건물 완공단계의 커미셔닝 이후에는 엔지니어들도 거의 결과를 재평가해보게 되지 않는다. 아마도 그들은 나중에 건물이 의도한대로 사용 또는 조절되지 않아 소송을 당하거나 책임을 지게 되는 경우를 꺼려했을 것이다. 만약 그린빌딩이 가지고 있는 모든 잠재력을 생각해 본다면, 모든 건물에는 결과를 평가하고 미래의 설계에 피드백하기 위한 예산이 있어야 할 것이다.

성공적인 POE의 최근 예로 130실 규모의 기숙사인 포틀랜드 주립대학교의 스테판 E. 에플러 홀(Stephen E. Epler Hall)을 들 수 있다. 이 건물은 2003년에 LEED 실버 등급을 받았다. PSU 석사과정의 캐디 터너(Cathy Turner)가 이 건물의 POE를 수행하였다. 그 결과로 인해 미국 북서부지역에서는 다른 프로젝트에도 유사한 평가를 수행하는 것이 널리 유행하였다.[123] 이를 생각해 본다면, 다양한 지속가능성 관련 학위 과정에서 공부하고 있는 수백 명의 학생들이 건축주나 프로젝트 설계 시공팀을 위해 POE를 기꺼이 수행해 줄 수 있음을 예상할 수 있다. 다만 필요한 것은 그들의 시간에 대한 약간의 예산과 그들의 학위 프로그램과의 긴밀한 연계일 것이다.

캘리포니아, 버클리의 건조환경 센터(Center for the Built Environment)는 21개의 LEED 인증 그린빌딩과 160개가 넘는 기존 건물을 비교하는 연구를 수행하였다. 33,000개 이상의 설문에 대한 응답을 통해 거의 전 영역(통계학적으로 분명히 의미가 있는 차이)에서 높은 만족감을 보였는데, 특히 실내 공기질의 영역(평균 90%)과 열적 쾌적감(평균 90%)에 있어서 만족감이 높았다.[124] 이러한 결과는 적절하게 설계된 그린빌딩이 가질 수 있는 2개의 핵심 이점인 재실자의 건강과 생산성에 관하여 잘 설명하고 있다.

Productivity 생산성

생산성 증가는 그린빌딩의 중요한 장점들 중 하나이다. 그린빌딩의 타당성을 설명하는 데 있어서 생산성이 왜 이토록 중요한 것일까? 전형적인 빌딩 운영비용인 인건비(급여 및 혜택), 임대료와 에너지 비용을 생각해보자. 예를 들어 연봉 6,700만 원의 노동자가 18.6㎡ 정도의 면적을 사용할 경우 1㎡ 당 360만 원을 지불하는 셈이다. 상업용 건물에서 1㎡당 연간 180,000원에서 360,000원 정도 지불하는 임대료에 비해 10~20배나 많은 비용을 인건비로 지불하게 되고, 임대료 또한 1㎡당 연간 18,000원에서 36,000원 정도인 에너지 비용보다 약 10배나 많은 금액이다. 이 결과로 에너지 절약이 중요

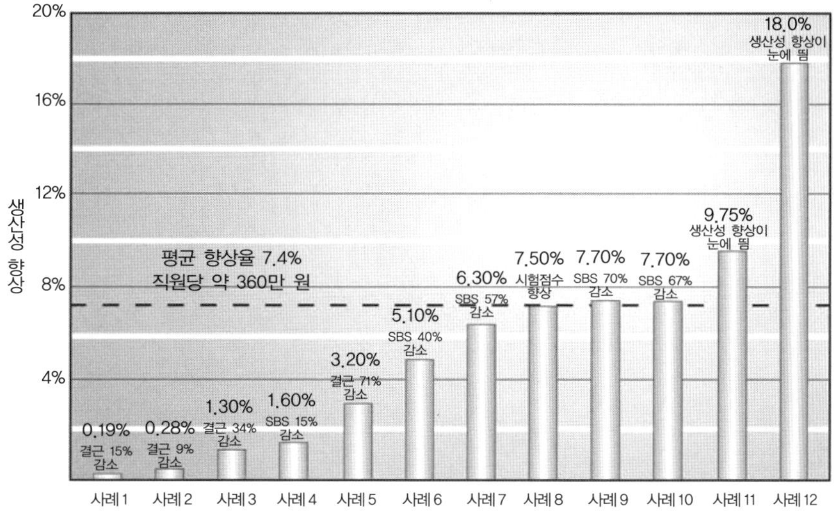

혼합모드 공조와 자연환기 시스템에 의한 생상성 향상

하지 않다고 이야기하는 것이 아니라, 근로자의 생상성 1% 향상으로도 연간 에너지 비용을 상쇄시킬 수 있는 영향력이 있다는 것이다.

더욱이 5~10% 정도의 생산성 향상이라면 전체 건물의 임대료를 지불할 수도 있을 만큼의 금액이 될 것이다. 따라서 만약 기존의 건물보다 그린빌딩을 건축하는 데 5% 정도의 공사비가 더 든다고 하여도, 자연채광, 외부조망, 쾌적한 공기질과 같은 요소들로 인해서 3~5% 이상의 생산성 향상을 가져올 수 있다면, 이는 결국 첫 해에 1㎡당 11만 원에서 18만 원의 가치를 갖게 되는 것이다. 다시 말해, 투자에 감각이 있는 건물주라면 이를 통해 첫 해에 100% 이상의 투자수익을 갖게 되는 것이다. 만약 공사비가 조달 가능한 상태라면 이러한 투자를 망설일 필요가 없다. 이러한 이유 하나 만으로도 그린빌딩의 건축이 비싸다 하더라도 그 이상의 수익을 기대할 수 있는 것이다. 만약 회사가 그린빌딩의 건축을 통해 10%의 생산성을 예상해 본다면, 심지어는 신축까지도 고려할 수 있을 것이다.

게다가 빌딩의 그린 특성과 높은 생산성 간의 연관관계에 관한 다수의 연구결과가 있다. 이러한 빌딩에서는 근로자의 발병률과 결근율 개선에도 효과가 있다. 근로자가 더 건강해져서 더 많이 출근한다면, 그로 인한 직접적인 생산성 향상은 당연한 것이다.[125] 많은 학술 연구들을 통해 혼합모드 공조와 자연환기 시스템에 의한 생산성 향상 효과는 평균 7.4%에 이르는 것으로 나타났다.

Question Authority 권위에 대한 질문

그린빌딩은 건축가와 엔지니어의 권위뿐 아니라 현재 건축산업 영역에서 보편적으로 사용되고 있는 기준과 코드에 대한 일종의 도전이라고 볼 수 있다. 많은 경우에, 도시와 주의 법규담당 관리가 새로운 기술에 대하여 잘 알지 못하여 새로운 아이디어의 성능이 법규에 의한 기준과 부합한다는 평가를 할 수 있는 사례를 만드는 부담을 설계자가 져야 한다. 성능 평가에 있어서 제안된 계획안이 공중보건과 안전에 있어서 법규에서 규정한 바와 같은 수준의 보호를 제공하고 있는지를 시험하게 된다. 여기에는 물을 사용하지 않는 소변기와 같은 간단한 기술에서부터 건물 방재 및 에너지 효율과 같은 복잡한 접근까지가 있을 수 있다.

예를 들면 2002년에 포틀랜드의 한 엔지니어링 설계회사는 대학기숙사 건물 설계에서 건물 지붕에 우수집수장치로 모은 빗물을 화장실 변기에 사용하려고 계획하였다. 이 설계안은 모래 필터와 병균박멸을 위한 자외선처리 등과 같은 수처리 시스템까지 포함하고 있었으므로, 최종적으로 처리된 물은 사실 마셔도 무관할 만큼 깨끗하였다. 이 프로젝트는 그 도시에서 처음 있는 경우이기 때문에 법규 담당관은 긴장할 수밖에 없었다. 그 결과 재활용수는 기숙사 방을 제외한 1층 공공 화장실에서만 사용하도록 허가했다. 그리고 그들은 각각의 화장실에 "빗물 – 마시지 마시오!"라는 문구를 붙이도록 했다. 변기에 수조도 없고 오직 세정밸브만 있는데도 이런 일이 나타나게 된 것이다!

이러한 과정의 개선은 서서히 일어나게 되었다. 프로젝트가 계속해서 성공함에 따라 법규 담당관은 규제를 완화하기 시작하여, 2007년에는 우수집수장치가 포틀랜드 지역의 기술자들에게는 당연한 것이 되어버렸다. 아이러니 하게도 오리건 주는 2006년 말까지 여전히 물 없는 소변기를 금지하였고 (크게는 위생설비 노조에 의한 반대로), 그 결과 건물에서 물을 절약하고자 하는 노력들은 아직도 벽에 부딪치고 있다.

문제는 그린빌딩이 건물의 설계, 시공, 운영에 있어서 견고히 구축되어 있는 시스템에 반대입장에 종종 서게 된다는 것이다. 만약 우리가 그린빌딩의 이점을 극대화하려고 한다면 이러한 시스템이 획기적으로 개선되어야 한다. 고작 우수집수장치와 같은 간단한 시스템이 각 관할기관에서 인정받는 데에 몇 년이 걸린다면, 그들을 모두 만족시킬 수 있는 에너지, 물 절약 기준을 충족하는 그린빌딩을 어떻게 제시간에 설계할 수 있을 것인가? 만약 그 다툼이 한 프로젝트마다 하나의 도시에서 한 계약자 간에 매번 벌어진다면, 어떻게 획기적으로 다른 새로운 기술들이 인정을 받고 시장에서 성공하기 위한 최소 고객을 확보할 수 있을 것인가? 구시대적인 관행에 필요한 변화를 가져오기 위하여 지역 담당관은 건축가, 엔지니어, 건물 계약주 그리고 건축산업 종사자들과 긴밀하게 협력할 필요가 있다.

마지막으로 한 가지 주의할 점 : 대개 부딪히는 문제는 외적인 것이 아니라 더욱 미묘하게, 상황에 따른 요구보다도 그들의 설계를 더 보수적으로 하고자 하는 소위 건축가와 엔지니어의 내적인 압력이다. 이러한 것에는 경험법칙, 세일즈 엔지니어, 엔지니어링 핸드북, 회사내 선배 건축가나 엔지니어의 축적된 경험 등의 광범위한 권위가 있다. 그들의 경험이 말하는 바에 의하면, 예를 들어 건물 재실자들의 미래의 불만이나 건물 설계의 적정성에 대한 법적 분쟁의 가능성을 피하기 위해 HVAC 시스템을 과다 설계하라는 것이다.

Radiant Heating and Cooling　　　　복사 냉난방

우리는 실내 천장부에 설치되는 기계환기 및 냉난방 시스템에 너무 익숙해져서, 다른 기술로 재실자의 쾌적을 위해 건물을 설계하는 것은 생각하지 않고 있다. 다음의 그림은 인체의 쾌적을 위한 4가지 변수 : 공기온도, 상대습도, 공기의 흐름, 복사온도(표면온도)를 보여주고 있다. 더운 날씨에 차가운 벽돌이나 콘트리트 벽 옆에 서 있을 때 그러한 벽체의 복사 냉방효과로 인하여 쾌적하지 않게 느꼈던 경험을 생각해보라. 또는 불이 꺼진 뒤에도 아직 열기가 남아 몇 시간이나 복사열을 방출하는 벽돌이나 벽난로 (오래된 러시아 스토브)를 생각해 볼 수도 있다.

상업용 건물에서는 칠드 빔(Chilled beams, 핀이 있는 물 배관 내를 냉수가 순환하여 일반적인 공기온도보다 따뜻한 경우에도 인체가 시원하게 느끼는 표면을 제공하는)의 도입을 통하여, 복사 냉방기법이 새로운 모습으로 보여지고 있다. 복사 바닥은 추운 기후조건에서는 난방용으로, 연중 공기조화가 필요한 건물에서는 냉방용으로 사용 가능하다. 또한 복사 냉난방은 정

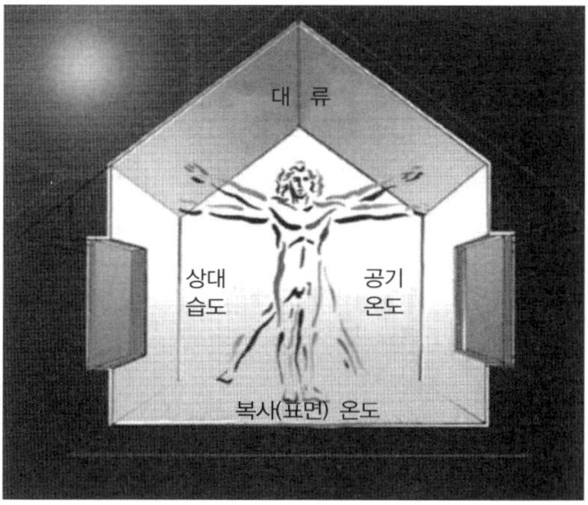

쾌적 결정요소

방이나 사무실 또는 폐쇄된 공간에서의 쾌적은 습도, 온도, 기류, 공간에서 신체가 보는 표면들의 온도 등을 포함하는 다양한 요인들 간의 미묘한 상호작용에 의한 것이다.

밀한 온도제어가 필요하지 않은 집회공간(큰 건물에서 아트리움 같은)에서도 활용될 수 있다. LEED에서 골드 등급을 받은 리노베이션 프로젝트의 경우, 복사 난방배관을 설치하기 위하여 오래된 목재 바닥의 위쪽에 얇은 콘크리트 슬래브를 타설하기도 하였다.

이점 : 재실자의 쾌적을 위한 필요 공기량이 적어지므로(대부분의 팬 시스템은 냉방을 위해 크기가 결정되지 환기를 위해 결정되는 것이 아니기 때문) 건물의 다른 HVAC 시스템의 크기를 줄일 수 있어 초기 투자비용을 절약할 수 있다. 게다가 재실자가 불쾌함을 느끼지 않게 하면서도 쾌적범위 밖으로 1.5~2℃ 정도 변화시키는 것이 가능하다. 또한 온도가 높은 경우에도 복사 냉방의 경우 냉방을 위한 에너지가 적게 들며 공기의 흐름을 위한 팬 동력도 적게 든다. 기초 물리학적 측면에서 보더라도, 뜨겁거나 차가운 물이 같은 양의 공기보다 더 많은 열(열용량)을 포함하고 있어 동일한 쾌적 효과를 얻기 위해 공기를 공급하는 것보다 물을 펌프로 공급하는 것이 훨씬 적은 에너지가 요구된다. 왜 자연의 섭리를 따르지 않으려 하는가?

Rainwater Reclamation/Reuse 우수 재사용

그린빌딩 기술에서 내가 가장 선호하는 것 중 하나가 빗물을 재사용하는 – 빗물을 모아서 처리하여 건물 내의 화장실이나 쿨링 타워의 보급수(증발이나 back flushing에 의해 없어진 물을 보충하기 위해)로 사용하는 기술이다. 이것은 많은 곳에서 사용 가능한 너무나 간단하고 확실한 방법이어서 빗물을 활용하는 기술이 이제야 나타나고 있다는 것이 신기할 정도이다. 게다가 이렇게 빗물을 보존하고 축적하는 것은 폭우 시 건물 단지 밖으로 물이 흘러나가는 양을 줄이는 데에도 기여할 수 있다.

2,230㎡ 옥상에 있는 적어도 1.3cm 정도 되는 빗물을 상상해보라. 이 정도의 양이면 28,000리터의 깨끗한 물을 무료로 만들 수 있다. 태평양의 북서부지역이나 연중 약간의 비라도 내리는 기후를 가진 지역에서는 이렇게

빗물을 이용하는 시스템은 매우 생산적인 결과를 가져올 수 있다. 만약 연중 내리는 90cm의 물 중에서 80% 정도만 모아둔다고 해도 160만 리터의 물을 재사용할 수 있게 된다. 모래여과와 자외선을 이용하는 기본적인 수처리 방법만으로도 화장실의 세정용 또는 마시지 않는 용도에는 적합한 물을 만들 수 있다. 무엇이 이보다 더 간단할 수 있겠는가? 비록 이러한 시스템을 이용하기 위해서는 2,200만 원에서 5,500만 원 정도의 비용이 필요하지만, 이 정도는 건물 전체에 드는 비용을 고려해봤을 때 아무것도 아니다.

그러나 일단 기다려 보라. 이것이 빗물이용 시스템에 대한 이야기의 끝이 아닐 것이다. 많은 도시지역에서 우수배수를 위한 연결에 매우 높은 비용을 부담하게 하고 있다. 이러한 상황에서 빗물을 저장하고 처리하는 시스템에 드는 비용이 도시 차원의 빗물처리를 위한 하수처리 시스템의 비용보다 훨씬 유리한 여러 사례를 찾을 수 있다. 이러한 경우에, 건물 소유주는 그것을 설치하기 위해 자신이 부담해야 할 비용만을 먼저 생각한다. 캘리포니아 대학의 한 프로젝트에 의하면, 지역 내의 빗물을 처리하기 위한 하수도와 그것을 연결하는 하수배관을 설치하는 데 드는 비용이, 100년간 내리는 물을 수용할 수 있는 75,700리터의 탱크 두 대의 설치비용보다 훨씬 높았으며, 연

TCF 건축사무소에 의해 설계된 워싱턴 주 타코마시 경찰서의 새로운 시설, 두 개의 18,000리터 탱크로 빗물을 저장하여 변기 세정용으로 재이용한다. / TCF Achitecture

중 상당기간 동안은 화장실 세정수를 제공할 수도 있었다.

한 가지 주의사항 : 당신이 빗물을 그 지역의 식수기준에 적합한 수준으로 처리할 준비가 되어 있지 않다면, 빗물로 당신의 모든 요구를 제공할 수 있을 것이라 기대해서는 안 된다. 게다가 건물이 높아질수록 빗물을 모을 수 있는 옥상은 여전히 한층으로 한정되나 층이 더해질 때마다 변기와 싱크가 더 설치되므로 시스템 공급이 가능한 물의 비율은 낮아지게 된다. 또 다른 주의사항 : 주차장에 모이는 빗물은 다른 부분에 비하여 오염 정도가 심하여 간단한 처리방법으로는 재사용할 수 없으므로 그것을 이용하는 것에 의존하지 않는 것이 좋다.

Rapidly Renewable Materials 신속히 재생 가능한 재료

신속히 재생 가능한 재료의 사용이 LEED 등급 체계에 포함된 것을 놀라워하는 이들도 있으나, 조금 생각해 보면 놀랄 일도 아니다. 무엇보다도, 수령이 긴 목재나 비닐성분 타일(VCT)과 같은 화학물질의 대체물을 찾아보지 않는 것일까? 이러한 재료들은 생산, 수확 그리고 사용에 있어서 환경에 영향을 미치고 있다.

LEED 시스템에서 신속히 재생 가능한 재료의 범주에는 10년 이내에 재배되어 수확될 수 있는 것들이 포함되는데, 여기에는 밀, 볏짚, 해바라기씨 그리고 수수줄기(sorghum stalk) 등으로 만든 패널보드로 상자, 벽판, 문짝, 마룻널 또는 합판으로 사용되며 ; 바닥재, 리놀륨 바닥마감 또는 바닥 깔개(wool rug)로 사용되는 코르크(코르크는 특히 10년의 재생산 주기를 가지며 스페인과 포르투갈에서 수확한 나무껍질에서 나옴)와 대나무가 있다.

모든 신속히 재생 가능한 재료가 그 지역에서 수급된 재료를 사용해야 한다는 다른 환경기준(예를 들면 대부분의 대나무 바닥재는 중국에서부터, 모든 리놀륨재는 유럽으로부터 온 것이다)을 만족시키는 것이 아니므로, 프로젝트에 어떠한 가치가 더 중요한지는 생각해 보아야 할 문제이다. 신속히 재생 가능한 여러 재료 중에서 대나무가 그린빌딩 산업 주류에 가장 널리 보급된 것 같다. 하루에 60cm까지도 자라고, 1년에 18~24m까지 자라며, 5년이면 50년 된 나무의 경도와 같을 정도로 단단해진다.[126]

대나무 바닥은 독특한 모양과 단단함, 탄력성 그리고 안정성 때문에 자주 선정되고 있다. 코르크 바닥은 탄성뿐 아니라 흡음, 열흡수 측면에서도 우수한 성능을 가지고 있다. 리놀륨은 아마인유(linseed oil), 코르크 가루, 천연섬유 그리고 나무 부스러기로부터 만들어지며 이는 모두 신속히 재생 또는 재사용이 가능한 성분이다. 프로젝트 설계자와 제품 선정자는 새로운 그린빌딩의 "에코 시스템"에 결정적인 역할을 하게 되므로, 제품의 환경적인 면 이외에도 성능, 청결성(특히 바닥의 경우), 내구성과 같은 면도 고려해야 한다. 그들이 이러한 새로운 유형의 친환경 생산품들을 더 많이 경험하게 됨에 따라 이러한 우려의 상당부분이 점차 사라지고 있다.

신속히 재생 가능한 재료 사용에 대하여 LEED 점수를 얻으려면, 프로젝트에 사용된 전체 재료 비용 중 2.5%가 이 분야에 해당되어야 한다. 공사비 100억 원의 프로젝트에서 약 45억 원의 비용이 자재비용이라면 약 1억

재생된 신문으로 만든 호마소트(Homasote) 패널의 시공 모습
/ Homasote Company, reprinted with permission

1,300만 원(공사비 총액의 1.1%) 정도가 이러한 자재로 구성되어야 한다는 것이다. 이러한 자재들은 향후 설계과정에서 구체화 되며, 이 과정에서는 특히 미적인 요소와 가치가 프로젝트의 목표와 부합되어야 할 것이다.

Recycled-content Materials 재생된 재료

만약 여러분이 일반적인 사람이라면, 그린빌딩 하면 재생하는 것과 재생된 재료로 이루어진 건물이 중요한 특징으로 먼저 떠오르게 될 것이다. LEED 시스템에서는 전체 건물에 쓰인 재료비(설비기기 제외) 중 재생된 재료가 10% 이상인 프로젝트에 점수를 준다. 이러한 건축재료에는 구조체(지붕, 바닥, 내력벽), 가설 목재와 마감용 목재, 단열재(청바지를 재생한 솜단열재도 포함), 문이나 창문, 강건재, 보강철근, 콘크리트에 포함된 플라이애시, 강재 구조보, 내벽이나 바닥 마감재가 포함된다.

보통 전체 건축비용 중 건축재료의 비용이 약 45%를 차지하므로, 이 기준에 따르면 100억 원의 건축공사에서 4억5천만 원의 재생재료를 사용해야 LEED 시스템 하에서 1점을 취득할 수 있으며, 2점을 취득하려면 재생재료로 9억 원을 지출해야 한다는 것을 알 수 있다. 다행히도 구조 강재와 같이 값비싼 재료들은 낮은 재생성(30%)을 가지는 반면, 보강철근(콘크리트 내 보강철근)과 같은 나머지 강재재료는 90%의 재생성을 가진다.

LEED 기준의 목적은 재활용에 가치를 두고, 원재료(virgin materials)와 동등한 성능(강도, 중량, 내구성 등)을 가진 신 재료를 개발하도록 하여 지역경제의 발전을 촉진하는 데 있다. 그런 점에 있어서 우리는 경제권 안에서 자원 흐름의 폐순환 고리를 만들기 시작하여, 원재료를 사용함에 있어 필요한 에너지와 오염비용이 발생하지 않도록 할 것이다.

산업 부산물(post-industrial recycled-content material)이나 소비자 이전단계에서 재활용하는 재료로서 좋은 예는 석탄 화력발전소에서 부산물로 나오는 플라이애시가 있다. 이 재료는 구조적인 완전성에 문제를 주지 않으면서도 콘크리트에서 매우 에너지 집약적인 재료인 시멘트의 상당량(50% 이상)을 대체할 수 있다. 시멘트는 콘크리트 중량의 약 5%를 차지하나 필수 구성요소이다. 시멘트를 대신할 수 있는 다른 산업 부산물로 용광로에서 발생하는 슬래그가 있다.

건물에 쓰이는 재생된 제품(recycled-content product)의 다른 예로는 재생 플라스틱 병을 사용한 화장실 간벽과 외부 바닥, 재생 신문지로 만든 Homasote® 지붕 마감재와 벽 패널(p.181),[127] 재생 종이로 만든 방음천장 타일과 건식벽체, 재생플라스틱으로 만든 카펫, 재생섬유로 만든 카펫, 재생유리로 만든 세라믹 타일이 있다.

Renewable Energy 재생에너지

재생에너지에 관해서는 이야기할 것이 많다. 여러분은 다음과 같이 생각할 수 있다. : 화석연료 시대가 도래하기 전 지구의 문명화된 삶을 상상해보라. 고대 로마시대와 이탈리아 르네상스시대, 미국의 개척시대를 생각해보라. 이 모든 시대에는 단지 동물을 이용하여 마차를 견인하거나 태양과 바람, 물을 사용하여 동력을 얻었다. 우리가 전기 없이도 건강하고 행복하고 생산적인 삶을 살 수 있었다는 사실을 생각해보라. 이것은 우리 증조부세대에서의 현실이었다. (즉, 당신이 나의 나이 정도라면, 당신이 30대 이하라면, 고조부들의 현실이었다.) 공조설비(아마 7~8월은 제외하고)나 가스 난방장치, 전기조명 없이, 그 당시 가장 살기 좋았을, 백악관에서 일하고 살았을 아브라함 링컨을 생각해보라.

우리가 화석연료나 핵연료로부터 발생하는 모든 폐기물을 흡수하기 위한 지구 생태계의 한계에 도달하기 시작함에 따라, 우리는 우리가 물려받은 자산이나 화석연료를 사용하여 살아가는 것이 아니라 태양이나 바람, 흐르는 물, 지열에너지, 식물재배로부터 나오는 지속적인 산물(income)에 의지하여 살아야 할 필요성을 다시 한 번 더 상기하게 된다. 매 20분 동안 미국의 지표면에 도달하는 태양에너지는 미국 전 지역에 1년 동안 동력을 공급할 수 있는 양에 이른다.[128] 문제는 그것을 경제적으로 모아서 사용하는 것이다.

그린빌딩 현장에서 에너지 생산을 위한 가장 중요한 재생자원은 태양, 바람, 소규모 수력발전(강 또는 내천 가까이의 시골)과 지열(지구의 열)이다. 자동차와 도시에 동력을 공급하기 위하여 옥수수(그리고 가능한 작물의 잔류물들)로 만든 에탄올과 같은 바이오매스 동력에 기대를 걸 수 있을 것이나, 미래에는 태양-전기 하이브리드 자동차나 전기자동차가 될 것이다. 더 먼 미래에는 태양열과 풍력발전으로 생산한 전기로 수소를 만들어 자동차의 동력으로 사용하고, 연료전지로 건물을 운영하게 될 것이다.

대규모 수력발전 프로젝트, 풍력발전기지, 바이오연료와 더불어 연료나 전기를 위해 나무를 소각하는 것을 고려할 때, 재생에너지는 현재 미국의 전체 에너지 사용량의 12%를 차지한다.[129] 많은 주 의회에서는 2025~2030년까지 앞으로 20년 내에, 그들이 사용하는 전기의 15~25%를 재생에너지원으로 생산하도록 하는 입법안에 대해 고려하기 시작하고 있다.[130] 새로운 그룹은 2025년까지 미국의 농장, 숲, 목장에서 태양이나 바람, 바이오연료를 이용하여 지역 총 에너지 요구량의 25%를 생산하게 돕도록 하는 정부의 프로그램을 독려하고 있다.[131]

디자인 측면에서 볼 때, 건물에 재생에너지를 경제적으로 이용하기 위한 핵심 요건은 컴퓨터, 프린터, 복사기, 냉장고와 같은 "전원부하"를 줄이는 것뿐만 아니라, 건물의 향이나 태양에너지를 이용하는 패시브 설계기술, 더 효율적인 건물 외피(단열재와 창호), HVAC 시스템 및 조명 등 더 효율적인 설비기기를 사용하여 전체 건물에서 필요로 하는 에너지를 절약하는 것이다. 이렇게 함으로써 신재생에너지 시스템은 에너지 비효율적인 건물에서보다 동일한 비용으로 건물 전체 에너지 요구량에 대해 더 높은 비율의 에너지를 공급할 수 있게 될 것이다.

미국 태양에너지학회 2007 보고서에 따르면, 태양, 바람, 바이오연료, 바이오매스, 지열과 같은 재생에너지는 1년에 5억톤의 탄소 절감, 즉 교토 조약을 만족시키기 위한 전체량의 약 40%에 달하는 양을 이뤄낼 수 있다 하였다.[132] 그린빌딩은 부지 내 재생에너지를 이용함으로써 우리의 탄소발자국(carbon footprint)을 줄이는 데에 큰 역할을 한다.

Renovation Building 건물 리노베이션

오래된 건물을 왜 버리는가? 사용되지 않은 오래된 건물이라 하더라도 성공적으로 리노베이션되고 생산적인 용도로 복구된 많은 좋은 예들이 있다. 나는 포틀랜드(Portland)에서 여러 가지 방식으로 건물을 리노베이션하고 재활용하는 것의 이점을 확인하였다. 왜냐하면, 그곳의 오래된 건축물을 보존하는 것이 대표적인 도심과 문화적 가치로 인식되기 때문이다.

첫째로, 오래된 건물은 보통 그 지역의 시각적, 문화적인 구성요소의 일부이다. 오래된 건물은 그 존재 자체만으로도 모두에게 과거시대의 이야기를 해주고 있다. 둘째, 건물을 리노베이션할 때 여러분은 수많은 재료들을 재사용하게 되는데, 리노베이션하지 않았을 경우에는 원재료를 추출, 생산, 가공 및 부지 내로 운송하기 위해 재료마다 막대한 내재에너지가 필요하였을 것이다. 셋째, 특히 혼잡한 도심지역에서 오래된 건물을 폐기하기 위한 막대한 비용이 있을 수 있다. 넷째, 오래된 건물을 복구함으로써 같은 인근지역에 지속적인 시도가 이루어져 자체적인 도시재생이 유도되게 된다. 다섯째, 쓰레기 매립지에는 건물의 잔해를 더하지 않게 되며, 혼잡한 지역에 폐기물처리로 인한 교통체증을 야기하지 않게 된다.

LEED 평가 시스템에서는 비내력 지붕재료와 창문을 제외한 건물 외부 구조물의 100%와 내부 구조물의 50%를 유지하는 경우, 3점을 줌으로써 건물재활용에 대한 이득을 인정하고 있다. 지붕을 교체하거나 개량하는 것도 종종 필요하고, 물론 여러분은 더 에너지 효율적인 창문을 건물에 설치하길 원할 것이다 (창문을 교체하는 것은 문화재 건물의 리노베이션에 있어 더욱 어렵다). 한 가지 약점이 있는데, 그것은 오래된 건물은 우리가 지진공학에 대하여 많이 알기 훨씬 이전에 설계되었다는 점이다. 그러므로 지진의 영향

SERA Architects는 오리건 주 포틀랜드에 자신의 본사 건물로 사용하기 위해 오래된 호텔 건물의 일부를 신식 오피스로 2004년에 리노베이션하여 LEED-CI (pilot) 골드 인증을 받았다.

에 민감한 지역에서는 지진에 대비하여 사람들과 재산을 보호하기 위한 구조적인 보강에 막대한 비용이 투여되기도 한다.

마지막 좋은 이유 한 가지 : 리노베이션은 건물을 모두 헐고 신축하는 것에 비하여 허가관련 논쟁이 더 적으므로 더 신속하게 입주할 수 있다. (이것은 문화재 건물의 리노베이션에 대해서는 사실이 아닐 수도 있다.) 주택의 경우, 건물 리노베이션은 도시 전체가 스스로 재생되는 방법의 일부가 된다. 우리의 몸이 많은 세포를 정기적인 시간 간격을 두고 교환하는 것처럼(7년으로 종종 알려져 있음), 도시에서는 주거단지를 보통 50년 정도의 정기적인 간격으로 교체하고 리노베이션한다.

Restoration of Sites 부지의 복원

많은 그린빌딩 프로젝트들의 목표는 땅을 이전보다 더 좋은 장소로 되돌리는 것이다. 이 목표를 달성하기 위해서는 자연 하수 시스템을 복귀시키거나 넓게 베어낸 잔디를 야생 서식지를 제공할 수 있는 식생을 이용하여 복구시키는 것, 물과 집중적인 관리를 훨씬 적게 요하는 토종식물과 개종식물을 이용하여 관상식물을 다시 심는 것과 같은 부지 복원활동이 필요하다. 우리가 제조업 주도의 경제로부터 서비스업에 기초를 둔 경제로의 전환을 완성하여 감에 따라, 개발업자들은 과거 제조업이나 창고, 비슷한 산업적인 용도를 지원했었던 포장된 도시의 오래된 지역에서 매력적인 옵션사항을 찾고 있는 중이다. 이러한 부지들의 많은 부분은 재사용 전에 조치가 필요한 석유 제품, 중금속, PCB 및 다른 독성물질로 오염되어 있다. 포장되었으나 오염되지 않은 부지조차도 상당한 정도로 야생의 서식지를 가진 사무실, 가게, 병원, 주택으로 개조할 수 있다.

종종 건축가와 시공자의 과제는 계획하는 건물이 이미 부지 내에 작용하

아틀리에 드레제텔 그린웍스(Atelier Dreiseitl과 GreenWorks)가 설계한 태너 스프링 공원(Tanner Springs Park)은 도시 환경에 야생 서식지를 제공하고 있다.

고 있는 것을 방해하지 않도록 건물을 위치시키는 방법을 찾는 것이다. 몇 년 전, 나는 웨스트 버지니아(West Virginia) 쉐파즈타운(Shepardstown)에 있는 미국 어류 및 야생동물 관리국의 국립 보존훈련 센터를 방문했다. 포토맥 강(Potomac River)의 상류에 위치한 이 부지는 이 주의 대부분의 부지와 같이 매우 언덕이 많았다. 이 프로젝트의 설계자는 17개의 건물을 오직 언덕 꼭대기에만 위치시키고 계곡은 홀로 남겨두었다. 부지 내 지형표고의 변화가 많았기 때문에 설계에서 건물 사이에 많은 나무다리가 필요하게 되었으며, 때때로 상층부에 입구를 두기도 했다. 그러나 이러한 접근방법을 통해 이 프로젝트에서는 센터의 고유한 사명을 유지하면서도 과도한 정지작업이나 야생 서식지를 파괴하는 것을 피할 수 있었다. 이것은 부지계획에서의 현명하고 똑똑한 접근방법의 좋은 예이다.

또 다른 흥미로운 프로젝트는 오리건, 포틀랜드의 태너 스프링 공원(Tanner Springs Park)이다. 2005년도에 완공된 이 공원은 원시의 태너 지류(Tanner Creek)의 역사적인 약 12m 둑의 꼭대기에 위치해 있다. 이곳의 역사적 기원을 기리고 도시 거주자에게 자연 공원을 제공하기 위해 조경 건축가는 재생된 습지대를 설계하고, 그 상부에 판자 산책로를 계획하였다. 이 공원은 현재 다양한 물새들을 포함한 많은 생물들을 위한 서식지이다. 이곳은 자연적인 휴양지로 주로 이용되며 지속가능성을 도시의 체제에 통합시키도록 돕고 있다.

Return on Investment 투자 수익률

그린빌딩은 결국 건설시장에서 일반적인 건물과 경쟁하게 될 것이므로, 일반 건물과 동일한 기준 하에서 재정적으로 그리고 경제적으로 평가되어야 하는 것이 당연하다. 투자수익률(또는 내부수익률, 순 현재가치로도 표현되는)은 경제적인 결정들을 평가하기 위한 기본적인 방법이다. 간단히 말해, 투자수익률은 자신의 투자로부터 연간 혹은 전체적으로 얼마나 많은 돈을 벌어들일 수 있는지를 현재 돈의 가치로 표현해 보는 것이다. 만약 내가 투자에 위험을 무릅쓴다면, 내 목표는 유사한 투자로부터 얻을 수 있는 수익과 동일해야 할 것이다.

에너지 절약은 장기 채권을 구입하는 것과 같다. 만약 내가 오늘 10년 만기 국고채에 1억 원을 투자한다면, 나는 매년 채권시장에서 낼 수 있는 약 5%의 수익률(세금이나 인플레이션의 반영 전)을 예상한다. 이것은 완전히 리스크가 없는 투자이지만, 나의 순이익은 적다.(연방이나 주 정부 세금 20%와 인플레이션 3%를 같이 고려하면 나에게 남는 실제 순수익은 1%가 된다는 점을 생각해 보라.)

만약 내가 1억 원을 에너지 절약 개선사업에 투자하여 매년 2천만 원의 수익을 얻게 된다면(투자금에 대한 5년의 회수기간), 건물이 계속 임대되고 에너지 비용이 떨어지지 않는 한 나의 수익은 거의 리스크가 없이 매년 80%에 이르며, 나의 수익은 일반적으로 인플레이션율 또는 그 이상으로 늘어나므로 나는 채권에 투자한 것보다 더 큰 수익을 얻게 된다.

그린빌딩은 단지 에너지 절약만이 아니라 다른 이득도 가져다 준다. 그린빌딩에서 공실률이 낮아지고, 임대료나 매매가가 높아지고, 임대기간 만기시 갱신비율이 높아지고, 물을 적게 쓰고, 보험료를 낮출 수 있는 등, 이러한 장점들은 건축주나 개발업자에게 큰 경제적 이득을 가져다 주는 것이다. 또한 세제해택이나 에너지 절약 및 재생에너지 기술에 투자하는 것에 대한 공제(신축 건물에서는 1m²당 12,000원에서 24,000원 이상)를 고려한다면, 엄격한 투자수익률 기준으로 볼 때 개인 투자자가 그린빌딩에 투자하여 많은 경제적 이득을 보게 되는 사례가 된다.

나의 저서 〈녹색 개발 : 성공을 위한 전략, Developing Green : Strategies for Success〉에서, 나는 이러한 그린빌딩의 이점을 계산한 적이 있다.[133] 예를 들어 공실률이 2% 더 낮아지는 경우 건물의 가치가 3% 증가한다. 상업적인 부동산 시장에서 이것은 미미한 이득이 아니다.[134]

미국그린빌딩협의회의 공동 설립자 중 한 명이자 워싱턴 DC의 부동산 개발업자였던 데이비드 고트프리드(David Gottfried)는 그린 부동산 프로젝트로의 투자수익에 관한 고무적인 이야기를 하였다. 그는 최저 수준이 아니라 최고 수준에 관하여 이야기하였는데, 시장에서 더 바람직한 프로젝트를 갖는 프로젝트 세입 구조에 관한 긍정적인 효과에 대한 것으로서, 높은 수준의 임대인을 끌어들이고, 더 나은 임대료를 받고, 부동산 임대인을 더 오랫동안 유지하는 프로젝트의 기능을 향상시키는 것을 말하였다. 또한 지속가능성을 기본적인 가치명제로 가지는 조직에서는 높은 수준의 임대인과 제휴업체를 확보하고 유지한다는 관점에서 높은 투자 수익률이 나타난다. 아침에 당신을 일찍 일어나게 하는 것은 당신의 봉급이 아니라 조직의 목적, 당신의 일의 가치 또는 중요성이지 않은가?

Right-sizing Systems 시스템의 적정용량 산정

나는 이것을 건물 설계의 "골디락스 원리(Goldilocks principle)"라 부른다. : 시스템은 그 작업을 위한 너무 크지도 너무 작지도 않은 적정한 크기여야 한다. 이것은 명백해 보이지만, 온도에 관한 불만족은 대부분의 건물에서 재실자의 불쾌지수와 불평의 큰 원인이 되기 때문에, 엔지니어들은 시스템의 용량결정에 있어서 불평을 피하고 극단적인 상황과 시간이 지남에 따른 시스템 성능의 하락에 대한 추가의 완충을 제공하기 위하여 요구되는 것보다 더 크게 선정하는, 자연히 보수적인 입장을 취하게 되었다. HVAC 시스템만으로도 건축비용의 10% 이상이 되기 때문에, 이러한 결정에는 많은 비용이 소요된다.

시스템의 적정용량 산정은 HVAC 시스템에서 출발하는 것이 아니다. 그것은 적절한 건물 향으로 시작된다 ; 일반적으로 미국과 캐나다에서는 건물의 장축이 동서방향으로 위치하도록 하여, 태양의 위치가 낮을 때에 동쪽과 서쪽의 창문을 통하여 적은 열획득이 되도록 한다. 이 방법만으로도 북남방향의 축으로 된 비슷한 건물에 비해 10% 이상의 에너지 사용을 줄일 수 있다. 더 나은 자연채광을 위해서는 건물이 정사각형이기보다는 직사각형 모양으로 설계되어야 한다. 그러나 자연채광이 오피스 건물의 중요한 특징으로서 인정되지 않는다면, 개발자의 관점에서 "효율적인" 디자인으로 평가되지 않는다. 왜냐하면, 이것은 정사각형의 건물 디자인에 비하여 더 낮은 비율의 임대면적을 갖기 때문이므로, 여기에는 경제적인 효율과 좋은 디자인 수단 사이에 내재된 모순이 있게 된다.

그리고 나면, 직사일광을 여름에는 건물 밖으로 차단하고 겨울에는 건물 안으로 들이는 방법, 즉 기본적인 패시브 설계기법을 고려해야 한다. 이것은 일광의 침투를 막는 유리의 선택 또는 여름의 높은 고도의 일사가 창문으로 들어오는 것을 막는 외부 차양장치로 실현될 수 있다. 종종 열에너지 축열 시스템이 여름 오후 동안의 최대 냉방 요구를 절감하기 위하여 적용되어 시스템 과다 산정의 주된 원인이 되기도 한다. 대규모 프로젝트에서는 재실자의 거주유형이 바뀔 경우를 대비하여, 시스템 용량을 과다 산정하여 초기비용을 들이는 것보다는 추가의 냉방기기를 설치하기 위한 공간을 마련해 두는 것이 더 실제적일 것이다.

중규모의 컨설팅 엔지니어링 회사인 인터페이스 엔지니어링(Interface Engineering, Inc.)의 고급 엔지니어인 앤디 프리츨(Andy Frichtl)이 말하기를, 엔지니어들이 적정한 시스템 용량산정을 위해 벌써 너무나 많은 안전율이 포함되어, 필요 이상으로 용량을 산정하도록 된 핸드북의 자료나 경험적인 방법(냉동 톤당 건물면적 28m^2와 같은)에 의지하는 것보다는 기초로 돌아가서 난방과 냉방 요구에 대한 신중한 분석을 통해 시스템 크기를 개발해야 한다.[135]

왜 엔지니어는 이렇게 해야 하는가? 지속가능한 디자인 프로젝트에서는 동력발전을 위한 광전지나 오픈 스페이스를 위한 친환경 지붕, 우수관리, 서식지 복원과 같이 명확히 비용이 더 들게 되는 친환경 방법에 투자되는 데 있어서, 모든 기여자들이 어떤 곳에서든 비용을 절약할 필요가 있다는 것에 주의를 기울일 필요가 있다. 게다가 이렇게 설계된 건물은 운영하는데 비용이 더 적을 것이며, 시간에 따라 더 적은 에너지를 사용할 것이며, 재실자에게 더 쾌적하여 더 높은 생산성과 만족도를 이끌어 낼 것이다.

Salvage Materials　　건설 폐기재료

벤 프랭클린(Ben Franklin)은 "1원을 절약한 것은 1원을 번 것이다."라고 기록하고 있다. 건축재료가 포함하고 있는 에너지와 자원 때문에 우리는 건축재료의 재사용에 관심을 갖는다. 그것들을 재생재료로 되돌리는 데에는 에너지가 필요하다. (건물 바닥의 오래된 콘크리트를 2cm의 콘크리트용 골재 또는 주차장, 도로의 합부재료로 만드는 것을 생각해보라) 그러므로 왜 그것들을 버리거나 가치가 더 낮은 상태로 사용하는 것보다는 원 상태 그대로로 사용하지 않는가?

LEED에서는 장식벽돌, 중량 목재, 기타 구조용 목재, 문, 목공 제품, 가구, 파티션과 같은 폐기재료를 건물 전체(설비기기 제외)의 재료비에서 5% 이상 사용한 프로젝트에 대해서는 보상을 줌으로써 그 폐자재들의 가치를 인정하고 있다. 이는 100억 원(건설비용)의 프로젝트에서 2억3천만 원의 자재가치에 해당하므로, 그것은 미미한 양이 아니다. 이렇게 하는 것의 한 가지 이점은 건물의 해체와 그러한 자재의 재생활동에 기반을 둔 지역 기업의 발전이

캘리포니아 대학교 리버사이드(Riverside) 분교에서, 한 오래된 건물이 폐기되었고 그 대부분의 재료는 예술가 존슨 미들부룩(Jason Middlebrook)에 의해 가구와 다른 유용한 제품들을 만드는 데에 재활용되었다.

다. 만약 여러분이 모든 마을에 있는 폐차장의 헌 자동차로부터 얼마나 많은 유용한 재료가 절약되는지를 생각해 본다면, 당신은 이렇게 하는 것의 이점을 알게 될 것이다.

eBay와 같은 웹기반 경매 사이트와 대부분의 대도시지역에서 재생된 건물자재를 취급하는 도소매 상점들이 출현하면서, 현재는 전국적으로 건설 프로젝트에 사용되는 재생건축자재 시장이 형성되었다. 따라서 더 이상 재료를 찾을 수가 없다는 것은 이유가 되지 않는다. 유일한 문제점은 수송방법 및 보관비용과 함께, 그것들의 품질과 유효성이다.

폐기재료를 찾고 재생하기 위하여 어느 정도의 창조성이 요구될 수 있다. 첫 번째 LEED 플래티넘 프로젝트인, 메릴랜드(Maryland), 아나폴리스(Annapolis)에 있는 체사피크 베이 재단(Chesapeake Bay Foundation) 건물에서는 지붕을 통한 우수를 집수하기 위하여 이전 피클 제조시설에서의 커다란 나무탱크를 사용하였다. 세 개의 큰 피클통들은 건물 입구에서 강하고 시각적인 건축요소를 창조해 내었다.

Schools, Green　　친환경 학교

1990년대 말, 캘리포니아의 연구자들은 자연채광의 이점에 대한 전통적인 연구를 수행하였다. 시애틀, 포트 콜린스(Fort Collins), 콜로라도, 남부 캘리포니아 지역의 21,000여 개의 학교 어린이들의 시험점수를 창문 면적, 자연채광량과 외부로의 조망 정도와 관련시켜본 결과, 어린이들이 더 많은 창문, 자연채광, 외부 조망을 가지면 시험점수가 7~12% 상승한다고 최종적으로 밝혔다.[136] 학교 디자인에서 가장 나쁜 아이디어인, 1970년대의 에너지 절약과 지루한 강의에 아이들을 집중시키기 위한 창문이 없는 교실을 아마 이 연구가 중단시킬 것이다. 중부 캘리포니아 지역의 450개 초등학교 교실의 8,000명의 어린이들에 대한 후속 연구에서도 비슷한 결과를 보였다. 그러나 교실 디자인은 이러한 결과를 얻는 데에 결정적인 요소가 된다 : 자연채광과 창문의 관점에서 현휘와 직사광선의 침투를 줄이는 방안이 있어야 하며, 자연채광량을 조절하기 위한 감광센서가 있어야 하며, 특히 더운 기후에서 우수한 열쾌적 제어를 할 수 있어야 한다.

이렇게 간단한 방법이 그렇게 극적인 결과를 가져올 수 있다는 것에 대해 많은 사람들이 이 연구를 의심스럽게 받아들였다. 대다수의 교육자, 교장, 교육위원들은 이러한 점을 아직 모르고 있다고 나는 단언할 수 있다. 어린이들의 건강과 성적을 떠나 더 많은 자연채광과 외부조망은 또한 선생님과 직원들의 건강에도 더 좋다는 것을, 당신도 아마 알 수 있게 될 것이다.

나는 왜 이러한 결과가 놀라워야 하는지 의아하게 생각한다. 대부분의 어린이들이 제일 하기 싫은 것은 창문이 적은, 빛이 부족한 교실에 매일 갇혀 있는 것이다. 우리는 왜 우리가 노년기에 사회보장제도의 이점과 지원에 대해 의존할 인구를 그렇게 열악한 상태에 맡기는가? 나는 그 이유가 무지이

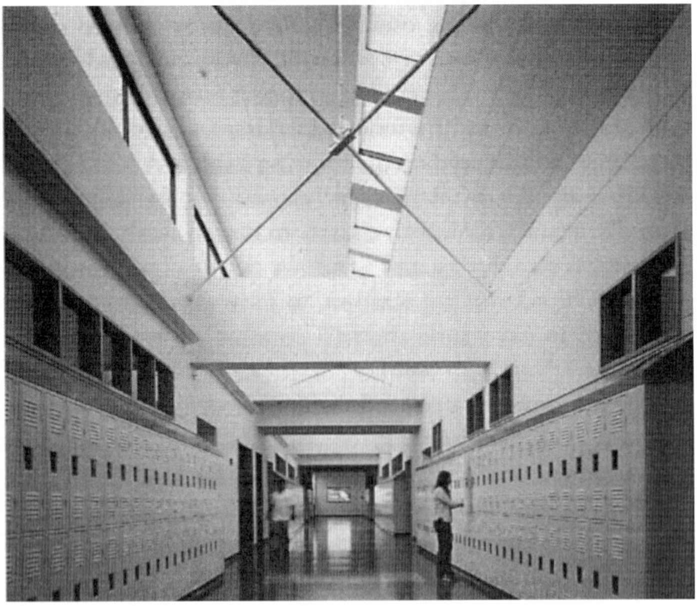

오리건의 클라카마스(Clackamas) 고등학교, BOORA Architects가 설계하고 풍부한 자연채광이 특징이다. 2002년에 LEED-NC 실버 등급을 인증받았고, 이 프로젝트는 이 지역에서 첫 번째로 LEED 인증을 받은 학교 중 하나이다.

친환경 학교의 재정상의 이익 (원/㎡, 20년 순 현재가) Capital E

에너지 비용절감	110,000원 (평균 30% 절감)
방출량 절감	12,000원 (에너지 사용 절감에 의한)
용수와 폐수 비용	12,000원 (평균 32%의 용수 절감)
천식 감소	37,000원 (25% 감소된 발병률)
감기와 인플루엔자 감소	60,000원 (1년당 한 어린이당 약 50,000원)
교사 보유	49,000원 (교사 이직률의 감소 3%)
고용효과	24,000원 (친환경에 따른 높은 초기투자비용에 의한)
미래 증가 소득	600,000원 (더 좋은 건강, 좋은 시험성적에 의한)
총 이익	904,000원
비용 증가	(37,000원) (2%의 초기투자비용 상승을 가정)
순 이익	867,000원

며, 일부 건축가들과 학교 행정가들의 무능력이 아니라고 생각하고 싶다. 그들의 책상에는 할일이 산더미같이 쌓여 있어 결국 학교를 지어내기만 하고 있다. 그러나 나는 모든 건축가들이 자연채광에 충분히 높은 우선권을 두고 있는지에 대하여는 확신하지 못하고 있다.

내 친구인 헤인즈 루돌프(Heinz Rudolf)는 포틀랜드의 노련하고 매우 재능 있는 건축가이다. 그는 적어도 지난 10년간 풍부한 자연채광으로 아름다운 학교를 설계해 왔다. 그는 자연채광의 필요성을 강력히 믿기 때문에 각 학교에 자연채광을 포함시키기 위하여 그의 고객과 논쟁을 벌일 것이다. 다음 그림은 오리건의 클라카마스(Clackamas) 교외 마을에 있는 그의 프로젝트 중 하나이다. 그의 설계는 에너지 보존적일 뿐만 아니라 – 무엇일지 예측해 보라 – 그는 그 건물들이 같은 지역의 비슷한 학교들의 평균 시공비용으로 지어지게 한다. 만약에 친환경 학교가 설계와 시공에 더 많은 비용이 들지 않는다면, 왜 모두가 전문적인 최고의 작업으로서 그것을 만들어내지 않는가?

올해 초에 나는 펜실베이니아에 있는 자칭 "행동주의자 엄마"로부터 연락을 받았다. 그녀의 지역교육위원회는 새로운 중학교를 지으려 하고 있었고, 그 작은 설계비(50~75년 동안 지속될 400억 원 건축 프로젝트의 약 1%)를 절약하기 위해 1990년에 지었던 학교의 설계안들을 재활용하기를 원했다. 거의 20년 전 건물계획의 자연채광과 에너지 효율성의 부족을 상상해보면, 그 계획이 학교 건물 설계에 적용되었을 때 어린이들의 건강에 대한 우선 고려가 부족함에 여러분은(그녀처럼) 놀라게 될 것이다.

친환경 학교의 이점에 대한 그레그 캐츠(Greg Kats)의 2006년 연구 보고서를 통해, 친환경 설계가 우리가 프로젝트를 위하여 별도의 비용을 들이고 사용해야 하는 선택사항이라는 생각이 사라지게 되었다. 명백하고 강력한 증거가 주어졌으므로, 적어도 풍부한 자연채광과 외부조망이 있는 친환경 학교를 건축하지 않는다는 것은 전문가로서 의무를 하지 않는 것이 아닌가?

그러나 이야깃거리가 더 있다. 위의 표는 당신이 친환경 학교에서 기대할 수 있는 이점의 범위를 보여준다.[137] 당신이 에너지 효율적인 학교 건물로부터 기대할 수 있는 운영비용에 대한 이점에 더하여, 당신이 첫눈에 보지 못했던 다른 모든 것들에 집중하라. 전체 이익은 예상되는 초기투자비용 상승의 약 25배가 된다. 양질의 교육을 받고, 교실에 더 오래 머물며, 좋은 시험성적을 받은 어린이들에 대한 상승된 생애소득은 잊어버리도록 하자. 그러더라도 36,000원의 투자에 대하여 여전히 30만 원의 이득, 20년 동안 약 8배의 수익이 있다. 그런데 누가 무식한 사람이 되겠는가 : 친환경 학교를 짓는 데에 비용을 쓰는 것을 주장하는 사람인가 아니면 비용이 많이 들 것이기 때문에 그 아이디어를 반대하는 사람인가? 학교에 직접적으로 생기는 이익(에너지와 물 절약에 의한)인 1m²당 12만 원의 이익만 해도 예상되는 초기비용 상승의 3배이다.

Solar Thermal Systems 태양열 시스템

나는 첫 번째 아랍의 석유 금수조치에 따라서 많은 사람들이 자유로운 에너지("부족함 없었던 40억년"이라는 기치를 내걸고)로써의 태양열에 시선을 돌리던 1970년대 중반부터 태양에너지 시스템에 대해 친숙해져 있었다. 나는 캘리포니아 주의 태양에너지 산업 개발에 10여 년 동안 참여했고, 처음으로 주의 획기적인 태양-산업 상업화 프로그램을 감독했다, 그 다음에는 민간 부문의 참여자로서, 물이나 건물, 수영장 물 난방을 위한 태양열 시스템의 마케팅 및 판매와 설치를 했다. 지금과 같은 태양에너지 시스템에 대한 관심의 급증은 20년 만에 처음이다. 국내의 태양열 산업은 1980년대 중반, 유가 하락, 낮은 천연가스 가격, 1970년대에 처음 제정되었던 연방정부와 주 정부의 세금공제 혜택의 종결로 인한 희생양으로 붕괴했었다.

1975년부터 1985년까지의 기간 동안 태양열 기술은 완벽히 개발되었다. 나는 캘리포니아에 250,000개 이상의 태양열 온수 시스템이 주택, 아파트 그리고 공장에 설치되었고, 이와 함께 수만 개의 수영장 풀 가열 시스템(결코 붕괴되지 않는 산업의 한 부분)과 수천의 태양열 주택난방 시스템이 설치되어 있다고 추정한다. 거의 모든 경우에, 전통적인 가열 시스템이 겨울과 일사량이 적은 기간에 백업으로써 사용되어졌다. 사실 태양열 기술은 미국과 그 외 지역에서 어떤 형태로든 100년 이상 사용되어 왔다.[138]

2005년의 연방 에너지 정책 조례는 주거와 상업용 태양열 온수와 난방 시스템에 30%의 연방 세금공제 혜택을 제공(2008년 말까지)함으로써 태양열 산업을 새롭게 촉진시켰다. 미국의 대부분 지역에서 태양열 온수 시스템은 가정주택, 공동주택 또는 비즈니스에서 연간 필요량의 50% 또는 그 이상을 쉽게 공급할 수 있다.

지난 10년 동안 그린빌딩의 성장에서, 나는 왜 지속가능한 프로젝트에서 더 분명하게 태양열 시스템을 사용하지 않는지를 궁금하게 생각해 왔다. 태양열 시스템은 잘 작동하며 많은 지방 공급업체들이 있고, 경제적 이득은 합리적이며(연방 세금공제 혜택과 많은 주의 인센티브에 더하여, 일반적으로 투자대비 연간 10% 또는 그 이상을 얻을 수 있다), 대부분의 사람들이 쉽게 확인할 수 있는 재생에너지를 가시적 상징으로 대표하고 있다. 아마도 그 이유는 건축가와 엔지니어들이 상업적인 업무를 하는 것이 단지 익숙하지 않아, 그것을 실험해 보는 것을 꺼리기 때문일 것이다.

기초 물리학의 관점에서 보면, 태양광 같은 매우 낮은 강도의 에너지 소스를 사용하는 것은 직관적으로 볼 때 매력적이다. 한 겹의 유리와 금속 핀 집열장치를 사용하여 일반적인 급탕기(보통 50~60℃로 설정)보다 쉽게 태양열을 이용하여 물을 70℃까지 충분히 가열할 수 있고, 대부분의 기후에서 집열장치를 동결로부터 보호하는 것은 어렵지 않다.

대다수의 여러분은 아마도 캠핑을 하는 동안 따뜻한 샤워물을 얻기 위한 방법으로 검정색 플라스틱 물 백을 사용한 적이 있을 것이다. 이 기술은 아주 간단하여 온수를 만들기 위해서 디젤 또는 난방용 기름(또는 심지어 나무)을 사용해야 하는 지구상의 많은 곳에서, 지중해의 여러 지역과 오스트레일리아를 포함하여, 수십 년 동안 태양열 급탕방법을 사용해 왔다. 몇 년 전 그리스 여행에서, 나는 아테네에 있는 아파트 꼭대기에 설치된 많은 태양열 급탕기를 보았는데, 이 기술의 기본적인 적용 사례를 보여주고 있는 것 같았다.

Stormwater Management 우수관리

지속가능한 디자인의 기본 원리는 건물이 자신의 모든 물 필요량을 해당 프로젝트 사이트의 연 강수량과 프로젝트에 의해 생산되는 폐수의 재사용으로부터 충족시킬 수 있어야 한다는 것으로, 강우와 동일한 양을 여러 번 효과적으로 사용해야 한다. 현재 시점에서 프로젝트에서 부지 내에 내리는 모든 강우를 사용하는 것이 항상 가능하지 않으므로, 그들은 새로운 개발로 인해 부지에서 흘러내려 가는 우수에 미치는 영향을 줄여야 할 필요가 있다.

LEED-NC 실버 인증을 받은, 미툰 아키텍트(Mithun architects)에 의해 설계된 포틀랜드 주립대학의 에플러 홀(Epler Hall)에서와 같이, 생태습지는 건물로부터 강우를 모으는 다른 건축적 디자인 특징과 통합될 수 있는데, 이는 부지에서 제거하거나 또는 건물에서 사용하기 위해 재활용하는 것이다.

도심의 급류로 인해 호수나 강, 바다의 오염과 관련된 문제는 이전에 언급된 바 있다. 게다가 새로운 개발로 인한 포장면 때문에 배출유수의 증가와 높아진 최대 유량으로 인해 기존의 우수집수 시스템에 부담을 줄 수 있다. 대규모의 도시개발은 더 높은 유수와 더 많은 사람들의 범람원 거주로 인해 거대한 홍수가 발생하게 되었다.

결과적으로 LEED 시스템은 해당 프로젝트 부지에서 배출되는 유수의 질을 개선하는 프로젝트와 우수 비율과 우수의 양, 이 두 가지를 줄이는 프로젝트에 보상함으로써 명시적으로 우수관리를 다루고 있다. LEED는 이전의 미개발된 사이트의 프로젝트를 유수지 또는 저류지, 현장 침투(투과 포장을 사용한), bioswales(식물을 활용한 배수구), 옥상녹화 그리고 잔디 대신에 자연적으로 적응된 식물을 사용하는 다양한 방법의 실행을 통해서 대부분의 빈번한 폭풍(평균적으로 매 2년마다 또는 그 이상 빈번하게 발생하는)으로부터 유수를 시키는 최고의 재개발 상태 프로젝트를 보상한다.

LEED는 이미 50% 이상이 불투수성인 부지(대부분의 개발된 도시지역에서 건물의 증축 또는 보수의 경우)에 대해서, 일반적인 상태에서 25% 또는 그 이상 우수의 유출을 줄이는 경우에 대해 보상하고 있다.

이를 위해 보통 새로운 식재를 위한 넓은 공간을 가지고 있지 않은 제한된 도시 부지에서는 옥상녹화가 큰 도움이 된다.

Sustainsble Design 지속가능한 설계

본 저자와 건축가 제이슨 맥레넌(Jason McLennan)에 따르면, "지속가능한 설계란 자연환경에 대한 부정적인 영향을 최소화 또는 제거하면서, 동시에 건조환경의 질을 최대화하는 것을 추구하는 설계철학이다."[139] 이것은 간결하고 유용한 정의로써, 종종 UN 브룬틀란 세계위원회의 1987년의 환경과 개발의 "우리 공통의 미래"라는 성명서에서 지속가능한 개발은 "미래 세대가 그들의 요구를 만족시키기 위한 그들의 능력이 훼손되지 않도록 할 지금의 요구"를 만족시키는 것이라는 정의를 보완하는 것으로 인용되고 있다. 지속가능한 설계는 또한 현대 건축과 공학적 실천에 있어서 주된 움직임이기도 하다.[140] 무엇보다도 이것은 "사물이 사용되는 방법, 그것들이 어떻게 세계와 소통하는가, 그들이 생산되는 방법"에 관한 것이기도 하다.

지속가능한 설계의 실행에 포함될 요소들로는,

- 교통수단과 건축재료, 건설과 건물 운전에 사용되는 에너지를 포함하는 전반적으로 높은 수준의 자원효율
- 에너지 효율적인 건물 시스템
- 재생에너지 사용

- 물 절약과 중수 재이용
- 서식지 보호 및 복원
- 건물 냉난방을 위한 자연 에너지들의 사용
- 빗물 저장, 재사용 및 재생
- 자연 우수관리
- 재활용 재료, 비독성, 폐품 이용과 지역적인 재료의 사용
- 거주자를 위한 건강하고 생산적인 실내 환경
- 건축재료와 설계의 내구성
- 시간의 변화에 따른 건물 용도 변경이 가능할 수 있는 유연성
- 대체 수용체제 방식에 대한 접근성

지속가능한 설계는 큰 그림을 고려하는 것으로, 지구 정주지와 산업패턴을 더 건강하고, 덜 소비적이며, 자연환경에 덜 영향을 주고자 하는 요구이다. 그 생각은 이러한 관심을 각 빌딩의 스케일, 각 부지계획, 각 재료의 선택과 처리과정의 낮은 단계로까지 낮추도록 한다. 성공적일 때 지속가능한 설계는 종종 인식되기 어렵다. 건물이 방해적이지 않고 정확히 그 부지에 적합하다고 느껴질 때 ; 풍부한 자연채광이 있고 ; 자연이 내외부 모두에 있고 ; 설계요소로써, 물이 자연스럽게 건물로부터 생태습지 또는 다른 자연적 배수형태로 흐르고 ; 건물에 거센 바람 없이 편안하고, 내부공간이 개방적이며 기쁨을 만들어내고 전체적인 효과는 아름답기까지 하다. 많은 과학자들이 이야기한 바와 같이, 만일 문제에 대한 해결이 세련되지 않다면, 무언가 틀린 것이거나 아마도 더 간단한 해결책이 찾아지기를 기다리고 있는 것이 틀림없다.

만약 잘못 선택된 부지에 건물을 위치하게 된다면, 그것이 여전히 녹색 프로젝트일 수 있는가? 일반적인 대답은 그렇다 이지만, LEED와 같은 그린빌딩 평가 시스템에서는 부지 선정을 위한 지침을 제공한다. 그 목적은 적절한 부지에 개발하기 위한 것이고, 부지를 잘못 선택함으로써 위치에 의한 환경적 영향을 피하기 위한 것이다. 그린빌딩 프로젝트는 건물, 하드스케이프(플라자와 보도처럼 조경에서 포장되어진 표면), 도로 또는 주차장 공간이 다음과 같은 부지영역에 위치하는 것을 피해야만 한다.

- 이전에 미개발된 곳인가 그리고 100년 홍수 레벨보다 1.5m 낮은 곳에 있는가? (강 또는 호수를 따라서 위치해 있는 오래된 도시의 일부분 중 이미 개발되었고 100년 홍수면에 위에 있으면 이 요구사항이 충족될 수 있다. LEED의 요구사항은 오직 과거에 미개발된 부지에만 적용하게 된다.)
- 주된 농지에 위치하는가? (이 관점은 전 국토의 주요 농지를 잠식해 가고 있는 수많은 교외지역 개발에는 유효하지 않다.)
- 30m 이내에 주와 연방규정에 정의한 습지대가 있는가, 또는 비록 이전에 개발되었다고 할지라도 먼 거리에 지방법 또는 지역규정으로 습지로 지정된 곳이 있는가?
- 위협받거나 멸종될 위기에 직면한 종의 서식지로 지정되었는가? (이것은 일반적으로 주와 연방법에 의해 금지된다.)
- 이전에 미개발된 토지의 15m 이내에 바다, 호수, 강, 개울 그리고 물고기가 서식하거나 혹은 서식할 수 있는, 휴양 또는 산업적 사용의 지류로 정의된 수역이 있는가? (이 생각은 수역 주변에 완충지역을 둠으로써 일반 대중이 수역에 접근할 수 있도록 하고, 개발은 뒤로 후퇴한 부분에 있게 함으로써 보다 적은 충격을 주도록 하는 것이다.)
- 공원용지로의 동등한 가치의 부지가 공공 토지소유자에 의해 교환이 받아들여지지 않는 한, 프로젝트를 위해 마련하려는 용지가 공공 공원용지인 부지에 계획되고 있는가? (지방, 주 또는 연방 공원 프로젝트는 여전히 방

문자 센터 같은 건축을 그린빌딩 기준으로 건축하게 하고 있다.)

부지 선정기준에 추가로 LEED는 주변 지역이 적어도 2층으로 개발된 높은 밀도지역(40,000m²당 5,600m² 이상)이거나 공동주택의 거주자 또는 사무실이나 상점에서 일하는 사람들에게 많은 중요한 서비스가 가능한 지역에 위치하도록 하는 프로젝트를 장려한다. 이렇게 함으로써 사회기반시설은 이미 되어 있을 것이고, 보행거리(800m 이하) 이내에 충분한 서비스가 있고 약국, 편의점, 은행, 세탁소, 공원, 의원, 학교, 음식점, 백화점 또는 쇼핑몰, 탁아소와 헬스클럽 및 휘트니스 센터 같은 필수 서비스에 갈 때 운전하지 않도록 사람들에게 권해질 것이다

나는 포틀랜드의 도심에서 9년 정도 일하였으며, 일하러 가는 도중에 휴식시간 동안, 점심시간 동안, 퇴근 직후에 내 인생의 많은 작은 일을 처리하는 것이 정말로 즐거운 것이었음을 발견했다. 자동차로 출근하였을 때도 차는 종종 하루 종일 주차되어 있었으며, 나는 여전히 걸어서 모든 일을 처리할 수 있었다. 이것은 교외에서 일하며 모든 곳을 차를 타고 다녀야 하는 것보다 훨씬 더 건강하게 생활하는 방법이었다.

Technology, Green 녹색기술

2006년에서 2007년 동안 벤처 자본가들은 제품의 혁신과 신재생에너지의 흐름에 투자하던 중, 기록적인 수준으로 유가가 급등했던 2005년과 2006년에 상당한 자본을 유치하였던 그린빌딩을 마침내 발견하였다. 이 1,230조 원의 건설산업(건설비용)에서, 사모펀드 회사는 건설에서 독성물질의 사용을 줄이고 ; 건설과정을 효율적으로 만들고 ; 녹색주거 기술을 장려하고 ; 환경친화적인 목재 폐품 이용방법을 제공하고 ; 빌딩 시스템의 에너지 효율을 증가시키고 ; 예를 들어 절연 콘크리트 폼(ICFs) 사용, 에너지 효율적인 단열구조 패널 사용 등과 같이 콘크리트 주택과 건물의 더 나은 단열방법을 제공하는 제품과 시스템에 투자하고 있다. 또한 광전지, 실내 단열코팅, 자체세척 창유리 그리고 콘크리트구조 보강을 위한 더 강한 철 등의 분야에서 나노기술 사용에 관심이 커지고 있다.[142]

우리는 세계적인 거대 기업들이 에너지 기술과 건물 디자인에 영향을 미칠 다른 혁신적인 흐름에 주력하고 있는 것을 보고 있다. 이에 대한 좋은 예로, GE사의 관심이 친환경에 고양된 현재의 흐름 훨씬 이전인 2005년에 대표이사 제프리 임멜트(Jeffrey Immelt)에 의해 착수된 1조 7000억 원 투자의 eco-magination 캠페인이 있다.

이 캠페인에는 태양과 풍력에너지 기술뿐만 아니라 물에서의 탈염까지 주요한 투자가 포함되어 있다. 게다가 GE는 2012년 말까지 1%의 절대적 감축과 함께, 2008년 말까지 온실가스 농도의 30% 감축 목표를 세웠다. 또한 GE는 2012년 말까지 30%의 에너지 효율 향상 목표를 세웠다. 진척 정도는 2004년도를 기준으로 하여 비교될 것이다.[143]

미국의 그린빌딩협의회의 연례 Greenbuild 트레이드 쇼와 컨퍼런스에서의 전시부스 증가도 그린빌딩 산업을 휩쓸고 있는 기술변화의 물결을 가장 잘 나타내고 있다. 2002년의 소박했던 220개 전시부스에서부터 2006년 700개의 전시부스는 단 4년에 3배 이상 증가한 것이다.[144] 시카고에서 열릴 2007년 11월의 쇼에서는 850개의 전시부스와 거의 20,000명의 참가자가 예상된다.

건물 설계의 분야에서 건축가와 엔지니어가 더 에너지 효율적인 제품을 적용하고, 더 많이 사용하고, 디자인의 초기단계에서 이러한 수단들이 프로젝트의 에너지 효율에 미치는 영향을 분석할 수 있게 하기 위한 많은 새로운 기술이 등장하고 있다. 또한 우리는 3D 모델링이 현실화되어서, 디자인이 확정되어 실시도면 작업이 시작되기 전에 새로운 친환경 설계기법이 에너지에 미치는 영향이 검토되어질 수 있음을 보고 있다. 환경조절 분야에서 1990년대 후반에 바닥공조 시스템이 적용되기 시작한 것처럼, 추운 날씨에도 자연환기로 이득을 보게 하기 위해 이중외피로 보수한 추운 지역의 오래된 건물을 포함하여, 우리는 다양한 다른 빌딩 환경조절 시스템을 지금 보고 있다. 토론토 대학 세인트 조지(St. George) 캠퍼스의 신 연구센터의 이중외피는 이러한 경향의 한 예이다.[145]

Thermal Energy Storage 축열

축열이라는 것은 간단한 개념이다 : 전력이 저렴한 시간에 얼음 또는 차가운 물을 만듦으로써 전력이 비싼 시간에 기계냉방을 위한 전기의 사용을 피하는 것이다. 큰 사무실 건물, 병원, 호텔 그리고 이와 비슷하게 하루 종일, 일주일 내내 사용하는 시설에서는 축열방법으로 이익을 얻을 수 있다. 전력 수요에 제한을 가하여 여름철 오후에 부분정전이나 정전을 방지하기 위한 목적으로, 최대 전기 수요량에 대한 요금 상승 압박이 가해짐에 따라 축열 시스템이 주목받기 시작하였다. 이 시스템은 전력망의 부하를 줄여주면서 건물 소유주에게 상당한 비용을 줄여줄 수 있다. 또한 이 시스템은 건물에 필요한 HVAC 시스템의 크기를 줄여줌으로써 초기투자비를 줄여줄 뿐 아니라, 그 후의 비용도 절감시켜 준다. 이 시스템은 통합 디자인 프로젝트에서 하나의 요소로서 생각되어져야 하는 것으로서, 초기단계에서의 초점은 차양과 차폐장치, 고효율 유리창 그리고 자연형 태양열 설계 등을 통하여 여름 냉방의 수요를 줄이는 것이어야지, 마지막 단계에서 최종 수단으로 결정되어서는 안 된다.

아래 표의 예를 참조하라. 축열 시스템을 적용하면서 건물의 전력수요는 400kW로 낮아져서 최대 수요량은 약 25% 감소한 것이다. 만약 수요 전력요금이 kW당 10,000원이라면, 수요 절약만으로도 월별 400만 원이고 연간 절약은 5,000만 원이다! 이런 절약은 여름의 최대 냉방기간이 지나도 몇 달 동안 계속될 것이다. 왜냐하면, 전기회사에 따라 매 분기별, 또는 경우에 따라 연중 순간 최대치에 대하여 비용을 부과하기 때문이다. 만일 전기요금이 시간대별로 다르게 부과되는 지역이라면, 요금이 저렴한 시간대의 전력을 사용함으로써 냉방을 생산하는 데 드는 에너지 비용도 더 낮출 수 있으며, 나아가 시스템 설치(10%의 빙축열 시스템이 최대 냉방부하를 담당할 수도 있다.)에 따른 비용절감을 늘릴 수 있다. 최대 전기 수요량의 절감에 따른 비용 절감만으로도 부분축열 시스템의 완벽한 경제적 명분을 설득할 수 있다. 시간대별 전기요금도 필요하지 않으며, 빠른 투자회수 기간만으로도 그 타당성이 입증된 것이다.

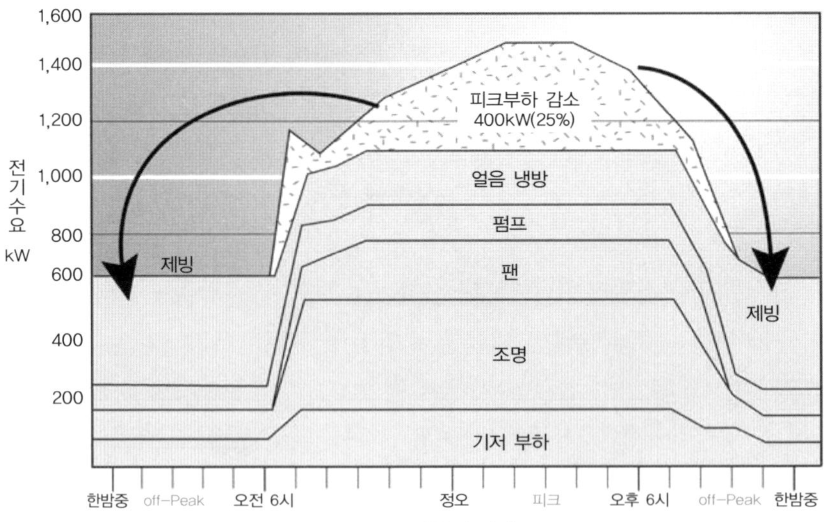

축열 시스템은 큰 건물과 시설에서 최대 전력 수요량의 25%를 줄여줄 수 있다.

Triple Bottom Line 세 가지 핵심

세 가지 핵심(triple bottom line)은 그린빌딩과 지속가능성에 대한 새로운 생각의 방법을 나타낸다 : 진정으로 적절한 수단은 생태/환경(ecology/environment), 경제(economy)와 (사회적)공정[(social) equity](세 가지 Es), 또는 사람(people), 지구(planet), 이익(profits)(세가지 Ps)에 대한 통합적인 고려가 필요하다. 세 가지 핵심은 오직 이익만을 고려하는 전통적인 비즈니스 핵심과 구분된다. 분명히 비스니스는 꽤 많은 시간 동안 유일한 방향이었던 이익만을 추구하던 방향에서 멀리 이동해서, 기업의 사회적 책임 운동을 추구하는 방향으로 변화해 와서, 환경과 지역사회에 대해 관심을 기울이는 것이 수익성의 핵심요소가 되어 갔다.

지난 몇 년 동안 그린빌딩 운동은 많은 회사들이 그들의 부동산에서의 개발을 위한 모든 접근을, 에너지 효율의 강조와 LEED 등급을 받는 것으로 다시 생각하게 압박하였다. 이 흐름의 좋은 예는 많이 있다. 2007년 오스트레일리아 시드니에서 개최된 "녹색도시(Green Cities)" 회의에서, 오스트레일리아의 모든 부동산 개발산업은 그린빌딩이 자산가치를 높이고 더 나은 세입자와 구매자를 확보해준다는 데 의견을 모았다. 2006년 후반에 유명한 부동산 컨설턴트인 찰스 락우드(Charles Lock-wood)는 "전 세계적으로 수천조 원의 상업적 자산이 쓸모없게 되거나 가치가 하락하게 될 것인데" 이는 그린빌딩이 주요 흐름이 될 것이기 때문이다 라고 주장했다.[146]

나의 저서, 〈녹색으로의 개발 : 성공을 위한 전략(Developing Green : Strategies for Success)〉은 압도적인 그린빌딩의 사업적 이익을 설명한 것이다.[147] 이러한 혜택에는 기대되는 설비의 절약뿐만 아니라, 입주자의 향상된 건강과 행복, 쉬운 자산 마케팅과 향상된 공공관계, 쉬워진 개발을 위한 대출과 자본 조달, 향상된 핵심 입주자의 지속률이 있다. 그린빌딩보다 환경 마인드 기반이 어떻게 잘 적용되는지를 보여줄 더 좋은 예는 없다. 우리는 단지, 보다 나은 건물을 디자인하는 것으로서 도시와 자연환경을 개선하고, 에너지를 절약하고, 사회기반시설의 투자비용을 줄이고, 노동자의 보다 나

t

은 건강과 윤리를 얻을 수 있다. 그러니 무엇이 우리를 멈출 것인가?

건축가 윌리엄 맥도나우(William McDonough)는 또한 "세 가지 톱 레벨"에 대해서 말했다 : 이것은 세 가지를 함께 생각하는 것이 환경을 개선하고 자산성도 높임과 동시에 이익의 증가를 가져오도록 한다는 것이다. 다른 말로 각각의 면을 달성하면, 경제적 효율, 환경 그리고 사회적 자산 간에 타협을 할 필요가 없다는 것이다. 만약 당신이 이렇지 않다면 다시 제도판으로 돌아가서 더 열심히 노력해야만 한다. 2002년 맥도나우의 에세이에서 그리고 그의 협력자인 미첼 브라운가르트(Michael Braungart) 박사는 다음과 같이 말했다 :

> 순전히 핵심(bottom line)에 초점을 맞춘 비즈니스 전략은, 그러나 디자인 과정에서 혁신을 추구하고 가치를 창조하려는 기회를 흐리게 할 수 있다. 지속가능한 디자인을 위한 새로운 도구는 제품개발을 최종 책임으로 한정하려는 프로세스로부터, 시작에서부터 안전하고 질 좋은 제품을 창조하도록 하는 프로세스로 다시 초점을 맞출 수 있다.[148]

US Green Building Council　미국그린빌딩협의회

미국그린빌딩협의회(USGBC)는 건설시장이 조금 더 친환경적인 활동으로 변모하기를 원했던 몇몇의 열정적인 사람들에 의해 1993년에 구성되었다.[149] 설립 초기에 단독으로 구성되었던 USGBC는 2007년 초에는 연방, 주, 지방 정부의 기관들, 여러 대학들, NGO 환경단체들, 제조업자, 무역회사, 건축가, 엔지니어, 건설업자, 그 외의 건설업에 관여하는 수많은 사람들을 포함하는 8,500명 이상의 회원들을 대표하게 되었다. USGBC는 100명 이하의 유급 직원으로 구성되어 있지만, 회원사를 대표하는 자원봉사자들이 USGBC의 기술적인 면을 지도하는 광범위한 위원회 시스템의 업무를 수천, 수만 시간씩 봐주면서 막강한 지원을 하고 있다. 또한 70개 이상의 지부를 두고 있다. 한편, 캐나다 그린빌딩협의회(Canada Green Building Council)는 유사한 동적 변화를 추구하여, 2007년 초에는 USGBC보다 더 많은 1,400에 가까운 회원을 확보하였다.[150]

USGBC는 최우선 순위로, 그린빌딩이 무엇으로 이루어지는지를 정의하기 위해 LEED 등급 시스템을 개발하였다. LEED 2.0 버전이 소개된 2000년의 7년 후, 5,000개 이상의 프로젝트가 LEED 시스템 내에 등록되었다. 등록된 건물들의 평균면적은 9,300m² 이상으로 LEED 프로젝트들은 약 4,600만m²의 건설에 달하며, 미국의 연간 건설되는 상업용 건축면적의 약 20%에 해당된다.[151]

LEED 등급 시스템으로 건물의 친환경성을 인증하는 것 이외에 USGBC는 이를 활용할 수 있도록 사람들을 계속 교육시키고 있다. 2007년 초까지 약 45,000명의 사람들이 교육을 받았고, 35,000명 이상의 사람들이 국가시험에 통과하여 LEED AP(LEED Accredited Professionals)가 되었다. 여러 다양한 건축산업 분야로부터의 이렇게 많은 사람들이 이 등급 시스템에 관심을 가지고, 하루 종일의 워크숍에 참석하고, 이 업무를 할 수 있는 능력을 인증받고자 시험을 보았다는 것은 놀라운 일이라 하겠다. LEED 등급 시스템과 건물 전문가들의 교육을 통해서 USGBC는 2000년도 초에는 상상조차 할 수 없었던 건물의 설계와 시공과 운영에서의 주된 변화에 대한 능력을 효과적으로 구축하고 있다.

2007년, USGBC는 모든 인증 프로젝트는 어느 정도 최소 수준의 에너지 효율을 반드시 갖도록 LEED 등급 시스템을 수정하여 기후변화 도전에 대응하도록 하였다. 2007년부터 이러한 수정의 결과로, USGBC는 LEED 인증 건물들이 그렇지 않은 일반 건물과 비교하여 전체 이산화탄소의 배출량을 50%까지 절감할 것으로 기대하고 있다.

USGBC는 우리가 그린빌딩 혁명의 최고점에 도달했다고 믿는다. 2006년 후반, USGBC CEO인 릭 페드리찌(Rick Fedrizzi)는 2010년 말까지 십만의 LEED 인증 건물과 백만 채의 LEED 인증 주택이 생김으로써, 단 4년만에 획기적인 증가가 이루어질 것으로 예측하였다.[152] USGBC가 미국 내의 그린빌딩 건설의 주된 촉매제 중의 하나임은 명백하며, 이 조직의 구성원과 영향력은 앞으로 몇 년 내에 획기적으로 계속 증가할 것이다. (당신이 속한 대학, 정부기관, 회사, 비영리단체도 구성원이 되지 않겠는가?)

Unbridled Enthusiasm! 억제할 수 없는 열의

이 용어가 그린빌딩에 관한 이 책에 포함되기에는 이상해 보이지만 중요한 말이다. 나는 그린빌딩 단체들보다 더 열의가 있는 전문가 그룹을 본 적이 없다. 열의는 현존하는 시스템에 어떠한 중요한 변화를 만드는 데 있어서 핵심 특성이라 할 수 있다. 이 말은 그리스의 en Theos, 즉 "신에 의해 소유됨", 혹은 "내 안의 신"이라는 말에서 유래한, 열정(enthusiasm)은 모든 장애들을 극복하는 데 도움을 준다.

19세기 미국 철학자 랄프 왈도 에머슨(Ralph Waldo Emerson)이 말하기를, "열정 없이 이루어진 위대한 것은 없다."라고 했다. 에머슨(Emerson)에게 있어서 열정이란, 사람이 내면의 방향을 따르게 하는 데 용기를 북돋워 주는 것이었다. "당신이 가기로 결심한 어떤 길이든, 그 길이 옳지 않다고 말하는 사람들은 언제나 있기 마련이다. 그리고 당신에게 비판적인 그 사람들이 옳다고 생각하기에는 어려움이 늘 있기 마련이다. 행동의 과정을, 그리고 그것을 끝까지 따르는 것에는 용기가 필요하다.

1993년에 미국그린빌딩협의회을 설립하고자 노력하던 데이비드 고트프리드(David Gottfried)는, 당시 워싱턴 DC의 성공한 젊은 부동산 개발자였다. 그는 후에 세계 그린빌딩협의회(World Green Building Council)를 1999년에 설립하였으며, 현재는 10개의 회원국(미국, 캐나다, 오스트레일리아, 뉴질랜드, 인도, 영국, 멕시코, 타이, 대만, 아랍 에미리트 그리고 일본)이 참여하고 있다. 데이비드의 그린빌딩에 대한 열정은 전염성이 있었다 ; 그의 예리한 리더십, 설득력 있는 기술과 믿을 수 없는 추진력의 결과로서, USGBC는 이제 건설산업이 수십 년간 보아 온 변화에 있어서 가장 극적인 원동력으로 되어 있다.

캐나다인인 조 반(Joe van Belleghem)은 회계사 수습 중이다. 현재 그는 빅토리아, 브리티시 컬럼비아에 위치한 세계에서 가장 큰 규모의, 모든 부문 플래티넘 등급을 받을 예정인 독사이드 그린(Dockside Green) 개발사업을 하고 있다.[153] 올바른 일을 어떻게 하는가가 최고의 사업 제안을 가져온다라는 조의 이야기를 듣는 모든 사람들은, 그들도 이와 같이 해야 되겠다고 한다. 독시아드 그린을 건설하기 위한 경쟁에서 승리하기 위해, 조의 개발팀은 자원과 명성의 면에서 더 많은 자금을 가진 팀을 이겼다. 조는 그의 열정으로 경쟁에서 이겼으며, 그 프로젝트의 성공에 걸림돌이 되는 모든 것들을 계속하여 극복해 나가고 있다.

교육학 박사학위를 가지고 있는 캐스 윌리엄스(Kath Williams)는 몬태나 주립대학(Montana State University)의 연구 책임자였던 당시, 그린빌딩에 관심을 갖기 시작하였다. 전국의 그린빌딩의 리더들과 함께 일하면서, 그녀는 1990년대의 탁월한 그린빌딩 프로젝트 중 하나인 몬태나 주의 에피센터(EpiCenter)를 후원하였다. 그녀는 현재 세계 그린빌딩협의회에 깊게 관여하고 있는 세계적인 그린빌딩 컨설턴트이며 USGBC의 전 부의장으로서, 친환경적이지 않은 건물은 어리석은 것이라는 사실을 사람들에게 명확히 설득할 수 있는 인물로, 몬태나 주에서 온 정교하고 진지한 여자 카우보이이다.

캔자스 시티, 미조리에 위치한 선두적 건축회사의 설립 파트너이자 1989년에 AIA환경위원회(AIA Committee on the Environment)를 공동 설립하였으며, 다수의 랜드마크 프로젝트에 표현된 그의 지속가능한 설계의 기술적인 연출이 새로운 세대의 건축가와 엔지니어들에게 지속적으로 영감을 불어넣어 주고 있는 밥 버커빌(Bob Berkebile)을 만나보라. 밥은 매년 그린빌딩들에 대해 더 많은 열정을 얻고 있는 것으로 보인다. 만약 그린빌딩 운동에 스타워즈의 현자 요다와 비등한 사람이 있다면, 밥이 바로 그 사람일 것이다.

Urban Heat-island Effect 도시열섬효과

도시열섬효과는 1960년대 과학자들이 도시가 도시 외곽 주변보다 온도가 확연히 높다는 것을 알아내면서 처음 보도되었다. 때때로 겨울에 당신의 아침 출근길에 날씨정보를 들어보면, 당신은 도시 내의 온도가 일반적으로 외곽지역보다 3~4℃ 정도 더 따뜻하다는 것을 알게 된다. 잘 생각해 보면 이것은 매우 자연스러운 일이다. 우리는 막대한 양의 에너지를 도시로 공급하고 있고, 고등학교 물리수업을 들은 학생들이 아는 것처럼 모든 에너지는 결국 쓸모없는 열이 되어버린다. 게다가 우리는 도시를 포장하고, 식물들을 제거하였으며, 태양열을 밤까지 가둬놓을 수 있는 콘크리트 구조물을 세워두었다. 우리는 도시가 더워지도록 이보다 더 잘할 수 없었을 것이다. 그 결과의 일부로, 건물을 공조하기 위해 건축주와 관리자들은 매년 약 4,500조 원의 돈을 소비하고 있다.[154]

이것은 알래스카에 사는 주민들에게는 지구 온난화가(그것이 미치는 모든 영향을 고려하기 전까지는) 좋은 소식으로 들릴 수도 있는 것과 같이, 이것이 겨울에는 괜찮게 들릴 수도 있다. 그러나 여름에는 이것이 도시지역의 매우 뜨거운 국지기후를 유발하여 식물의 증산작용에 의한 냉각효과가 줄어들어 더 많은 에어컨을 사용하게 한다. (이렇게 하면 건물 내는 시원해지나 모든 열은 거리나 공기로 배출된다.) 피닉스(Phoenix)의 2000년 여름 야간 최저 기온은 1970년대보다 5.5℃ 더 높다고 보도되었다. 다시 말하면 몇 달 동안 전혀 시원해지지 않는다는 것이다. 이것은 전기 수요량이 여름에 훨씬 높다는 것을 뜻하며, 더 나아가 새로운 발전소 건설의 필요성을 야기시킨다.

우리는 무슨 일을 할 수 있을까? LEED는 여름철 태양열을 줄이고 시원한 미세기후를 만드는 몇 가지 간단한 수단들을 제안하였다. 첫째, 열을 흡수하는 인공적인 요소와 비흡수성 면의 양을 줄인다. 둘째, 태양열을 흡수할 모든 인공 조형물 면(주차장, 인도, 파티오, 광장)에 차양을 설치하여 전형적인 여름 날 정오에 햇빛이 최소 50%는 가려지게 한다. 남부지역과 같은 곳에서는 식물이 5년만 되어도 상당히 크게 자랄 수 있다. 셋째, 주차대수의 50% 또는 그 이상을 지하주차장이나 건물 지하에 위치시켜 태양열을 흡수할 외부 주차장의 면적을 줄인다. 넷째, 주차장에 고반사율 포장재료를 사용하여 (아스팔트 대신 회색이나 흰색 콘크리트) 더 많은 태양열이 반사되어 나가 흡수되지 않게 한다. 다섯 번째, 그 사이에서 식물이 자랄 수 있는 개방 격자포장 시스템을 사용하여 태양열이 흡수될 면적을 줄인다. 물론 이러한 조치들은 조합하여 사용할 수 있다. : 우리는 인공구조물로 인한 도시 열섬효과를 줄일 수 있는 많은 대안들을 찾아낼 수 있다.

이것이 건물 자체로 오게 된다면, 거기에는 두 가지 주요한 선택이 있다. 우리는 이미 쿨 루프(cool roof)와 녹색지붕(green roof)에 대해 논의한 바 있다. LEED에서는 녹색지붕은 적어도 지붕면의 50%, 쿨 루프는 최소한 75%가 덮여질 것을 요구하며, 또는 두 가지를 조합하여 사용할 수도 있다. 이것들은 도시 열섬효과를 줄여줄 뿐만 아니라 다락 또는 지붕 속을 시원하게 하여 여름철 건물의 공조 수요를 줄여준다.

Vastu Shastra 바스투 샤스트라

중국의 풍수와 마찬가지로, 바스투 샤스트라로 알려진 디자인 철학과 접근 방식은 인도 고대 경전의 가르침에 기초하고 있다. 초월명상(Transcendental Meditation, TM)의 미국 개업자에 의해 미국에 도입된 바스투 샤스트라는 사람, 건물과 토지의 조화를 목표로 하고 있다. 개인주택들이 이러한 고대 원칙에 의해 지어졌으며, 건강한 작업 및 생활환경을 창조하고자 하는 이 접근법이 상업용 건물에 적용된 가장 큰 사례는, 2007년 오픈 예정인 메릴랜드 주, 락빌(Rockville)에 있는 사무실 건물이다.

4만4,500m²의 대지에, 약 800억 원의, 약 18,600m²의 2000 Tower Oaks Boulevard 건물은 41%로 예상되는 에너지 사용 절감효과에 근거하여, LEED의 골드 등급 및 Energy Star 인증을 노리고 있다. 또한 이 건물은 두 개의 개인 부동산 기업인 타워 컴퍼니(Tower Companies)와 러너 엔터프라이즈(Lerner Enterprises)의 본사가 입주하여 약 6,500m²를 사용하게 될 것이다.[155]

바스투 샤스트라는 동향으로 건물을 위치시켜 떠오르는 태양에너지의 이점을 활용하는 데 초점을 맞추고 있다. 바스투 샤스트라의 철학에 따르면, 이렇게 함으로써 출근하는 사람들이 활력을 가지게 하는 데 도움이 된다고 한다. 많은 미국 원주민의 주거도 떠오르는 태양의 온기와 에너지를 받아들이기 위해 동향으로 개방되어 있다. (대조적으로 대부분의 자연형 태양열 설계에서는 에너지 효율성 및 자연채광을 촉진하기 위해 건물의 장축이 남북으로 향하지 않고 동서로 향해 있다.)

이 건물에서는 태양을 주간에 최대한 활용하기 위하여 다른 활동도 넣어 두었다. 이 방법은 부엌, 욕실, 거실과 침실 모두가 하루 중 거의 특정한 시간대에 사용되는 주택에 적용하기는 상당히 쉽다. 상업용 건물에서는 모든 사용이 주간에는 거의 바뀌지 않는다.

또한 바스투 샤스트라는 자연에서 성공적인 디자인의 핵심인 균형을 고려한다. 균형은 건축에서 핵심 원칙이며, 자연은 프랙탈 기하학으로 특징지워지는 접근인 다른 스케일의 같은 균형을 모방하기도 한다. 당신이 건강한 건물에 대해 생각하는 것과 마찬가지로, 바스투 샤스트라 또한 자연적인 무독성 재료를 사용하고 햇빛과 신선한 공기로 방을 채우고 대지 내에서의 에너지 생산을 위해 태양에너지를 사용하는 것에 초점을 맞추고 있다.

건강한 건물에 걸맞게 2000 Tower Oaks Boulevard 또한 부지 내에 헬스장, 명상방(그런데 이런 것들은 공항에서도 찾아볼 수 있는데, 하물며 오피스 빌딩이라고 찾아볼 수 없겠는가?), 자연 보존지를 갖추어서 자연을 사람 가까이로 가져오고, 이미 그곳에 있는 자연을 보존할 것이다. 태양이 제공하지 않는 것은 풍력이 제공할 것이다 ; 프로젝트에서는 필요한 전력의 100%를 재생에너지로 조달할 계획이다.[156]

서양 건축이 실질적인 에너지뿐만 아니라 미묘한 에너지도 관리하고 주거와 건물을 자연환경과 조화시키는 것에 초점을 두는 전통적인 동양의 디자인 방법에서 확실히 많은 것을 배울 수 있음을 볼 수 있다. 우리가 흉내 내려고 이제 막 시작하고 있는 건강하고 지속가능한 환경에서 생활하고 일하는 것은, 오래전부터 다른 문화권에서는 초점이 되었다.

Ventilation 환기

누구나 신선한 공기의 중요성을 알고 있다. 통풍이 잘 안되는 실내에 몇 시간 동안 갇혀 있어 보면, 얼마나 졸리고 활기가 없는지를 느낄 수 있다. 엔지니어들은 신선한 공기에 대해 건축법에서 요구되는 양을 충족하거나 초과하도록 건물을 설계한다. LEED에서는 더 건강한 건물을 위한 이 간단한 접근방법을 장려하기 위해 기준보다 적어도 30% 이상의 신선한 공기를 환기시키는 설계에 대해 추가 점수를 준다.

미국의 많은 지역에서는 신선한 공기만으로도 연중 수백 시간 동안은 에어컨을 사용하지 않고 건물을 시원하게 할 수 있다. 설계가 잘 된 에너지 효율적인 건물은 습기가 과도하지 않거나 열 손실이 너무 크지 않는 한, 외기를 이용한 비용이 들지 않는 냉각을 최대한 활용할 것이다. (건물 내로 신선한 공기가 들어오는 양 만큼, 같은 양의 공조된 공기가 빠져 나간다는 것을 기억해야 한다.)

하지만 여기에 대한 이야기가 더 있다. 바람이 많은 지역의 건물들은 바람이 불어오는 쪽(정압)에서는 건물 내로 공기를 밀어 넣을 에너지가 바람이 불어 나가는 쪽(부압)으로는 공기가 빠져 나가게 하는 점을 잘 활용할 수가 있다. 이러한 유형의 자연환기는, 특히 넓은 공간의 오픈플랜 사무소에서 건물 내 공기의 순환을 위한 팬 동력을 줄일 수 있다. 엔지니어와 건축가가 건축설계 초기에 결정해야 할 자연환기가, 내부 공기의 움직임에 제약을 주는 것들에 의하여 원래 의도대로 잘 이루어지지 않을 수 있다. 자연환기를 위한 적절한 바람의 조건을 얻는 것이 매우 어렵기 때문에, 이런 유형의 대부분의 건물들은 바람이 없을 때에도 공기가 순환될 수 있게 하기 위해 팬을 설치하는 등의 복합모드 접근방법을 채택한다. 아래의 그림은 자연환기가 더워진 공기는 건물 상부에서 밖으로 배출되고, 차가운 공기는 건물 하부에서 불어 들어오는 "굴뚝효과"와 어떻게 하여 함께 작용될 수 있는지를 보여준다. 사무소 건물은 1년 내내 냉방이 요구되므로, 이는 매우 유

짐머 건설 프리스카(Zimmer Gunsul Frasca) 건축사무소에 의해 설계된 포틀랜드 주립대학교의 새로운 공대 건물에서 보여진 바와 같이, 자연환기는 표준환기 전략을 보완하고 대형 건물에서의 팬 에너지의 사용을 줄여줄 수 있다. / Zimmer Gunsul Architects, LLP

용한 접근방법이다.

차가운 기후대에서는 환기 시스템이 열회수 시스템과 연계되어야 할 필요가 있다. 이로써 건물에서 배출되는 따뜻한 공기의 에너지 일부를 도입되는 외기에 전달해 줌으로써 증가된 환기에 따른 “에너지 핸디캡”을 어느 정도 피할 수 있기 때문이다.

Views of the Outdoors 외부 조망

창을 통해서 밖을 내다보는 것은 인간에게 매우 기본적인 경험이지만, 우리는 종종 그 중요성을 인지하지 못하고 있다. 몇 년 전, 사무소 건물 창문에서 멀리 떨어져 앉아 있는 사람들은 생리적, 심리적 질환이 있을 비율이 더 높다는 연구 데이터를 보았다. 현대적인 사무소 건물과 창문에서 내부 코어까지 늘어진 “큐브농장”을 생각해보자. 창문에서 가장 먼 큐비클에 있는 사람들은 일어서거나 주변으로 이동하지 않으면 외부를 볼 수 있다. (대부분의 사람들은 왜 하는지도 모르면서 이렇게 하고 있다.) 그린빌딩에서는 일반 업무공간의 90% 이상의 부분에서 재실자가 외부를 볼 수 있어야 한다. (예를 들어 내부 회의실 같은 경우는 제외될 것이다.) 최근 몇 년 사이에, 건축가들은 외주부에 맑은 유리를 설치하여 누구든지 창문을 통하여 바깥을 내다볼 수 있거나, 건물의 주변부를 따라 복도를 설치하여 모두가 바깥을 볼 수 있도록 사무실을 설계하고 있다.

내가 이 요구사항을 LEED 시스템에서 알았을 때, 나는 그것의 중요성에 대해 고민하였다. 그러나 만약 당신이 잠시라도 생각해 본다면, 인간은 2백만 년 이상 외부와 친밀한 연결 속에 진화해 왔으며, 식사를 하거나 잠자기 위해서만 실내로 들어왔다는 것을 알 수 있다. 우리의 모든 감각기관들과 우리의 모든 심리는 자연과의 연결에 기반하고 있다 ; 이것은 너무 명확하여, 이것을 말하기 위한 과학적 연구를 필요로 하지 않는다. 단지 최근 150년 동안 인간은 주간의 많은 시간을 실내에서 보내기 시작하였다. 100년 전

BNIM 아키텍트(BNIM Architects)에 의해 설계된, 미주리 주 제퍼슨 시티(Jefferson city)에 있는 루이스 & 클라크 주 오피스빌딩(The Lewis and Clark State Office Building)은 풍부한 외부 조망을 가진 LEED 플래티넘 인증 건물이다.

만 하더라도 미국 인구의 95%가 대부분 농업에 종사하면서 실내와 실외를 자주 드나들었다.

대부분의 사람들에 있어서 현대적 생활은 하루 중 많은 시간을 바깥에 머무를 수 있는 사치를 허용하지 않는다. 당신은 하루 종일 창문이 없는 회의장에 있어서 자연채광도 받지 못하고 외기와의 접촉도 하지 못하여 거의 미칠 것 같은 기분을 느낀 적이 없는가? 우리는, 모든 재실자가 창문을 통한 자연채광을 받을 수 있도록(또한 사람들이 외부를 조망할 수 있도록), 창문에서 10m 이상 떨어져 있어서는 안 된다고 규정한 매우 분별 있는 유럽 법규를 채택해야 한다. 또한 누구나 일어서지 않고도 자신의 책상에서 외부를 볼 수 있도록 전형적인 큐비클의 높이를 1m 또는 그 이하로 낮출 필요가 있다.

Volatile Organic Compounds (VOCs)

휘발성 유기 화합물 (VOCs)

휘발성 유기 화합물은 탄소 기반의 화학물질을 전체적으로 일컫는 것으로 정상 실온에서 증기를 발산한다. VOCs을 방출하는 많은 상품으로는 물감과 라커, 페인트 제거물질, 접착제 및 실런트, 카펫 및 카펫 백킹, 청소도구, 농약, 건축자재와 가구, 사무기기(복사기와 프린터), 그래픽 및 공예재료와 영구 마커 등을 포함한다.

내가 자랄 때, 우리 가족은 3~5년마다 새 차를 샀다. 새로운 자동차에 앉아 새로운 차의 냄새를 맡는 것은 큰 기쁨이었으며, 냄새는 그로부터 몇 개월 후 사라졌다. 물론 어린아이들로서 우리는 발암물질로 의심되는 톨루엔을 포함한 여러 가지 독성 화학물질을 들이마시는 줄 몰랐었다. 몇 년 동안 나는 새로운 자동차 냄새를 자동으로 내뿜는 스프레이 캔을 취급하는 자동차용품점을 보기도 하였다! 휘발성 유기 화합물은 지상의 오존 농도에 영향을 미치기 때문에 지금은 관련 공기질 취급 부서에 의해 규제되고 있다.

요즘은 많은 사람들이 환경 알레르기를 가지고 있기 때문에 건물 내 휘발성 유기 화합물의 양을 줄이는 것은 매우 분별 있는 것이다. 특히 사람들에게 노출되는 5개의 주요 부문에 있어서

- 페인트와 코팅
- 접착제 및 실런트재
- 카펫
- 혼합 목재와 농산물의 섬유(agrifiber)제품
- 가구와 비품

그린빌딩의 페인트와 코팅은 그린 실 GS-11 표준(Green Seal GS-11 standard)에 의한 휘발성 유기 화합물 기준을 만족해야 한다. 반면에 나무 마감재, 바닥 코팅재와 유사한 물질은 그 자체의 특별한 기준이 있다. 많은 휘발성 유기 화합물의 농축제들은 건물 환기 시스템에 의해 언젠가는 건물 밖으로 방

출되어 지상의 오존과 결합되므로 지역 대기오염규제기관에 의해 규제된다.

일반 건설 접착제 (튜브형태로 나오는 것은 모두), 바닥 및 화재방지용 접착제, 코킹, 덕트 실런트와 배관 접착제에서 높은 휘발성 유기 화합물 수치가 발견되곤 한다. 또한 에어로졸 접착제, 카펫 패드 접착제와 세리믹 타일 접착제도 높은 수준의 휘발성 유기 화합물 수치를 보인다.

카펫과 카펫 쿠션도 건물 내 휘발성 유기 화합물의 원천이다. 그린빌딩에서는 이들을 카펫 & 러그 협회(Carpet and Rug Institute)의 그린 등급 플러스(Green Label Plus)와 그린 등급 프로그램(Green Label program)을 통해 반드시 인증받아야 한다.

그린빌딩에서 혼합 목재와 농산물 섬유(agrifiber) 제품은 요소 포름알데히드 수지의 추가 요소를 확인해야 한다. 이 유형에는 파티클보드, 중밀도의 플라이보드, 합판, 휘트보드, 마분지와 문 내부재가 포함된다.

가구와 비품도 휘발성 유기 화합물의 원천이다. 냄새 나는 유레아-포름알데히드를 흠뻑 적신 압축 목재섬유를 사용하지 않은 가구를 구입해 본다면, 당신은 이것을 이해할 수 있을 것이다. 지금 새로운 가구로부터 포름알데히드 가스가 방출되는 사무실에 있는 모든 사람들을 생각해 보자.

Water Conservation 물 보존

"물, 물, 도처에 있지만, 단지 마실 물 한 방울도 없다"는 고대 선원의 탄식은 세계의 많은 부분에서 겪고 있는 일이지만, 다행스럽게도 아직은 미국에는 해당되지 않는다. 그러나 남서부 또는 서부지역과 같이 불부족현상을 보이기 시작하는 몇몇 지역에서는 건축 및 개발 시에 긴급시 대비하는 물 보존 시스템 설계를 하도록 하고 있다. 게다가 많은 사람들이 에너지 사용과 물 사용은 많은 관계가 있다는 것을 알게 되었다. : 서부에서는 화력(석탄)전기 발전소의 냉각을 위해 상당한 물이 사용된다. 다시 말해서, 이 지역이 커지면서 전력 수요가 증가함에 따라 물 공급 요구는 이중으로 압박을 받게 된다. 전국적으로 하루에 약 9억㎥의 깨끗한 물이 전력생산을 위해 사용된다.

2035년이 되면 2005년의 건물 중 75%가 새로 지어지거나 리모델링될 것이므로, 에너지 절약과 관련된 모든 방안을 지금부터 시작하여 "절감, 재사용, 재활용"의 진언을 따라 식수의 소비를 줄이기 위한 공격적인 전략을 채택함으로써 우리는 건물, 조경 그리고 지역에서 사용되는 전체 물소비를 획기적으로 줄일 수 있다. 건물 내 물 절약은 기존의 수세식 화장실에서 플러시를 누를 때마다 물이 7.3리터 소비되는 것에서부터 5.8리터(20% 절감)를 사용하는 저유량 변기, 5리터(30% 절감)를 사용하는 저저유량 변기, 최종적으로 3.6리터(낮게 설정된 듀얼-플러쉬 화장실)까지로 수전설비의 물 소비 요구를 줄이는 것을 포함한다.

우리는 수세식 소변기에서 물을 사용하지 않는 소변기를 사용하여 물의 사용을 완전히 없앨 수 있다. 우리는 중수(예를 들어 싱크대에서나 샤워로 버려지는 물)를 변기 세정으로 재사용하고, 건물 내에서 폐수처리시설을 이용하여 재생된 물을 변기 세정용이나 냉각탑 보충수로 사용할 수 있다. 우리는 중수와 지역에서 처리한 하수를 조경수로 사용할 수 있으며 또한 건식 조경전략을 통해 물의 수요를 줄일 수 있다.

핵심은, 무료로 얻어진 것(빗물)으로부터 시작하여 이를 가능한 한 많이 사용하는 방안을 찾도록 노력하는 전체 물순환 사이클을 관리하는 것이다. 예를 들어 만약 당신이 수세식 화장실에서 사용되는 물의 80%를 재사용할 수 있었다면, 같은 물을 5번이나 사용한 것이 되는 것이다. 그렇게 한다면, 강우량이 적은 기후에서조차도 우리는 물 사용에 대해 큰 영향을 미칠 수 있다. 왜냐하면, 미국의 강우량은 사막지역이 연간 20~30cm 이하, 포틀랜드와 시카고 같은 지역은 90cm, 올랜드 지역은 거의 130cm로 매우 다양하기 때문에, 디자인 전략을 개발하기 위한 출발점으로서 각 프로젝트의 물 자원을 분석해보는 것은 매우 중요하다.

도시지역 상수도 요금의 경제성은 미터요금 및 연결비용을 포함한 전체 시스템 차원의 비용으로 보기를 선호한다. 모든 빗물을 단지 내에서 재생하여 빗물 하수를 위한 연결이 필요하지 않다면, 종종 빗물을 모으고 관리하는 비용보다 더 큰 절약을 가져올 수 있다. 특히 처리된 폐수가 변기 세정용, 냉각탑의 보충수, 프로젝트 단지 내의 관개용수로 사용될 수 있다면 단지 내 하수처리도 같은 절약을 가져올 것이다. 당신은 다음 프로젝트에서 40% 또는 그 이상의 물 보전을 위한 기회를 왜 더 세밀하고 더 광범위하게 살펴보지 않겠는가?

Water-free Urinals　물을 사용하지 않는 소변기

소변기는 연간 5,700억 리터 이상의 깨끗한 물을 소비하며, 이것은 하루에 평균 1,000리터의 물을 사용하는 1,500,000가구의 물 소비량과 동등하다.[157] 1992년부터 설치된 소변기는 1992년의 연방에너지정책법(Federal Energy Policy Act)에 근거한 법규에 따라 세정 시 평균적으로 3.8리터가 사용된다. (전체적으로, 현재 설치되어 있는 모든 소변기의 매 세정 시 물 사용량의 평균은 거의 7.6리터에 가까울 것이다.) 직장에서 일하는 7천8백만 명 이상의 남성이[158] 하루에 평균 3번, 일주일에 5일 물을 내린다고 하면, 대부분의 오래된 소변기는 8에서 11리터의 물을 사용하므로 깨끗한 물의

99% 이상을 세정하는 데 사용해 버리게 되는 것이다.

물을 사용하지 않는 소변기의 구조는 (세정과 배수의 목적이기도 한) 배수구 하부에 하수 가스가 상승하여 욕실로 올라오는 것을 막기 위해 오일로 된 봉수를 두는 것이다. 봉수는 주기적으로 교체되어야 한다. 제조업체에 의하면 :

> 이 쾌적한 냄새의 실런트 액체 트랩은 소변과 화장실 사이에 차단막을 형성하여 배수로부터의 악취를 막아주지만, 물보다 가볍기 때문에 소변은 통과할 수 있게 한다. 소변은 즉시 액체 차단막을 통과하여 배수구로 흐르게 된다. 소변 침전물은 카트리지로 수집되므로, 악취 없는 환경과 깨끗한 파이프를 유지하며 물은 전혀 사용하지 않는다.[159]

기본적으로, 물을 사용하지 않는 소변기는 사무실 건물, 레스토랑, 공항, 학교, 경기장과 극장과 같은 불특정 다수의 사람이 사용하는 크고 개방된 장소에서는 잘 활용된다. 적절한 설계와 설치, 일상적인 유지관리(분기별 처리-카트리지 교체를 포함한)와 무엇을 하기 위한 소변기인지에 대한 조그만 표지판만 있다면, 물을 사용하지 않는 소변기는 잘 작동하며 연간 소변기당

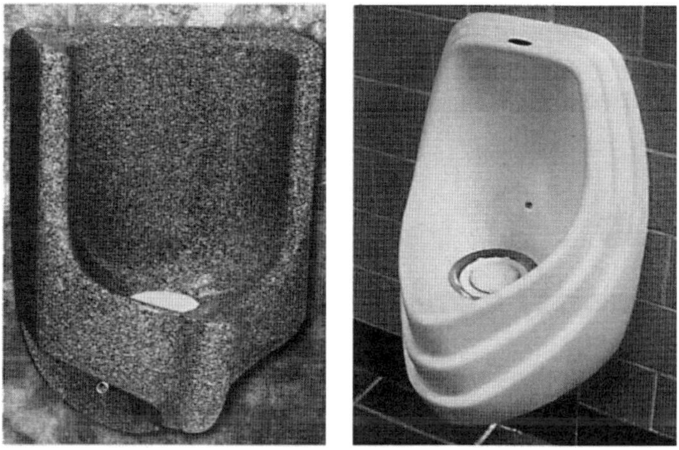

/ Waterless Co. LLC

물을 사용하지 않는 소변기의 두 가지 종류

물 사용량을 최대 15만 리터까지 줄여준다.[160]

물을 사용하지 않는 소변기는 마이애미 비치(Miami Beach)의 재키 글리슨 극장(Jackie Gleason Theater), 워싱턴의 올림피아에 있는 에버그린 주립대학, 시가고의 해럴드 워싱턴 사회보장센터(Harold Washington Social Security Center), 말레이시아의 콸라룸푸르(Kuala Lumpur)에 있는 페트로나스 트윈 타워(twin Petronas Towers) 그리고 조지아의 애틀랜타에 있는 지미 카터 대통령 도서관(Jimmy Carter Presidential Library) 등과 같은 곳에서 사용되고 있다.[161] 장기적으로 물을 사용하지 않는 소변기가 광범위하게 사용된다면, 물의 필요량과 하수 발생을 줄임으로써 미래의 사회기반시설 비용을 줄이는 데에도 도움을 줄 것이다. 경제적 관점에서 볼 때, 물을 사용하지 않는 소변기는 신축 건물이든 리노베이션이든 간에 상대적으로 짧은 기간 내에 물 절약을 통해 초기투자비용을 회수하게 된다.

Wetlands, Constructed　건설된 습지대

그린빌딩 프로젝트에서 건설된 습지대는 폭풍우를 관리하고 단지 내 하수처리 해법에 있어서 빠뜨릴 수 없는 부분이다. 교외의 사무실 공원 개발과 같이 넉넉한 토지가 가능할 때, 이러한 시스템은 폭풍우를 저장하고 처리된 하수는 수생식물과 동물에 영양분을 공급하는 기능을 수행한다. 대부분의 생태를 공부하는 학생들이 배운 것처럼, 대지와 물이 만나는 곳에 걸쳐 있는 습지는 세상에서 가장 생산적인 생태 시스템이다. 그들은 폭풍우로 인한 기름과 그리스뿐만 아니라 퇴적물과 중금속 제거에 도움을 주는 자연의 필터일 뿐만 아니라, 하수의 영양분을 생명을 주는 탄소, 질소, 인 및 미량 무기물로 변형시킨다. 잘 설계 된다면, 건설된 습지는 야생동물의 서식지와 그린빌딩 프로젝트를 위한 개방공간을 제공할 뿐만 아니라, 학생들을 위한 투어와 실외 환경 · 정신 교육을 위한 장소로 제공될 수 있다.

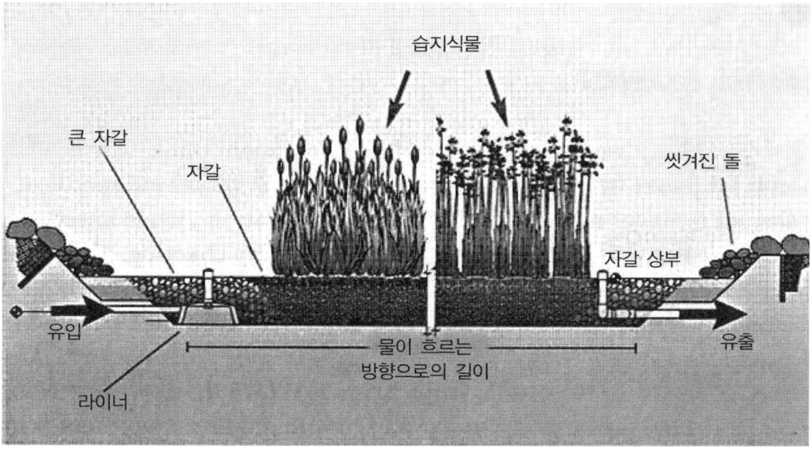

하수처리를 위해 건설된 습지의 기본계획

건설된 습지의 지표 또는 지표 하부로 물의 흐름이 있을 수 있다. 지표에서의 흐름은 습지와 유사하나 지표 하부에서의 흐름은 다양한 종류의 식물에 영양분을 공급해 준다. 유럽에서는 건설된 습지에 갈대를 심는 것이 일반적이며, 세계적으로는 부들개지, 사초와 파피루스 같은 식물을 심고 있다.[162] 2004년까지 유럽에는 5,000개 이상의 건설된 습지가 만들어졌으며 미국에서 1,000개 이상이 운영되고 있다.[163]

건설된 습지는 전통적인 하수와 폭풍우 처리공장 건설비용보다 저렴하며 운영 및 유지관리 비용이 낮으며 변화가 큰 폐수량도 처리할 수 있다. 예를 들어 트레리오스(Tres Rios) 인공습지는 피닉스의 남서부에 솔트(Salt) 강과 힐라(Gila) 강이 만나는 지점에 있는, 11km에 걸친 190만㎡의 강기슭을 따라 건설되었다. 야생동물보호구역과 점차 밀도가 높아지는 도시지역에서 휴식의 장소로서, 트레리오스는 91번가 처리공장에서 나오는 하수처리뿐만 아니라 피닉스 광역도시지역에 공공의 사용을 위한 다양한 혜택을 제공한다.[164]

Wind Power 풍력

바람은 지구 어디에서나 분다. 당신은 '왜 바람을 건물의 동력으로 이용하지 않는 것일까?'하고 생각할 수 있다. 일반적으로 상업적 용도로는 연평균 17.7km/h 이상의 풍속이어야 하며, 이보다 낮은 풍속은 물을 펌프하거나 배터리 충전용으로 이용될 수 있다. 현재 대부분의 도시들은 (1년 내내, 매시간) 평균풍속 17.7km/h가 채 되지 못하는 곳에 위치해 있는데, 이러한 풍속은 사람이 살기에는 그리 쾌적한 조건은 아니다. 따라서 풍력을 가장 잘 얻을 수 있는 곳은 도시로부터 멀리 떨어져 있으며, 가장 비용 효율적인 풍력발전은 대규모 풍력발전소에서 전기를 생산하여 이를 전력망(electric power grid)에 공급해주는 것이다. 현대적 설비를 갖춘 풍력발전에 유리한 부지에서라면 풍력발전 비용은 kWh당 55원~90원 정도 될 수 있는데, 이는 가장 최신의 동력원과 비교하더라도 상당히 경쟁력 있는 수치이다.[165]

사실 풍력은 미국에서 가장 큰 신재생에너지원으로, 2006년 한해에만 약 2,500MW 용량의 전력을 미국의 공공 전력망에 공급하였는데, 이는 4조 4,000억 원의 투자금액에 해당하는 수치이다. 미국 풍력에너지협회(American Wind Energy Association)에 의하면,

> 2006년 새로 건설된 풍력발전소로 인해 미국의 풍력발전 용량은 27% 증가하여, 대규모 화력(석탄 이용)발전소 11개소의 용량과 맞먹는, 총 11,603MW에 이르게 되었다. 현재 미국에 건설된 풍력발전시설은 290만 세대가 쓰기에 충분할 만한, 매년 310억kWh의 전력을 생산하고 있다.[166]

어떤 사람들은 건물 꼭대기에 윈드 터빈을 설치하자고 주장하는데, 이는 원거리에 풍력발전소를 설치하는 것보다 비용 측면에서 비효율적이다. 무엇보다 건물 꼭대기에 설치하기 위해서는 시스템이 작아야 하는데 이렇게 되면 발전단가가 높아진다. 두 번째로, 풍력은 높이가 증가함에 따라 강해지기 때문에 작은 건물보다는 큰 건물에 윈드 터빈을 설치하는 것이 더 좋은 선택이 된다. 세 번째로, 도시에서는 바람 앞에 위치한 건물이 뒤쪽 건물의

바람을 못쓰게 할 수도 있으므로, 기존에 있는 건물뿐 아니라 인근에 앞으로 세워질 건물까지를 염두에 두고 풍력자원을 평가해야 한다.

네 번째로, 풍력은 풍속의 세제곱에 비례하여 증가한다. 예를 들어 풍속이 20% 더 높은 곳(예를 들면 19km/h 대 16km/h)에서는 매년 73% 정도 더 많은 풍력을 얻을 수가 있다! 풍력의 이와 같은 기본적인 특성으로 보아, 바람이 가장 많은 도시의 바람이 가장 많이 부는 곳이 풍력발전을 위한 좋은 후보지임을 알 수 있다. 다섯 번째로, 풍력발전을 건물에 적용하려면 건물의 구조설계 시 새로운 고려를 해야 한다.

태양광발전시스템과 마찬가지로, 소형 풍력발전 시스템이 에너지도 좀 생산하고 안전하게 작동한다면, 건물 꼭대기나 건물부지에 소형 풍력발전 시스템 적용을 고려하는 것은 단순 경제성을 따지는 것보다 그 이유가 더 타당하다. 첫째로, 소형 풍력발전 시스템은 눈에 잘 띄기 때문에 그 건물이 재생에너지를 사용하려고 노력하고 있다는 것을 광고할 수 있다. 둘째로, 소형 풍력발전 시스템은 매력적인 시각적인 요소가 될 수 있다 – 이 경우에는 건축가나 건축주가 보고 싶어 하는 움직이는 조각. 셋째로, 소형 풍력발전 시스템은 학교나 환경교육센터에 재생에너지에 관한 교육도구가 될 수 있다. 그럼에도 불구하고, 국제적인 풍력 전문가 폴 기프(Paul Gipe)는 "어떠한 종류가 됐든 윈드 터빈을 건물에 설치하는 것은 매우 나쁜 생각입니다. 이렇게 해서 효과를 본 사례나 앞으로 효과를 볼 것 같은 사례를 본 적은 없습니다"라고 말한다.[167]

Xeriscaping 건식조경

주로 조경용으로 옥외에서 사용되는 물은 미국에서 하루에 303억 리터에 이르는데, 이것은 전체 물 사용량의 3분의 1에 해당되는 양이다.[168] 건식조경(Xeriscaping)은 물을 보존하는 조경으로 잘 사용되는 용어인데, 접두어(Xeri-)는 '마른(dry)'의 의미를 지니고 있다. 또 다른 용어로는 "자연조경(natural landscaping)"이 있을 수 있겠다. 건식조경의 핵심적인 특징은 해당 지역에 적합한 식물을 적용하고, 통상적인 그 지역의 강수(降水) 이외의 물 사용량을 줄이거나 아예 없앨 수 있는 식재기술 [mulching(뿌리덮기)과 같은 것]을 적용하는 것이다. 비가 퍼붓는데도 스프링클러가 계속 켜져 있는 것을 본 적이 있거나, 사막 한가운데서 넓게 펼쳐진 잔디밭이 공공건물 또는 사무소 복합단지를 빛내고 있는 것을 본 적이 있다면, 환경에 미치는 영향을 최소화할 수 있는 조경방법에 대한 우리의 이해에 무언가 잘못된 것이 있음을 알게 될 것이다. 다행스럽게도, 오늘날 조경 건축가들 사이에서 건식조경이 주된 움직임으로 자리 잡고 있다.

필자가 살고 있는 투산에서 한창 짓고 있는 새 집 앞에 녹색 잔디가 깔려 있는 것을 보고 충격을 받곤 했다. 투산지역에서는 단독주택들이 물 사용량의 30~50퍼센트를 조경용수, 수영장, 스파, 증발 냉각 등과 유사한 용도로 옥외에서 사용한다.[168] '사막에서 산다는 것'에 대한 현실이 결국 대중적인 상상력으로 자리 잡게 된 결과, 사람들은 많은 선인장, 메스키트(mesquite : 콩과 관목), 팔로 베르테(Palo Verde) 나무(애리조나 주의 州木), 다양한 다즙식물과 사막 야생화 등을 심으면서 건조한 조경이 선사하는 '계절감'을 느끼며 살고 있다.

토착적인 그 지역에 순응한 종을 심는 것은 건식조경의 전형적인 수법으로서, 그 지역에서 살아온 새, 곤충, 소형 포유류들에게 음식, 서식지, 은신처를 제공한다는 또 다른 장점이 있다. 대부분의 주(state)에서는 부가 서비스로 건식조경을 하기 위해서 어떤 종을 선택해야 하는지에 대한 정보를 제공하고 있으며, 대부분의 조경 건축가들은 이를 이용하는 법을 알고 있다.

더 어려운 점은 건식조경 환경 하에서 잘 생육할 수 있는, 그 지역의 자생식물을 충분히 알고 소개할 수 있는 전문가를 찾는 것이다.

기술적 관점에서 말하자면, 그린빌딩에서 건식조경한 식물이 자리를 잡을 때까지 첫해에는 일시적인 관개를 실시할 수 있다. 건식조경가들은 또한 필요로 하는 물의 양이 비슷한 식물들끼리 분류하는데, 특히 내린 비가 늪지, 연못, 수로로 흘러 들어갈 양이 서로 다를 수 있는 넓은 지역의 경우에는 더욱 그러하다. 기온이 온화하고 강우량이 많은 지역 이외에서의 건식조경에서는 잔디를 많이 볼 수 없을 것이다.

건식조경 설계 평가할 때의 첫 단계는 태양, 바람, 비, 기존 식생, 지형, 방위(예를 들면 남향인지 북향인지), 토양 등 부지에 대해서 진정으로 아는 것이다. 물을 얼마나 필요로 하는지, 그늘과 햇빛에 대한 한계량은 어느 정도인지, 야생동물에게 먹이와 서식지를 제공할 수 있는지를 주의 깊게 고려하여 식물을 선택해야 한다. 자연환경에 놓였을 때를 생각해서 합리적인 방식으로 식물을 분류해야 한다. 예를 들어 사막에서 어린 사구아르(saguaro) 선인장은 메스키트와 같은 더 오랜 나무의 그늘에서 자라곤 한다. 첫해에만 식물이 자리를 잡도록 뿌리덮개를 해주고 간단한 관개(급수)장치를 설치한 다음, 그 뒤로는 자연에 맡기도록 한다.

Zen 선(禪)

나의 아내와 나는 집 여기저기에 얼마나 "완벽한" 것들이 있어야 하는지에 대해 계속 토론을 하고 있다. 그녀는 "최고로 적합한" 모든 것을 가지고 싶어 한다. 나는 그 대신, 나에게 더 와닿는 wabi-sabi의 선 개념을 고려하라고 그녀에게 계속 이야기하고 있다. Wabi-sabi는 '어느 것도 영원하지 않다', '어느 것도 끝나지 않는다', '어느 것도 완벽하지 않다'는 세 가지의 단순한 현실을 인정하는 것이다.[169] 이는 사람이 사물을 어떠한 방식으로 볼지 선택하는 것이 곧 그 사람이 세계에 얼마나 만족하는지를 결정하는 가장 중요한 요소라는 것을 암시한다. 요가 철학의 유명한 경구를 인용하자면, "세상은 당신이 바라 보는 대로이다."

선(zen)은 모래와 자갈로 된 화단, 잘 놓여진 호박돌이나 풀밭과 같은 자연요소들의 반짝임에서 우주의 반영들을 발견하면서, 작은 것들에 만족하는 개념이다. 윌리엄 블레이크가 두 세기 전에 "순수의 점(占)(Auguries of Innocence)"에서 서술하였듯이, 한 줌의 모래에서 세계를 보고, 한 송이 야생화에서 천국을 보게 될 때 손바닥 안에서 무한을, 한 시간 안에서 영원을 담을 수 있을 때 성스러움에 다가가게 될 것이다.

이것이 그린빌딩과 무슨 관계가 있을까? 그것은 이와 같다. 우리는 미래에 좀 더 잘 되기를 여전히 고집하고 있지만, 성취한 것에 대해서는 축하할 필요가 있다. 모든 그린빌딩은 부족한 점이 있게 되리라는 것을 인식할 필요가 있다. 시도는 되었지만 성취되지는 않은 것들, 돌이켜 보면 성취될 수 있었는데 설계팀의 비전이나 건축주의 생각과는 맞지가 않아서 시도되지 않은 것들이 그러한 결함이다. 그린빌딩을 선의 개념으로 접근한다면, 건물이 위치한 장소의 특별함, 지구상의 건물의 특별한 위치까지도 경축할 것이다. 아마도 선 방식을 더 촉진하기 위해서 모든 건물에 간단한 시구(俳句 : 일본의 시 형식 중 하나) – 입구에 비명(碑銘)을 적어 넣는 식으로 – 를 부여할 수도 있을 것이다.

그린 굴치 젠 센터(Green Gulch Zen Center)의 영빈관

젠(zen) 철학으로 지어진 건물로서, 샌프란시스코 북쪽의 뮤어(Muir) 해변에 있는 금문교 국립공원(Golden Gate National Recreation Area)에 지어진 Green Gulch Zen Center의 영빈관이 좋은 본보기가 될 것이다. 프로젝트 설계자인 건축가 심 반 데어린(Sim van der Ryn)에 따르면,

> Green Gulch Zen Center의 영빈관은 눈에 잘 안 띄고 부지에 대한 물리적인 영향을 최소화하도록 세심하게 설계되었다. 팔각형의 평면과 12개의 방으로 된 영빈관의 간결한 우아함은 동양 선불교(Zen Buddhism)의 기원을 연상케 한다. 건물의 중심을 향하는 기하형상은 집회와 만남의 장소로 사용되는 이층의 중심 코어에 의해서 더 명확히 표현되고 있다.
>
> 영빈관의 디자인을 보면, 미를 추구하는 인간의 노력을 지원하고 존중하는 것을 느낄 수 있다. 디테일에 엄격한 주의를 쏟은 일본식 수공예 가구류가 영빈관 곳곳에서

적용되어 있다. 이 건물에는 재활용 목재와 자연형 태양열 난방 시스템이 통합되어 있는데, 이는 살아 있는 세상의 조직을 파괴하지 않으면서 인간의 필요를 만족시키기 위해 디자인된 것이다. 이 건물은 참으로 평화로운 장소이다.[170]

Zero-net-energy Buildings 제로에너지 빌딩

제로에너지 빌딩과 제로에너지 근린(近隣 : neighborhoods)의 개념은 많은 그린빌딩 설계자들과 심지어는 개발업자들의 관심을 빠르게 끌고 있다. 제로에너지 빌딩은 연 단위로 평가되는 사용 에너지의 전부를 건물 단지 내의 재생에너지원으로 공급하거나, 또는 건물 부지 밖의 재생에너지를 구매하여 충당할 수 있다. 이와 같은 방식으로 제로에너지 빌딩은 전력공급망(grid)에 연결되어 있어 여분의 전기가 있을 때는 전력망에 전기를 공급하고, 야간과 같이 전기가 필요할 때는 전력망으로부터 전기를 끌어온다.

이렇게 하기 위해서 태양에너지를 이용하여 전기를 만들고, 급탕과 난방은 자연형 태양열 설계기법을 적용하고, 자연통풍과 개방형 창문으로 (전기의 도움을 약간 받아서) 냉방을 해결한다. 실지로 가정과 소규모 건물의 수준에서는 완벽한 에너지 독립(역주 : 에너지 공급망으로부터 에너지를 공급받지 않는 것)이 가능하다. 제로에너지 빌딩의 실현에는 지역적인 미기후에 많은 것이 달려 있다. 제로에너지 빌딩에 대하여 생각해보면, 산업혁명 이전에는 모든 집이 제로에너지 빌딩이었으므로, 수많은 토속 건축으로부터 제로에너지에 대한 영감을 얻을 수 있을 것이다!

뉴저지 주의 패터슨 소재의, 2006년에 LEED Homes 플래티넘 등급을 받은 단독주택은 제로에너지의 최종 목표를 향해 어떻게 나아가야 할 것인지를 보여 주고 있다. '바스트 니어 제로에너지 홈(BASF Near-Zero Energy Home)'으로 명명된 이 집은 발포폴리스티렌 단열재, 폴리우레탄 폼 실런트, 저온 메탈 루프 코팅(cool metal roof coatings)을 적용하여 일반주택보다 80% 적은 에너지를 사용하고 있다.[171]

뉴저지 주의 패터슨 소재의 BASF Near-Zero Energy Home

더 큰 규모에 있어서, 2006년 3월 지속가능발전을 위한 세계기업협의회(World Business Council for Sustainable Development)에서는 제로에너지 빌딩을 개발하기 위한 협력체를 만든다는 것을 발표하였다. 그들의 야심찬 목표를 보면, 2050년까지 신축 건물의 경우 건물 외부 동력원을 전혀 사용하지 않고 이산화탄소 배출량을 0으로 만들 뿐 아니라, 이러한 건물의 건설 및 운영이 경제적으로도 실행 가능하도록 하는 것이다.[172]

2006년 12월, 영국 정부는 탄소배출이 없는 신축 주택정책을 발표하였는데, 2010년까지는 현 건축법규에 의한 것보다 에너지 사용의 25%를 향상하고, 2013년까지는 에너지 사용의 44%까지 향상시켜, 2016년까지 신축 주택의 탄소배출이 없도록 하는 것이다. 100가구 규모의 런던 근교 프로젝트 [일명 베링턴 제로에너지 개발(BedZED, Beddington Zero Energy Development)]는 탄소 중립적인(역주 : 탄소배출이 0) 건물이 되는 것을 목표로 설정하여 에너지 효율적 기법과 부지 내의 태양광발전 시스템을 이용하여 탄소배출을 56% 감소시켰다.[173]

PART Ⅲ

참고자료

Resources

참고문헌

1. 서적

Most books are outdated shortly after they are published in this fast-changing field. Nevertheless, there are a few that have some degree of shelf life. You might find them interesting, perhaps life-changing.

Ray Anderson, *Mid-Course Correction*, Peregrinzilla Press, 1998.
This is a classic book chronicling the successful beginning of a corporate paradigm shift through a personal transformation by the CEO. Ray Anderson speaks from the heart, with experience, passion and eloquence.

Janine Benyus, *Biomimicry: Innovation Inspired by Nature*, Harper Perennial, 2002.
This is the bible for all those who think that four billion years of natural evolution might have some lessons for contemporary technologists looking for high-performance systems with less resource inputs.

Penny Bonda and Kate Sosnowchik, *Sustainable Commercial Interiors*, Wiley, 2006.
This is a very recent book for practicing interior designers. Penny Bonda has been widely recognized as a significant force in greening the interior design profession.

Stewart Brand, *How Buildings Learn*, Penguin, 1995.
Widely lauded as a work of genius, this book shows how buildings change and learn over time; it argues for flexibility, a key component of all green building design.

Herbert Dreiseitl and Dieter Grau, *New Waterscapes: Planning, Designing and Building with Water*, Birkhaeuser, 2005.
Dreiseitl is an acknowledged contemporary master of introducing water into landscape architecture, with the broader perspective of an art therapist (his first profession) on how water brings us together and heals the soul. This book updates his earlier work (*Waterscapes*) with his latest projects.

Kari Foster, Annette Stelmack and Debbie Hindman, *Sustainable Residential Interiors*, Wiley, 2006.
Basing their approach on an integrated design process, Associates III, a leading interior design firm in Boulder, Colorado, with expertise in addressing environmental concerns in homes, presents solutions for the residential interior designer.

David Gottfried, *Greed to Green*, WorldBuild Publishing, 2004.
If you want the insider's perspective on the formation and early years of the US Green Building Council, David Gottfried's amazing story of personal and organizational transformation pulls no punches.

Paul Hawken, Amory Lovins and L. Hunter Lovins, *Natural Capitalism: Creating the Next Industrial Revolution*, Little Brown, 1999.
This book is a classic treatment of a wide variety of subjects, all based around the idea of how much we can learn from natural systems and how little we are applying what we already know. This book will reward anyone who wants to understand how to take the next leap in green building design.

David Macaulay and Jason McLennan, *The Ecological Engineer, Volume One: Keen Engineering*, Ecotone, 2005.
This is the first volume in a series profiling the work of the most innovative engineering firms in North America and showing how they produce functionally outstanding structures, systems and technologies. Kevin Hydes, former president of Keen Engineering, wrote the foreword and contributed to the book.

William McDonough and Michael Braungart, *Cradle to Cradle: Changing the Way We Make Things*, North Point Press, 2002.
Not printed on ordinary book paper, this book walks the talk. The authors take us step by step through their reasons for advocating a new industrial paradigm and present great case studies of how they've begun the process for a number of companies.

Jason McLennan, *Philosophy of Sustainable Design*, Ecotone, 2004.
This is an early attempt at a "philosophy" of sustainable design; an eminently readable overview of the key concepts used by practitioners in the field. Respect nature, while making things green and beautiful are key take-aways from this book.

Sandra Mendler, William Odell and Mary Ann Lazarus, *The HOK Guidebook to Sustainble Design*, 2nd Ed., Wiley, 2006.
If there's one essential reference for anyone practicing or wanting to understand the realities of sustainable design, this is it. There are 400 pages of how-to with lots of practical examples.

Ross Spiegel and Dru Meadows, *Green Building Materials: A Guide to Product Selection and Specification*, 2nd Ed., Wiley, 2006.
This is definitely a book for specialists in product selection and specification, but the first part of the book is a great overview of the product selection process, "where the rubber meets the road" in green building.

Alex Steffen, ed., *World Changing: A User's Guide for the 21st Century*, Abrams, 2006.
It's hard to know what to say about this nearly 600-page compendium of everything we know about green solutions, except that you need a copy in your library for reference.

Sim van der Ryn, *Design for Life: The Architecture of Sim van der Ryn*, Gibbs Smith, 2005.
The subtitle gives away the book's message. This is the story of Sim's life work. It is told brilliantly, movingly and from a very personal perspective. Sim's work has influenced thousands of sustainable designers.

Sim van der Ryn and Stuart Cowan, *Ecological Design: Tenth Anniversary Edition*, Island Press, 2007.
A seminal work that illustrates and explicates five core principles of sustainable design, it is a timeless reminder of how much designers have to learn from natural systems and how they should design with the long-term health of people and planet foremost in mind.

Alex Wilson, *Your Green Home*, New Society Publishers, 2006.
This is a great primer for anyone considering building a new home and wanting to make it as green as possible. Alex probably has the best overview of these topics of anyone around.

Alex Wilson and Mark Piepkorn, eds., *Green Building Products: The Green Spec Guide to Residential Building Materials*, 2nd Ed., New Society Publishers, 2006.
This is the single-best desktop reference on actual products for anyone designing new green homes or commercial buildings, thoroughly vetted by the publishers of *Environmental Building News.*

James Wines, *Green Architecture*, Taschen, 2000.
James Wines is a professor of architecture and someone who can tell stories with the best of them. This book is a beautifully illustrated overview of the state of the art of green design through the early 2000s.

Jerry Yudelson, *Developing Green: Strategies for Success.*, National Association of Industrial and Office Properties, 2006, www.naiop.org, with CD of case studies attached.

This is the best introduction to the business case for green buildings, written for developers. Includes case studies of green developments submitted for the first NAIOP Green Development of the Year award in 2005.

2. 출판물

It's hard to keep up with the proliferation of green building magazines and related publications. Here are a few publications I read on a regular basis and find valuable for staying in touch. Most are available both in hard copy and electronic versions, so if you're averse to having too much paper around, you can keep up with the news via electronic editions

Building Design & Construction, www.bdcmag.com
BD&C's editor Rob Cassidy is one of the authoritative voices in the industry. Written primarily for "Building Team" practitioners, *BD&C* is eminently accessible to anyone.

Buildings Magazine, www.buildings.com
Buildings magazine provides a good introduction to the practical side of building design, construction and operations. Good coverage of specialty topics in the industry.

Consulting-Specifying Engineer, www.csemag.com
If you're an engineer working with green buildings, this publication provides regular coverage of the engineering issues in green building design and construction.

eco-structure, www.eco-structure.com
Eco-structure is the most illustrated of the trade magazines covering the green building industry. Good case studies and a broad selection of topics make it a good read for keeping up.

Environmental Building News, www.buildinggreen.com
EBN is simply the best-edited and most relevant publication for green builders. The monthly feature stories keep you abreast of emerging issues in green building design, construction and operations.

Environmental Design & Construction, www.edcmag.com
Now ten years old, ED&C provides first-class editorial coverage of relevant issues, along with well-written cases studies of leading green building projects.

Green@Work Magazine, www.greenatworkmag.com
A bi-monthly magazine that provides a good overview of sustainability in the workplace, including extensive coverage of green buildings.

Green Builder Magazine, www.greenbuildermag.com
This is the monthly green building magazine for the 95,000 members of the National Association of Home Builders. Essential reading if you want to know what this audience is learning about green buildings.

Green Source Magazine, www.construction.com/greensource
From the publishers of *Engineering News-Record* and *Architectural Record*, authoritative publications in their field, this quarterly is edited by the team at Environmental Building News. The case studies are the best written you will find anywhere.

Home Energy Magazine, www.homeenergy.org
A fairly technical magazine on energy-efficiency home design and home improvements, this journal is accessible to the serious homeowner as well as anyone with good technical skills.

Journal of Greenbuilding, www.collegepublishing.us/journal.htm
This is the first serious academic journal in the field, published quarterly and evenly divided between research articles and review articles of key issues in green building.

Metropolis, www.metropolismag.com
If you want to know what's going on in the broader world of design, this monthly is a must-read.

Renewable Energy World, www.renewable-energy-world.com
This is a lavishly illustrated, technically accurate (without being off-putting) journal from the UK that covers the spectrum of renewable energy developments. Best of all, it's free.

Solar Today, www.solartoday.org
This official publication of the American Solar Energy Society is written for a general audience; you can even find it at the checkout counter of natural foods stores.

Sustainable Industries Journal, www.sijournal.com
This monthly provides great coverage of the West Coast's developments across a wide range of sustainable industries, including green building. Short articles, easy to read.

3. 웹사이트

Green Building Initiative, www.thegbi.org
This is the official website for the Green Globes rating system. At this site, you

may register and download a trial version of the system for use in one of your projects.

GreenBuzz, www.greenbuzz.com
A good website for a broader view of the sustainable business movement.

IGreenBuild, www.igreenbuild.com
This is a good overview website of the business and product side of the green building movement.

National Association of Homebuilders, Model Green Home Guidelines, www.nahb.org
At this site, you may download the green home rating system preferred and currently used by most homebuilders and homebuilder associations.

Sustainable Buildings Industry Council, www.sbicouncil.org
The SBIC is a leading national educational organization focused heavily on homes and high-performance schools. Its residential green building guidelines came out in a fifth edition in 2007.

US Green Building Council, www.usgbc.org
The USGBC website is the premier website not only for the organization but for news and happenings in the broader field of green buildings. If a trend has legs, you'll find it here. You can download copies of all LEED rating systems and also search for LEED-registered and certified projects.

US Dept. of Energy, High-Performance Bldgs. Database, www.eere.energy.gov/buildings/database/
This is a great site for detailed case studies of nearly 100 green building projects.

US Environmental Protection Agency, Energy Star program, www.energystar.gov
The essential site for learning about Energy Star ratings for products, homes and buildings, with lots of great free tools you can use to assess the energy performance your building, compared with a database of more than 3,000 other buildings' actual energy use.

World Changing, www.worldchanging.com
Emerging innovations and solutions for building a brighter green future; an essential site if you want to know what's going to be a mainstream concern in short order.

주 석

머리말

1. US Green Building Council data, January 2007.

Chapter 1

1. *City Mayors: Largest cities in the world* [Cited April 3, 2007]. citymayors.com/statistics/largest-cities-2007.html
2. *Cradle to Cradle C2C Home Competition Winner* [Cited April 3, 2007]. cradletocradlehome.com/wst_page2.html
3. [Cited April 3, 2007]. precaution.org/lib/pp_def.htm
4. *The Hannover Principles: Design for Sustainability* [Cited April 3, 2007]. mcdonough.com/principles.pdf
5. *Environmental and Energy Study Institute. Renewable Energy and Energy Efficiency Fact Sheets* [Cited April 3, 2007]. eesi.org/programs/energy andclimate/EEREFactSheetsIndex.html
6. [Cited April 3, 2007]. architecture2030.org

Chapter 2

1. Data from USGBC, January 24, 2007.
2. [Cited February 25, 2007]. cagbc.org
3. Brownlie, Mark. *Trend Watching* [Cited April 3, 2007]. According to the *KPMG International Survey of Corporate Sustainability Reporting 2002*, approximately 45% of the Global Fortune 250 now produces some type of social, environmental, corporate citizenship or sustainability report. October 2003. greenbiz.com/news/columns_third.cfm?NewsID=25699
4. construction.com and *Architectural Record*, December 27, 2005.
5. *Introduction to LEED and Green Building* [Cited April 3, 2007]. usgbc.org/showfile.aspx?DocumentID=742
6. gghc.org
7. cagbc.org
8. Interview in *Urban Land* magazine, January 2007, p. 118.

Chapter 4

1. GreenBiz.com. *Swiss Re Offers Employee Rebate to Reduce Carbon Footprint* [Cited January 9, 2007]. greenbiz.com/news/news_third.cfm?NewsID=34400

2. [Cited April 3, 2007]. resource-solutions.org
3. [Cited April 3, 2007]. greenercars.org
4. *Cities Working Together to Protect Our Air Quality, Health and Environment: A Call to Action* [Cited April 3, 2007]. seattle.gov/mayor/climate /PDF/USCM_6-page_Climate_Mailing_ALL.pdf
5. *Clinton Global Initiative* [Cited April 3, 2007]. attend.clintonglobal initiative.org/home.nsf/pt_cmt_topic?open&cat=climate
6. [Cited April 3, 2007]. greenprintdenver.org
7. [Cited April 3, 2007]. dsireusa.org
8. *Making Solar Power Mainstream* [Cited April 3, 2007]. environmentcalifornia.org/energy/million-solar-roofs/fact-sheet
9. aashe.org
10. [Cited April 3, 2007]. asusustainability.asu.edu
11. Leith Sharp, Harvard University. Personal communication, January 17, 2007.

Chapter 5

1. [Cited April 3, 2007]. architecture2030.org
2. [Cited April 3, 2007]. architecture2030.org
3. Sierra Club. *Bicycle Commuting* [Cited April 3, 2007]. sierraclub.org/ e-files/bike_commuting.asp. Also, *Outside Magazine* outside.away.com/ outside/destinations/200608/best-outside-towns-2006-6.html [Cited 3/30/0].
4. *Total Midyear Population for the World* [Cited December 30, 2006]. census.gov/ipc/www/worldpop.html
5. *Fundamentals of Physical Geography* [Cited April 3, 2007]. physicalgeography.net/fundamentals/5d.html
6. Flannery, Tim. *The Weather Makers: The History and Future Impact of Climate Change.* Text Publishing, 2005.
7. "Chicken Fat Could Soon Find Use in Biofuel." *Arizona Daily Star.* January 8, 2007, p. D1.
8. *Contact Us: FAQs* [Cited January 8, 2007]. vw.com/contactus/faqs.html#5.1
9. Cook, John. *Biodiesel On Sale at West Seattle Safeway* [Cited February 23, 2007]. seattlepi.nwsource.com/business/304443_biodiesel21.html ?source=rss
10. See note 7.
11. Wilson, Edward O. *Biophilia.* Harvard University Press, 1984.
12. h-m-g.com
13. *Windows and Offices: A Study of Office Worker Performance and the Indoor Environment* [Cited April 3, 2007]. h-m-g.com/downloads/Daylighting/A-9_Windows_Offices_2.6.10.pdf
14. [Cited April 3, 2007]. h-m-g.com/downloads/Daylighting/A-5_Daylgt_ Retail_2.3.7.pdf
15. Reference material from AIG Global Real Estate for Atlantic Station.

16. Development Center for Appropriate Technology [Cited April 3, 2007]. dcat.org
17. *Sustainability and the Building Codes* [Cited January 8, 2007]. networkearth.org/naturalbuilding/codes.html
18. Interface Engineering. *Engineering a Sustainable World*, 2005.
19. [Cited April 3, 2007]. glumac.com
20. "China Cashes in on Global Warming." *Wall Street Journal*, January 8, 2007, p. A11.
21. [Cited April 3, 2007]. makower.typepad.com/joel_makower/2007/01/is_carbon_neutr.html
22. [Cited April 3, 2007]. shawcontractgroup.com
23. David Hudnall, Louisiana Pacific Corp. Personal communication, December 2006.
24. US Green Building Council. *LEED for New Construction and Major Renovation, Version 2.2 Reference Guide*. September 2006, p. 368.
25. *Cost-Effectiveness of Commercial-Buildings Commissioning* [Cited April 3, 2007]. eetd.lbl.gov/Emills/PUBS/Cx-Costs-Benefits.html
26. Deane, Michael. *Can Turner Construction Make 50% Waste Diversion Standard Practice in a Major Construction Company*, furnished by the author, 2005.
27. [Cited April 3, 2007]. fypower.org/res/tools/products_results.html?id=100123
28. [Cited April 3, 2007]. coolroofs.org
29. *Cool Roofs* [Cited April 3, 2007]. fypower.org/res/tools/products_results.html?id=100123
30. Dennis Wilde, GerdingEdlen Development. Personal communication, spring 2006.
31. Hawken, Paul, Amory Lovins and L. Hunter Lovins. *Natural Capitalism*. Little, Brown & Company, 1999, p. 115.
32. Matthiessen, Lisa Fay and Peter Morris. *Costing Green: A Comprehensive Cost Database and Budgeting Methodology* [Cited April 3, 2007]. davislangdon.us/pdf/USA/2004CostingGreen.pdf. July 2004.
33. McDonough Braungart Design Chemistry, LLC. *Cradle to Cradle Certification Criteria* [Cited December 31, 2006]. mbdc.com/docs/CertificationCriteria.pdf
34. *Interface Launches Mission Zero* [Cited December 31, 2006]. interfaceinc.com/pdfs/InterfaceLaunchesMissionZero.pdf
35. Anderson, Ray. *Mid-Course Correction, Toward a Sustainable Enterprise: The Interface Model*. Peregrinzilla Press, 1998.
36. *European Union Outpaces United States on Chemical Safety* [Cited January 3, 2007]. huliq.com/4526/european-union-outpaces-united-states-on-chemical-safety
37. Selen, Henrik and Stacy VanDeveer. "Raising Global Standards," *Environment*, 4810, December 2006, pp. 6–17. Reprinted with the permission of the Helen Dwight Reid Educational Foundation. Published by

Heldref Publications, 1319 18th Street NW, Washington, DC 20036-1802. www.heldref.org Copyright© 2006.
38. *Building Investment Decision Support (BIDS)* [Cited January 5, 2007]. aia.org/SiteObjects/files/BIDS_color.pdf P. 22.
39. *Windows and Offices: A Study of Office Worker Performance and the Indoor Environment-CEC PIER 2003* [Cited April 3, 2007]. h-m-g.com /projects/daylighting/summaries%20on%20daylighting.htm
40. Al Nichols, Al Nichols Engineering, Tucson. Personal communication.
41. Peters, Tom. *Re-Imagine!*. DK Adult, 2003; and *Design*. DK Adult. 2005.
42. Brand, Stewart. *How Buildings Learn*. Penguin, 1995.
43. Wackernagel, M., and W. Rees. *Our Ecological Footprint: Reducing Human Impact on the Earth*. New Society Publishers, 1996.
44. *National Footprints* [Cited April 3, 2007]. footprintnetwork.org/gfn_sub.php?content=national_footprints
45. *Ecological Footprint: Overview* [Cited April 3, 2007]. footprintnetwork.org/gfn_sub.php?content=footprint_overview
46. naturalstep.org
47. SERA Architects. *A Natural Step Case Study* [Cited April 3, 2007]. Winter 2005. serapdx.com
48. Kutscher, Charles F. *Tracking Climate Change in the U.S.* [Cited April 3, 2007]. ases.org/climatechange/climate_change.pdf
49. Ross Spiegel, Fletcher Thompson Architects/Engineers. Personal communication, January 23, 2007.
50. Bender, Tom. *Building with the Breath of Life*. Fire River Press, 2000, p. 68.
51. Environmental Health Center. *Formaldehyde* [Cited April 3, 2007]. nsc.org/EHC/indoor/formald.htm. See also, U.S. Department of Labor osha.gov/SLTC/formaldehyde/index.html [April 13, 2007]. hermanmiller.com/CDA/SSA/Product/1,1592,a10-c440-p225,00.html [Cited April 3, 2007].
52. Green Building Initiative. *News* [Cited January 24, 2007]. thegbi.org/gbi/news_120806_sbic.asp
53. *Green Globes Design v. 1: Post-construction Assessment* [Cited April 3, 2007]. thegbi.org/greenglobes/pdf/GreenGlobesDSTU.pdf. P. 5.
54. thegbi.org/residential. [Cited January 24, 2007].
55. *Green Building Rating Systems* [Cited January 24, 2007]. thegbi.org/gbi/Green_Building_Rating_UofM.pdf
56. [Cited April 3, 2007]. thegbi.org/greenglobes/pdf/GreenGlobesDSTU.pdf
57. *Green Guide for Health Care Newsletter*. May 2006. gghc.org
58. *The Business Case for Green Buildings* [Cited January 24, 2007]. healthcaredesignmagazine.com/CleanDesign.htm?ID=5148
59. Ibid.
60. *NAHB's Model Green Home Building Guidelines* [Cited April 3, 2007]. nahb.org/publication_details.aspx?publicationID=1994&section ID=155

61. *SGS Solar System Description* [Cited January 7, 2007]. greenwatts.com/pages/SolarStats/SolarDescr.html
62. green-e.org
63. *Verification Report Reveals Significant Increase in Certified Renewable Energy Sales in 2005* [Cited April 3, 2007]. resource-solutions.org /where/pressreleases/2006/Verification_Report_Release.12.04.06.htm
64. [Cited April 3, 2007]. b-e-f.org/GreenTags
65. *Ten Criteria for Evaluating Green Building Materials* [Cited January 6, 2007]. heartlandgreensheets.org/10criteria.html#7
66. See the Green Spec directory, described in the Resources section, for a listing of more than 2,000 green products, their characteristics and where to get them.
67. *A Conversation with William McDonough* [Cited January 10, 2007]. Spring 2006. darden.virginia.edu/batten/batten_briefings/Articles/ battenbrf_spring_06_mcdonough.pdf
68. *High-Performance Buildings Database* [Cited April 3, 2007]. US Department of Energy. eere.energy.gov/buildings/highperformance/
69. [Cited April 3, 2007]. eia.doe.gov/emeu/cbecs/contents.html
70. [Cited April 3, 2007]. powerlight.com/products/suntile_features.php
71. *California Builder Magazine* [Cited January 24, 2007]. cabuilder.com/internal.asp?pid=272
72. *Grupe Earns Certification for Meeting Quality Green Building Standards at Carsten Crossings in Rocklin* [Cited April 3, 2007]. grupe.com/communities/carsten/news_grupe_LEED_cert.pdf
73. Benton, Joe. *Hybrid Sales Drop with Gas Prices* [Cited January 6, 2007]. consumeraffairs.com/news04/2007/01/hybrids_trends.html
74. *About: Hybrid Cars* [Cited January 6, 2007]. hybridcars.about.com/od/hybridcarfaq/f/hybridtaxamount.htm
75. *The Greenest Vehicles of 2007* [Cited January 6, 2007]. greenercars.com/12green.html
76. *Oil Prices: A Pause, Then Up, Part II* [Cited April 3, 2007]. online.barrons.com/article/SB116077947892592476.html?mod= article-outset-box
77. *Interface Showroom Achieves LEED-CI Platinum* [Cited April 3, 2007]. bentleyprincestreet.com/cultures/en-us/bpc/news/pg_leed-ci_ platinum.htm
78. Cook+Fox Architects. Personal communication of project description. cookplusfox.com
79. *Society for Neuroscience Wins Gold Certification Award from U.S. Green Building Council for New Office Space* [Cited April 3, 2007]. sfn.org/index.cfm?pagename=news_112806
80. *Press Releases* [Cited April 3, 2007]. hines.com/press/releases/9-27-06.aspx
81. *News Releases* [Cited December 31, 2006]. shareholder.com/lry/invest ors/ReleaseDetail.cfm?ReleaseID=214276&ReleaseType=VABeach

82. venture-magazine.com/content_archives/Fall06/index.html [Cited December 31, 2006].
83. Sims, Stephanie. *LEEDing the Way* [Cited December 31, 2006]. gerdingedlen.com/project.php?id=62
84. *Alley24 East* [Cited December 31, 2006]. vulcanrealestate.com/TemplateSuccessStories.aspx?contentId=118
85. [Cited December 31, 2006]. uli.org/AM/Template.cfm?Section=GreenTech1&Template=/MembersOnly.cfm&ContentID=37654
86. *The New Orleans Principles* [Cited April 3, 2007]. p. 4. green_reconstruction.buildinggreen.com/documents.attachment/305068/NewOrleans_Principles_LowRes.pdf
87. Mouzon, Steve. *Cottages to Call Home* [Cited January 11, 2007]. igreenbuild.com/cd_2115.aspx
88. *Affordable Green Housing* [Cited April 3, 2007]. nrdc.org/cities/building/fhousing.asp
89. hermanmiller.com/CDA/SSA/Product/1,1592,a10-c440-p225,00.html [Cited April 13, 2007].
90. US Green Building Council. *LEED-EB Rating System* , p. 3. [Cited January 10, 2007]. usgbc.org
91. *LEED for Neighborhood Developments Rating System: Pilot Project Rating System* , pp. 4–5 [Cited February 7, 2007]. usgbc.org
92. *BEES 3.0* [Cited January 11, 2007]. bfrl.nist.gov/oae/software/bees.html
93. Scientific Application International Corporation. *Life Cycle Assessment: Principles and Practice* [Cited January 11, 2007]. epa.gov/ORD/NRMRL/lcaccess/pdfs/600r06060.pdf
94. Andy Frichtl, Interface Engineering, Inc., Portland, Oregon. Personal communication.
95. *ECANL Conference* [Cited February 25, 2007]. urbanwildlands.org/conference.html
96. *How Energy Is Used in Commercial Buildings* [Cited April 3, 2007]. 2004. eia.doe.gov
97. *The Living Building Challenge* [Cited April 3, 2007]. cascadiagbc.org/resources/living-buildings/living-building-challenge
98. Head, Peter. Presentation at the 2007 Green Cities conference, Sydney, Australia. This development has been featured in a number of news articles in 2006 and 2007.
99. *NW Regional Green Buildings Products Matrix* [Cited April 3, 2007]. sconnect.org/greenbuilding/nwwashingtongreenbuildingmaterials matrix
100. "New Toilets Are Going Green to Halt Gallon Guzzling." *Washington Post.* January 21, 2007.
101. *Environmental Building News* [Cited April 3, 2007]. February 2006. buildinggreen.com/articles/IssueTOC.cfm?Volume=16&Issue=2
102. *Technology Basics* [Cited April 3, 2007]. eere.energy.gov/de/microturbines/tech_basics.html

103. Dreiseitl, Herbert and Dieter Grau, eds. *New Waterscapes: Planning, Designing and Building with Water.* Birkhaueser, 2005, pp. 42–45.
104. *Thomas Crapper* [Cited April 3, 2007]. theplumber.com/crapper.html
105. Interface Engineering. *Engineering a Sustainable World*, p. 27.
106. *LEED-EB Project Case Study: JohnsonDiversey Headquarters* [Cited April 3, 2007]. usgbc.org/Docs/LEEDdocs/JohnsonDiversey%20Narrative%20Case%20Study%20V5.pdf
107. *Project Profile* [Cited April 3, 2007]. usgbc.org/ShowFile.aspx?DocumentID=2058
108. *Press Releases* [Cited April 3, 2007]. usgbc.org/News/PressReleaseDetails.aspx?ID=2783
109. *Ozone Hole* [Cited April 3, 2007]. antarctica.ac.uk/Key_Topics/The_Ozone_Hole
110. Trane Corporation. Personal communication, February 2007.
111. *Paints (GS-11)* [Cited April 3, 2007]. greenseal.org/certification/standards/paints.cfm. For Green Planet Paints, see greenplanetpaints.com [Cited April 13, 2007].
112. See the classic work on this subject: Kuhn, Thomas. *The Structure of Scientific Revolutions.* University of Chicago Press, 1996.
113. Sobel, Dava. *The Planets.* Penguin, 2006, p. 38.
114. Meadows, Donella. *Leverage Points: Places to Intervene in a System* sustainer.org/pubs/Leverage_Points.pdf
115. Mazria, Edward. *The Passive Solar Energy Book: A Complete Guide to Passive Solar Home, Greenhouse and Building Design.* Rodale Press, 1979.
116. Brown, G.Z., and Mark DeKay. *Sun, Wind & Light: Architectural Design Strategies*, 2nd ed. Wiley, 2000.
117. *Non-point Source Pollution: The Nation's Largest Water Quality Problem* epa.gov/nps/facts/point1.htm. See also, epa.gov/epaoswer/hazwaste/usedoil/index.htm [Cited April 3, 2007].
118. *CE News*. January 2007, p. 11. cenews.com
119. *Permeable Paving* [Cited April 3, 2007]. toolbase.org/Technology-Inventory/Sitework/permeable-pavement
120. Other state incentives for renewable energy and energy efficiency can be viewed at: dsireusa.org
121. Yudelson, Jerry. *Making Photovoltaics Pay Their Way* [Cited January 14, 2007]. bdcnetwork.com/article/CA6390972.html?text=photovoltaics
122. *Genzyme Center* [Cited April 3, 2007]. leedcasestudies.usgbc.org/overview.cfm?ProjectID=274
123. Turner, Cathy. *LEED Building Performance in the Cascadia Region: A Post Occupancy Evaluation Report* [Cited April 3, 2007]. usgbc.org/chapters/cascadia/docs/pdf/POE_REPORT_2006.pdf
124. *Occupant Satisfaction with IEQ in Green and LEED-Certified Buildings* cbe.berkeley.edu/research/briefs-LEED.htm
125. Redrawn from Carnegie Mellon University, Energy Building Informa-

tion Decision Support (eBIDS) studies.
cbpd.arc.cmu.edu/ebids/pages/home.aspx [Cited April 13, 2007].

126. Harrington, Dan. "Rapidly Renewable Revolution." *Eco-Structure.* January–February, 2006, pp. 62–63.
127. *Environment* [Cited January 6, 2007]. homasote.com/enviro.html
128. *Solar Power* [Cited April 3, 2007]. library.thinkquest.org/C004471/tep/en/traditional_energy/solar_power.html
129. US Department of Energy. *Annual Energy Outlook* [Cited April 3, 2007]. eia.doe.gov/oiaf/aeo/pdf/appa.pdf
130. [Cited April 3, 2007]. 25x25.org
131. [Cited April 3, 2007]. Ibid.
132. Kutscher, Charles F. *Tracking Climate Change in the U.S.*, p. 4 [Cited April 3, 2007]. ases.org/climatechange/climate_change.pdf
133. Yudelson, Jerry. *Developing Green: Strategies for Success.* National Association of Industrial and Office Properties (NAIOP), Herndon, VA, 2006. Available at: naiop.org/bookstore
134. Ibid., p. 80.
135. Interface Engineering. *Engineering a Sustainable World.* 2005, p. 19. Available by special order from ieice.com
136. [Cited April 3, 2007]. Z-m-g.com/downloads/Daylighting/day_registration_form.htm
137. Kats, Greg. *Greening America's Schools: Costs and Benefits* [Cited April 3, 2007]. 2006. cap-e.com/ewebeditpro/items/O59F9819.pdf
138. Butti, Ken and John Perlin. *A Golden Thread: 2500 Years of Solar Architecture and Technology.* Cheshire Books, 2006.
139. McLennan, Jason F. *The Philosophy of Sustainable Design.* Ecotone, 2004, p. 4.
140. Steffen, Alex. *World Changing: A User's Guide for the 21st* Century. Abrams, 2006, p. 86.
141. *Wall St. Journal.* January 17, 2007, p. B3.
142. *Sustainable Industries Journal.* March 2007, pp. 24–25. sijournal.com
143. *Ecomagination* [Cited April 3, 2007]. ge.com/en/citizenship/customers/markets/ecomagination.htm
144. *Greenbuild 2007 Chicago November 7–9* [Cited January 26, 2007]. greenbuildexpo.org/DisplayPage.aspx?CMSPageID=4
145. "Double Take." *Archi-tech* magazine. January 2007, p. 34. architechmag.com
146. Lockwood, Charles. "As Green as the Grass Outside." *Barron's.* December 25, 2006, p. 37.
147. Yudelson, Jerry. *Developing Green: Strategies for Success.* NAIOP, 2006, pp. 1–12. naiop.org
148. McDonough, William and Michael Braungart. *Design for the Triple Top Line,* August 2002. mcdonough.com/writings/design_for_triple.htm
149. Gottfried, David. *From Greed to Green.* WorldBuild Books, 2004.

150. *Chapters* [Cited April 3, 2007]. usgbc.org/DisplayPage.aspx?Category ID=24. See also the Canada GBC Web site, cagbc.org/membership _information/statistics.php [Cited April 13, 2007].
151. *Value of Private Nonresidential Construction Put in Place: Seasonally Adjusted Annual Rate* [Cited April 3, 2007]. census.gov/const/C30/nonresidentialsa.pdf
152. Fedrizzi, Rick. *Opening Plenary Remarks by S. Richard Fedrizzi* usgbc.org/Docs/News/openplenaryrick.pdf
153. *Project Overview* [Cited April 3, 2007]. docksidegreen.ca/dockside_green/overview/index.php
154. *LEED for New Construction, Version 2.2 Reference Guide.* USGBC, 2006, p. 92.
155. *The Tower Companies and Lerner Enterprises Moving Corporate Headquarters to New LEED Office Building in Tower Oaks* prnewswire.com/cgi-bin/stories.pl?ACCT=104&STORY=/www/story /01-09-2007/0004502535&EDATE=
156. toweroaks.com
157. *Waterless No-Flush Urinals* [Cited January 21, 2007]. waterless.com/conservation.php
158. *U.S. Department of Labor: Bureau of Labor Statistics* [Cited January 21, 2007]. bls.gov/webapps/legacy/cpsatab1.htm
159. [Cited April 3, 2007]. falconwaterfree.com/how/stage2.htm
160. waterless.com [Cited January 21, 2007].
161. Manufacturers' Websites: waterless.com and falconwaterfree.com [Cited April 3, 2007].
162. [Cited April 3, 2007]. epa.gov/owow/wetlands/watersheds/cwetlands.html
163. *Constructed Wetland* [Cited January 21, 2007]. epa.gov/owow/wetlands/pdf/ConstructedW_pr.pdf
164. *Future: Full Scale Wetlands* [Cited January 21, 2007]. phoenix.gov/TRESRIOS/future.html
165. *Resources* [Cited January 21, 2007]. awea.org/resources/financing/cost.html
166. *Wind Power Capacity in U.S. Increased 27% in 2006 and Is Expected to Grow an Additional 26% in 2007* [Cited April 3, 2007]. awea.org/newsroom/releases/Wind_Power_Capacity_012307.html
167. Gipe, Paul. *Rooftop Turbines: Rooftop Mounting and Building Integration of Wind Turbines* [Cited January 21, 2007]. wind-works.org/articles/RoofTopMounting.html
168. *LEED for New Construction Version 2.2 Reference Guide.* U.S. Green Building Council, p. 123. See also, Water Resources Research Center cals.arizona.edu/AZWATER/publications/sustainability/report_html/ chap5_05.html [Cited April 3, 2007].
169. Powell, Richard. *Wabi Sabi Simple.* Adams Media, 2004 [Cited January 13, 2007].

170. *Design Projects* [Cited January 13, 2007]. ecodesign.org/edi/projects/design/greengulch.html
171. BASF Press Release. January 24, 2007.
172. *Top Global Companies Join with WBCSD to Make Energy Self-Sufficient Buildings a Reality* [Cited January 13, 2007]. wbcsd.org/plugins/DocSearch/details.asp?type=DocDet&ObjectId=MTg2MTU
173. *BioRegional's Response to U.K. Government's Announcements on Zero Carbon Homes* [Cited January 13, 2007]. December 20, 2006. bioregional.com/news%20page/news_stories/ZED/zerocarbon%20201206.htm

찾아보기

(ㅇ)

(ㅈ)

김 광 우 (서울대학교 교수)
김 선 숙 (아주대학교 교수)
김 영 돈 ((주)하나기연 소장)
김 용 이 (군산대학교 교수)
김 용 인 ((주)나우설비기술 대표)
김 지 현 (대우건설기술연구원 연구원)
박 철 수 (성균관대학교 교수)
석 호 태 (전 영남대학교 교수)
송 승 영 (이화여자대학교 교수)
양 인 호 (동국대학교 교수)
여 명 석 (서울대학교 교수)
임 재 한 (이화여자대학교 교수)
조 재 후 (인하대학교 교수)
최 정 민 (창원대학교 교수)
구 소 영 (서울대학교 연구원, 박사)

그린빌딩 A to Z

2011년 9월 5일 1판 1쇄 인쇄
2011년 9월 10일 1판 1쇄 발행

저 자	제리 유델슨Jerry Yudelson
역 자	김광우 외 14인
발 행 인	강 해 작
발 행 처	기 문 당
주 소	서울 성동구 무학봉 28길 4-1 (왕십리동 966-22)
전 화	02) 2295-6171(代)~5
팩 스	02) 2296-8188
출판등록	1976. 10. 7 (1976-2)
홈페이지	http : // 기문당 http : // www.kimoondang.com
I S B N	978-89-6225-360-3 93540
정 가	15,000원